带你玩转 ANSYS Workbench 18.0 工程应用系列

ANSYS Workbench 18.0 工程应用与实例解析

买买提明·艾尼　陈华磊　编著

机械工业出版社

本书以 ANSYS Workbench 18.0 为基础，包含结构分析、稳态导电与静磁场分析、流体动力学分析和优化设计 4 大部分内容，共 12 章 35 个典型工程实例，具体分为结构线性静力分析、结构非线性分析、热力学分析、线性动力学分析、多体动力学分析、显式动力学分析、复合材料分析、断裂力学分析、疲劳强度分析、稳态导电与静磁场分析、流体动力学分析和优化设计。作为一本工程应用实例教程，每个实例均包含问题描述、实例分析过程及分析点评。

本书适用于机械工程、土木工程、水利水电、能源动力、电子通信、工程力学、航空航天等领域，既可以作为工科类专业本科生、研究生和教师的参考书及教学用书，也可供相关领域从事产品设计、仿真和优化的工程技术人员及广大 CAE 爱好者参考。

图书在版编目（CIP）数据

ANSYS Workbench 18.0 工程应用与实例解析/买买提明·艾尼，陈华磊编著．—北京：机械工业出版社，2018.7（2020.8 重印）
（带你玩转 ANSYS Workbench 18.0 工程应用系列）
ISBN 978-7-111-60110-4

Ⅰ．①A…　Ⅱ．①买…　②陈…　Ⅲ．①有限元分析-应用软件　Ⅳ．①O241.82-39

中国版本图书馆 CIP 数据核字（2018）第 119937 号

机械工业出版社（北京市百万庄大街 22 号　邮政编码 100037）
策划编辑：黄丽梅　责任编辑：黄丽梅　刘本明
责任校对：黄兴伟　封面设计：路恩中
责任印制：常天培
北京虎彩文化传播有限公司印刷
2020 年 8 月第 1 版第 2 次印刷
184mm×260mm · 17 印张 · 418 千字
标准书号：ISBN 978-7-111-60110-4
　　　　　　ISBN 978-7-89386-179-6（光盘）
定价：59.00 元（含 1DVD）

凡购本书，如有缺页、倒页、脱页，由本社发行部调换

电话服务　　　　　　　　　　　网络服务
服务咨询热线：010-88361066　　机 工 官 网：www.cmpbook.com
读者购书热线：010-68326294　　机 工 官 博：weibo.com/cmp1952
　　　　　　　010-88379203　　金　书　网：www.golden-book.com
封底无防伪标均为盗版　　　　　教育服务网：www.cmpedu.com

前　言

ANSYS Workbench 已应用到多个行业，其通用性、易用性已广泛被众人熟知和喜爱。本书作为 ANSYS Workbench 18.0 系列图书的第二本，继承了系列第一本《ANSYS Workbench 18.0 有限元分析入门与应用》中实例的写作风格，集结的 35 个典型工程应用实例涵盖了结构线性/非线性、稳态/瞬态传热、线性/多体/显式动力、复合材料、断裂与疲劳、稳态导电与静磁场、流体及多物理场耦合、参数优化与拓扑优化等内容，是对第一本实例内容的扩展，衔接新技术应用者的需求，又是对 ANSYS Workbench 相关工程应用领域能力的进一步展现。

本书中的工程实例全部来源于实际工程应用，尽量反映工程应用中的实际情况及 ANSYS Workbench 的应用特点，分为结构分析类工程实例、稳态导电与静磁场分析类工程实例、流体动力学分析类工程实例、优化设计分析类工程实例。本书通过实例把 Workbench 的通用性及易用性淋漓尽致地呈现出来，帮助读者解决实际分析中可能遇到的问题。

本书在编写过程中力求做到通俗易懂。尽管每一个实例分析后都有点评，但建议使用前对 ANSYS Workbench 有一定基础，这样效果会更好。

本书以 ANSYS Workbench 18.0 为基础，顺应趋势、自成体系、突出重点、注意细节、正误明确，通过 35 个典型工程实例对 ANSYS Workbench 平台中的相应模块应用进行介绍。全书共分 12 章，各章所涉及的具体内容如下：

第 1 章　结构线性静力分析：主要介绍两个结构线性静力分析工程应用实例，包括问题描述、材料创建、模型处理、网格划分、边界施加、求解及后处理、分析点评等内容。

第 2 章　结构非线性分析：主要介绍 3 个结构非线性分析工程应用实例，包括问题描述、材料创建、接触非线性处理、大变形、材料非线性、网格划分、边界施加、求解及后处理、分析点评等内容。

第 3 章　热力学分析：主要介绍两个热力学分析工程应用实例，包括问题描述、材料创建、网格划分、边界施加、求解及后处理、分析点评等内容。

第 4 章　线性动力学分析：主要介绍 7 个线性动力学分析工程应用实例，包括模态分析、谐响应分析、响应谱分析、随机振动分析、屈曲分析的问题描述、材料创建、网格划分、边界施加、求解及后处理、分析点评等内容。

第 5 章　多体动力学分析：主要介绍两个多体动力学分析工程应用实例，包括问题描述、材料创建、网格划分、边界施加、求解及后处理、分析点评等内容。

第 6 章　显式动力学分析：主要介绍两个显式动力学分析工程应用实例，包括问题描述、材料创建、网格划分、边界施加、求解及后处理、分析点评等内容。

第 7 章　复合材料分析：主要介绍两个复合材料分析工程应用实例，包括问题描述、材料创建、网格划分、实体模型创建、层创建、边界施加、求解及后处理、分析点评等内容。

第 8 章 断裂力学分析：主要介绍两个断裂力学分析工程应用实例，包括问题描述、材料创建、断裂网格创建、边界施加、求解及后处理、分析点评等内容。

第 9 章 疲劳强度分析：主要介绍两个疲劳强度分析工程应用实例，包括问题描述、材料创建、网格划分、nCode 联合应用、边界施加、求解及后处理、分析点评等内容。

第 10 章 稳态导电与静磁场分析：主要介绍两个稳态导电与静磁场分析工程应用实例，包括问题描述、材料创建、网格划分、边界施加、求解及后处理、分析点评等内容。

第 11 章 流体动力学分析：主要介绍 6 个流体动力学分析工程应用实例，包括 Fluent 及 CFX 流体单场应用、单向顺序耦合和双向耦合多场应用的问题描述、材料创建、网格划分、边界施加、求解及后处理、分析点评等内容。

第 12 章 优化设计：主要介绍 3 个优化设计工程应用实例，包括参数化优化、拓扑优化应用的问题描述、材料创建、网格划分、边界施加、优化设置、求解及优化模型的后处理、分析点评等内容。

本书特色：

(1) 本书工程实例全部来源于实际工程应用，以解决实际问题为出发点。
(2) 词语平实，说明为主，对关键步骤，在图中用粗线方框标注提示。
(3) 重在软件的应用和实际问题的解决，并对实例应用给予分析点评。
(4) 突出新技术应用和使用技巧讲解，展示新方法应用时兼顾新老读者。

作者在本书的编写过程中追求准确性、完整性和实用性。但是，由于作者水平有限，编写时间较短，书中欠妥、错误之处在所难免，希望读者和同仁能够及时指出，期待共同提高。读者在学习过程中遇到难以解答的问题，可以直接发邮件到作者邮箱 hkd985@163.com (书中模型索取)，或通过 QQ 群 590703758 进行技术交流，作者会尽快给予解答。

另外，本书配有光盘 1 张，其中有书中实例配套相关模型及分析源文件。

买买提明·艾尼，陈华磊

目 录

前言
第1章 结构线性静力分析 ... 1
1.1 货车后悬架钢板弹簧静力分析 ... 1
1.2 焊接吊装工装托架静力分析 ... 6

第2章 结构非线性分析 ... 16
2.1 片弹簧接触非线性及大变形分析 ... 16
2.2 卡箍紧固件螺栓预紧非线性接触分析 ... 22
2.3 金属轧制成形非线性分析 ... 31

第3章 热力学分析 ... 38
3.1 飞机双层窗导热分析 ... 38
3.2 晶体管瞬态热分析 ... 41

第4章 线性动力学分析 ... 47
4.1 电风扇扇叶模态分析 ... 47
4.2 燃气轮机机座预应力模态分析 ... 51
4.3 垂直轴风力发电机叶片振动谐响应分析 ... 56
4.4 舞台钢结构立柱响应谱分析 ... 63
4.5 发动机曲轴随机振动分析 ... 68
4.6 舞台钢结构立柱屈曲分析 ... 71
4.7 卧式压力容器非线性屈曲分析 ... 73

第5章 多体动力学分析 ... 82
5.1 四杆机构刚体动力学分析 ... 82
5.2 发动机曲柄连杆机构刚柔耦合分析 ... 86

第6章 显式动力学分析 ... 94
6.1 小汽车撞击钢平板分析 ... 94
6.2 子弹冲击带铝板内衬陶瓷装甲分析 ... 100

第7章 复合材料分析 ... 113
7.1 圆柱螺旋弹簧管复合材料分析 ... 113
7.2 储热管复合材料分析 ... 121

第8章 断裂力学分析 ... 134
8.1 三通接头管表面缺陷裂纹断裂分析 ... 134
8.2 双悬臂梁接触区域接触粘结界面失效分析 ... 139

第 9 章 疲劳强度分析 ... 147
9.1 压力容器疲劳分析 ... 147
9.2 机床弹簧夹头疲劳分析 ... 154

第 10 章 稳态导电与静磁场分析 ... 161
10.1 直流电电压分析 ... 161
10.2 三相变压器电磁分析 ... 164

第 11 章 流体动力学分析 ... 175
11.1 罐体充水过程分析 ... 175
11.2 离心泵空化现象分析 ... 184
11.3 圆柱形燃烧室燃烧和辐射分析 ... 194
11.4 水龙头冷热水混合耦合分析 ... 203
11.5 水管管壁耦合分析 ... 213
11.6 振动片双向流固耦合分析 ... 221

第 12 章 优化设计 ... 231
12.1 桁架支座的多目标优化 ... 231
12.2 箱体中心铁块的流固耦合及多目标驱动优化 ... 240
12.3 三角托架拓扑优化 ... 258

参考文献 ... 266

第1章 结构线性静力分析

1.1 货车后悬架钢板弹簧静力分析

1.1.1 问题描述

某货车后悬架钢板由 8 片弹簧组成,如图 1-1 所示。钢板弹簧材料为 60CrMnBa,其中弹性模量为 2.05×10^{11} Pa,泊松比为 0.3,密度为 7850kg/m³,屈服强度为 1.1×10^{9} Pa,抗拉强度为 1.25×10^{9} Pa。若忽略每片弹簧之间的摩擦,各片弹簧之间为绑定线性接触,垂直钢板弹簧有 5mm 的位移量,求在该位移量下钢板弹簧的最大应力、安全因子。

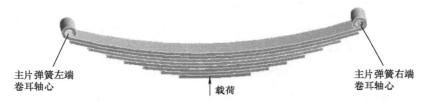

图 1-1 货车后悬架钢板弹簧模型

1.1.2 实例分析过程

1. 启动 Workbench 18.0

在"开始"菜单中执行 ANSYS 18.0→Workbench 18.0 命令。

2. 创建结构静力分析

(1) 在工具箱【Toolbox】的【Analysis Systems】中双击或拖动结构静力分析【Static Structural】到项目分析流程图,如图 1-2 所示。

(2) 在 Workbench 的工具栏中单击【Save】,保存项目实例名为 Leaf spring.wbpj。工程实例文件保存在 D:\AWB\Chapter01 文件夹中。

3. 创建材料参数

(1) 编辑工程数据单元:右键单击【Engineering Data】→【Edit】。

(2) 在工程数据属性中增加新材料:【Outline of Schematic A2: Engineering Data】→【Click here to add a new material】,输入新材料名称 60CrMnBa。

(3) 在左侧单击【Physical Properties】展开→双击【Density】→【Properties of Outline Row 4: 60CrMnBa】→【Density】= 7850kg/m³。

图 1-2 创建结构静力分析

(4) 在左侧单击【Linear Elastic】展开→双击【Isotropic Elasticity】→【Properties of Outline Row 4: 60CRMNBA】→【Young's Modulus】= 2.05E+11Pa。

(5)【Properties of Outline Row 4: 60CRMNBA】→【Poisson's Ratio】= 0.3。

(6) 在左侧单击【Strength】展开→双击【Tensile Yield Strength】→【Properties of Outline Row 4: 60CrMnBa】→【Tensile Yield Strength】= 1.1E+09Pa。

(7)【Physical Properties】→双击【Tensile Ultimate Strength】→【Properties of Outline Row 4: 60CrMnBa】→【Tensile Ultimate Strength】= 1.25E+09Pa，如图1-3所示。

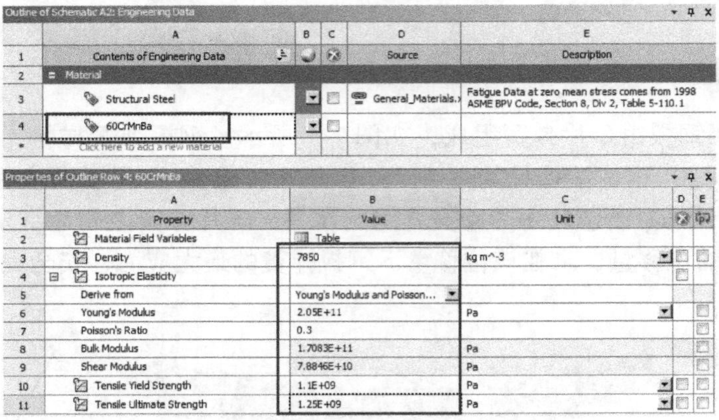

图1-3 创建60CrMnBa材料

(8) 单击工具栏中的【A2: Engineering Data】关闭按钮，返回到Workbench主界面，新材料创建完毕。

4. 导入几何模型

在结构静力分析上，右键单击【Geometry】→【Import Geometry】→【Browse】，找到模型文件Leaf spring.x_t，打开导入几何模型。模型文件在D:\AWB\Chapter01文件夹中。

5. 进入Mechanical分析环境

(1) 在结构静力分析上，右键单击【Model】→【Edit】，进入Mechanical分析环境。

(2) 在Mechanical的主菜单【Units】中设置单位为Metric（mm, kg, N, s, mV, mA）。

6. 为几何模型分配材料

在导航树里单击【Geometry】展开，然后选择所有几何实体，共8个体，接着单击【Multiple Selection】→【Details of "Multiple Selection"】→【Material】→【Assignment】= 60CrMnBa，如图1-4所示。

7. 定义局部坐标

(1) 为主片钢板弹簧左端卷耳轴心创建局部坐标：在Mechanical标准工具栏中单击 ，选择Main.1左端卷耳轴心内表面；在导航树上

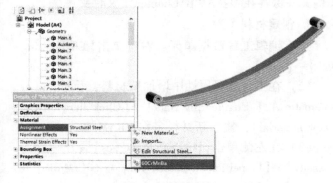

图1-4 材料分配

右键单击【Coordinate Systems】，从弹出的快捷菜单中选择【Insert】→【Coordinate Systems】，其他默认，如图1-5所示。

（2）为主片钢板弹簧右端卷耳轴心创建局部坐标：在Mechanical标准工具栏中单击，选择Main.1右端卷耳轴心内表面；在导航树上右键单击【Coordinate Systems】，从弹出的快捷菜单中选择【Insert】→【Coordinate Systems】，接受自动命名Coordinate System 2，其他默认，如图1-6所示。

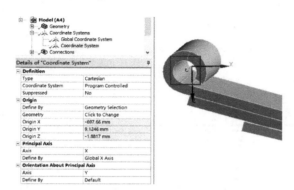

图1-5　左端卷耳轴心创建局部坐标　　　图1-6　右端卷耳轴心创建局部坐标

8. 接触设置

（1）在导航树上右键单击【Connections】→【Rename Based On Definition】，重新命名目标面与接触面。

（2）选择所有接触对，单击【Details of "Multiple Selection"】→【Definition】→【Behavior】= Symmetric，其他默认，如图1-7所示。

9. 划分网格

（1）在导航树里单击【Mesh】→【Details of "Mesh"】→【Sizing】→【Size Function】= Proximity and Curvature，【Relevance Center】= Medium，【Min Size】= 5.0mm，【Proximity Min Size】= 5.0mm，【Max Face Size】= 10.0mm，其他默认。

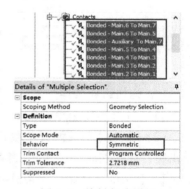

图1-7　接触行为设置

（2）生成网格：选择【Mesh】→【Generate Mesh】，图形区域显示程序生成的六面体网格模型，如图1-8所示。

（3）网格质量检查：在导航树里单击【Mesh】→【Details of "Mesh"】→【Quality】→【Mesh Metric】= Skewness，显示Skewness规则下网格质量详细信息，平均值处在好水平范围内，展开【Statistics】显示网格和节点数量。

10. 接触初始状态检测

（1）在导航树上，右键单击【Connections】→【Insert】→【Contact Tool】。

（2）右键单击【Contact Tool】，从弹出的快捷菜单中选择【Generate Initial Contact Results】，经过初始运算，得到初始接触信息，如图1-9所示。注意图示接触状态值是按照网格设置后的状态，也可先不设置网格，查看接触初始状态。

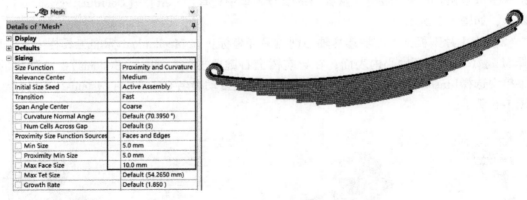

图 1-8　划分网格

Name	Contact Side	Type	Status	Number Contacting	Penetration (mm)	Gap (mm)	Geometric Penetration (mm)	Geometric Gap (mm)	Resulting Pinball (mm)	Real Constant
Bonded - Main.6 To Main.7	Contact	Bonded	Closed	1387.	8.5399e-014	0.	7.7658e-008	1.1104e-007	1.4809	9.
Bonded - Main.6 To Main.7	Target	Bonded	Closed	1500.	8.5287e-014	0.	8.0671e-008	1.0314e-007	1.5066	10.
Bonded - Main.6 To Main.5	Contact	Bonded	Closed	1843.	5.7438e-014	0.	7.7835e-008	8.8698e-008	1.5197	11.
Bonded - Main.6 To Main.5	Target	Bonded	Closed	2020.	8.5347e-014	0.	8.4416e-008	7.9454e-008	1.4977	12.
Bonded - Auxiliary To Main.7	Contact	Bonded	Closed	1000.	8.5336e-014	0.	1.0486e-007	1.0742e-007	1.5026	13.
Bonded - Auxiliary To Main.7	Target	Bonded	Closed	1020.	8.5459e-014	0.	1.0634e-007	1.1012e-007	1.4933	14.
Bonded - Main.5 To Main.4	Contact	Bonded	Closed	2540.	5.787e-014	0.	8.0274e-008	8.7188e-008	1.5024	15.
Bonded - Main.5 To Main.4	Target	Bonded	Closed	2480.	5.7847e-014	0.	8.4161e-008	8.7004e-008	1.4963	16.
Bonded - Main.4 To Main.3	Contact	Bonded	Closed	3000.	7.2741e-014	0.	7.8237e-008	9.8019e-008	1.5038	17.
Bonded - Main.4 To Main.3	Target	Bonded	Closed	3020.	5.8264e-014	0.	8.3538e-008	1.0243e-007	1.4979	18.
Bonded - Main.3 To Main.2	Contact	Bonded	Closed	3540.	7.3489e-014	0.	8.1042e-008	7.6555e-008	1.5024	19.
Bonded - Main.3 To Main.2	Target	Bonded	Closed	3400.	5.8872e-014	0.	7.9027e-008	7.5863e-008	1.4971	20.
Bonded - Main.2 To Main.1	Contact	Bonded	Closed	3920.	7.3783e-014	0.	8.1686e-008	8.9109e-008	1.5029	21.
Bonded - Main.2 To Main.1	Target	Bonded	Closed	3781.	5.8969e-014	0.	7.8041e-008	9.5226e-008	1.4979	22.

图 1-9　接触初始状态检测

11. 施加边界条件

（1）在导航树上单击【Structural（A5）】。

（2）为主片钢板弹簧左端卷耳轴心面施加远端位移约束：在 Mechanical 标准工具栏中单击，选择 Main. 1 左侧内表面，然后在环境工具栏中单击【Supports】→【Remote Displacement】，【Remote Displacement】→【Details of "Remote Displacement"】→【Scope】→【Coordinate System】= Coordinate System，【X Coordinate】=0mm，【Y Coordinate】=0mm，【Z Coordinate】=0mm；【Definition】→【X Component】= Free，【Y Component】= 0mm，【Z Component】= 0mm，Rotation X = 0°，Rotation Y = Free，Rotation Z = 0°，其他默认，如图 1-10所示。

图 1-10　左端卷耳轴心面远端位移约束

（3）为主片钢板弹簧右端卷耳轴心面施加远端位移约束：在 Mechanical 标准工具栏中单击，选择 Main. 1 右侧内表面，然后在环境工具栏中单击【Supports】→【Remote Displacement】，【Remote Displacement】→【Details of "Remote Displacement"】→【Scope】→【Coordinate System】= Coordinate System2，【X Coordinate】=0mm，【Y Coordinate】=0mm，【Z Coordinate】=

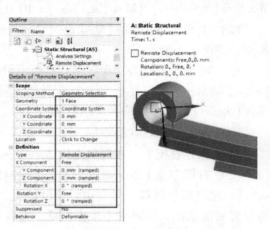

0mm;【Definition】→【X Component】= Free,【Y Component】= 0mm,【Z Component】=0mm,Rotation X = 0°,Rotation Y = Free,Rotation Z = 0°,其他默认,如图1-11所示。

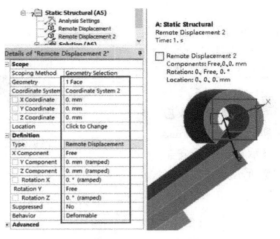

图1-11　右端卷耳轴心面远端位移约束

（4）施加位移：在标准工具栏中单击，然后选择 Auxiliary 底面,接着在环境工具栏中单击【Supports】→【Displacement】→【Details of "Displacement"】→【Definition】→【Define By】= Components,【X Component】=0,【Y Component】=0mm,【Z Component】= −5mm,如图1-12所示。

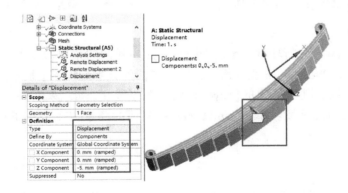

图1-12　施加位移

（5）单击【Analysis Settings】→【Details of "Analysis Settings"】→【Solver Controls】→【Solver Type】= Direct。

12. 设置需要的结果

（1）在导航树上单击【Solution（A6）】。

（2）在求解工具栏中单击【Deformation】→【Total】。

（3）在求解工具栏中单击【Stress】→【Equivalent（von-Mises）】。

（4）在求解工具栏中单击【Tools】→【Stress Tool】→【Details of "Stress Tool"】→【Definition】→【Stress Limit Type】= Tensile Ultimate Per Material。

13. 求解与结果显示

（1）在 Mechanical 标准工具栏中单击 Solve 进行求解运算。

（2）运算结束后，单击【Solution (A6)】→【Total Deformation】，图形区域显示分析得到的钢板弹簧总变形分布云图，如图 1-13 所示；单击【Solution (A6)】→【Equivalent Stress】，显示钢板弹簧等效应力分布云图，如图 1-14 所示；单击【Stress Tool】→【Safety Factor】，显示钢板弹簧安全因子分布云图，如图 1-15 所示。

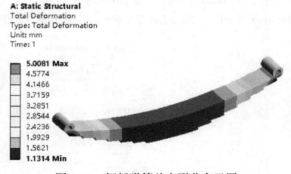

图 1-13　钢板弹簧总变形分布云图

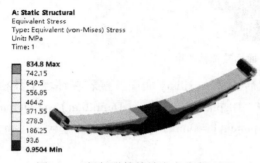

图 1-14　钢板弹簧等效应力分布云图

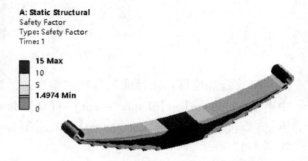

图 1-15　钢板弹簧安全因子分布云图

14. 保存与退出

（1）退出 Mechanical 分析环境：单击 Mechanical 主界面的菜单【File】→【Close Mechanical】退出环境，返回到 Workbench 主界面，此时主界面的分析流程图中显示的分析已完成。

（2）单击 Workbench 主界面上的【Save】按钮，保存所有分析结果文件。

（3）退出 Workbench 环境：单击 Workbench 主界面的菜单【File】→【Exit】退出主界面，完成分析。

1.1.3　分析点评

本实例为货车后悬架钢板弹簧静力分析，重点为弹簧钢板两端卷耳约束，难点为钢板弹簧簧片间的摩擦。本例是在未考虑钢板弹簧簧片间正压力、摩擦等情况下，直接给定位移，求得钢板弹簧的薄弱处及相应结果，具有借鉴意义。

1.2　焊接吊装工装托架静力分析

1.2.1　问题描述

某焊接吊装工装托架结构由 2 个上长纵梁、2 个下长纵梁、12 个短横杆、28 个立杆、4 个吊耳和 8 个衬板焊接而成，如图 1-16 所示。该结构材料为结构钢，主要承受主轴结构重量及自身重量，其中主轴的重量转化为支撑点的力，约 500N。若忽略可能的运动，求该托架结构的最大应力与变形。

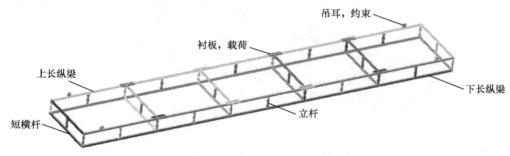

图 1-16 焊接吊装工装托架

1.2.2 实例分析过程

1. 启动 Workbench 18.0

在"开始"菜单中执行 ANSYS 18.0→Workbench 18.0 命令。

2. 创建结构静力分析

（1）在工具箱【Toolbox】的【Analysis Systems】中双击或拖动结构静力分析【Static Structural】到项目分析流程图，如图 1-17 所示。

（2）在 Workbench 的工具栏中单击【Save】，保存项目实例名为 Tooling.wbpj。工程实例文件保存在 D:\AWB\Chapter01 文件夹中。

3. 创建材料参数

材料为默认结构钢材料。

4. 导入几何模型

（1）在结构静力分析上，右键单击【Geometry】→【Import Geometry】→【Browse】，找到模型文件 Tooling.x_t，打开导入几何模型。模型文件在 D:\AWB\Chapter01 文件夹中。

（2）在结构静力分析上，右键单击【Geometry】→【Edit Geometry in DesignModeler…】，进入 DesignModeler 环境。

图 1-17 创建结构静力分析

（3）在模型详细信息栏里单击【Detail View】→【Operation】，选取【Add Frozen→Add Material】。在工具栏中单击【Generate】完成导入显示，如图 1-18 所示。

5. 模型抽取中面处理

（1）对模型抽取中面：首先转换单位，在菜单栏中单击【Units】→【Millimeter】；其次单击【Tools】→【Mid-Surface】，【MidSurf1】→【Detail View】→【Selection Method】，选取【Manual→Automatic】；【Minimum Threshold】=0.01mm，【Maximum Threshold】=15mm；【FD3, Selection Tolerance（>=）】=4.096mm，其他默认，【Find Face Pairs Now】，选取【No→

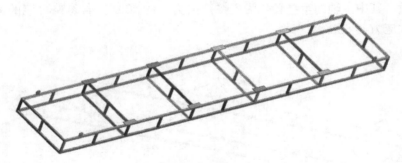

图 1-18 模型

Yes】,可见选中所有抽取面对。在工具中栏单击【Generate】完成抽取中面,如图 1-19 所示。

(2) 单击 DesignModeler 主界面的菜单【File】→【Close DesignModeler】,退出几何建模环境。

(3) 返回 Workbench 主界面,单击 Workbench 主界面上的【Save】按钮保存。

6. 托架杆件缝焊处理

(1) 在结构静力分析上,右键单击【Geometry】→【Edit Geometry in SpaceClaim…】,进入 SpaceClaim 环境。

(2) 单击【Prepare】→【Analysis】→【Weld】→【Option-Find/Fix】→【Maximum Length】=20mm。托架结构构件连

图 1-19 模型抽取中面

接处出现红球,图形区单击完成图标☑,修改【Maximum Length】=30,然后再次单击完成图标☑;再次单击完成图标☑,可以看到托架结构两端八个角立杆两端连接处还有红球,表明未焊接,如图 1-20 所示。

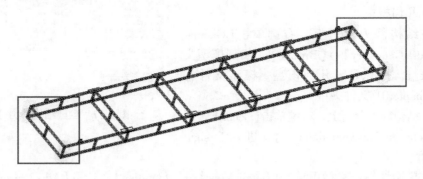

图 1-20 缝焊焊接及未完成处

(3) 补齐未焊接处:首先任选一个角未焊接处,在图形区域单击 选择对应立杆端没有缝焊的边线,如图 1-21 所示;然后单击图标 按住 Ctrl 键选择对应短横杆面和长纵梁面,如图 1-22 所示;单击完成图标☑完成此处缝焊焊接,如图 1-23 所示。该立杆件的另一端缝焊焊接以及托架结构的其他六个角处的三个立杆两端缝焊焊接与该处的操作方法一致,在此不再叙述,请读者自己完成。完成后图形区域完成图标☑呈灰色。

第1章 结构线性静力分析 | 9

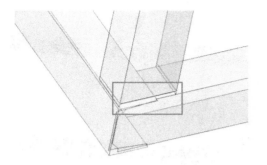

图1-21 选取焊接边

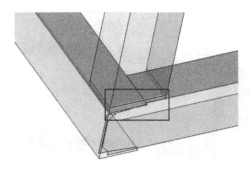

图1-22 选取焊接面

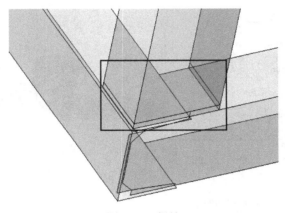

图1-23 焊缝

（4）退出 SpaceClaim 环境：单击 SpaceClaim 主界面的菜单【File】→【Exit SpaceClaim】，退出环境。返回 Workbench 主界面，单击 Workbench 主界面上的【Save】按钮保存。

7. 托架吊耳点焊处理

（1）在结构静力分析上，右键单击【Geometry】→【Edit Geometry in DesignModeler…】，进入 DesignModeler 环境。

（2）在模型详细信息栏里，单击【Detail View】→【Operation】，选取【Add Frozen→Add Material】。工具栏中单击【Generate】完成导入显示，然后在菜单栏中单击【Units】→【Millimeter】转换单位。

（3）吊耳焊接：首先，在标准工具栏中单击选择面图标，选取两侧长梁面上4个吊耳中的任意一个的面，然后单击面扩展选择图标，选择该吊耳的所有面作为布置焊点的基准面（实际选择周围4个面即可），如图1-24所示；其次，在标准工具栏中单击选择边线图标，按住 Ctrl 键选择基准面上与长纵梁面邻近的4个边（吊耳底边线）作为布置点焊的导向边，如图1-25所示；单击菜单栏【Create】→【Point】，在点焊信息栏中选择【Base Face】，单击【Apply】确定，【FD5，N】为20，其他默认；最后在工具栏中单击【Generate】完成点缝创建，如图1-26所示。对其他3个吊耳的点焊焊接方法与此处吊耳焊接方法一致，在此不再叙述，请读者自行完成。

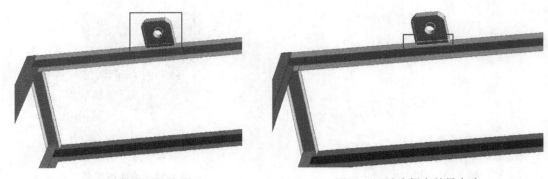

图 1-24　选取焊点的基准面　　　　　图 1-25　选取焊点的导向边

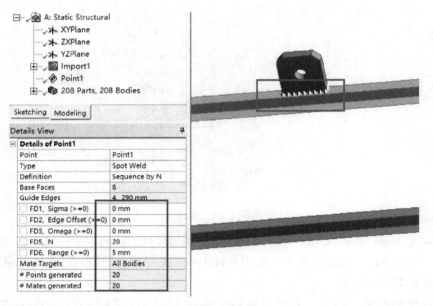

图 1-26　吊耳点焊

8. 创建多体零件

(1) 单击体选择,选择 4 个吊耳,然后单击菜单栏中的【Tools】→【Form New Part】,使其组成一个新零件组;隐藏该新组建的 Part,在图形窗口任意空白处单击右键,从弹出的菜单中选择【Select All】,再次单击右键,从弹出的快捷菜单中选择工具【Form New Part】,使其组成一个新零件组,这样共有 2 个零件 208 个体。

(2) 单击 DesignModeler 主界面的菜单【File】→【Close DesignModeler】,退出建模环境。

(3) 返回 Workbench 主界面,单击 Workbench 主界面工具栏上的【Save】按钮保存。

9. 进入 Mechanical 分析环境

(1) 在结构静力分析上,右键单击【Model】→【Edit】,进入 Mechanical 分析环境。

(2) 在 Mechanical 的主菜单【Units】中设置单位为 Metric(mm,kg,N,s,mV,mA)。

10. 为几何模型分配材料

为默认材料结构钢。

11. 创建连接

（1）抑制自动接触，导航树上展开【Connections】→【Contacts】，按住 Ctrl 键并选中自动接触区域（Contact Region1 -25），单击鼠标右键，选择【Suppress】，抑制 25 个接触对。

（2）在导航树上单击【Connections】→【Contact】→【Bonded】，在接触详细信息栏，接触区域选择一侧上长纵梁上的 4 个衬板，目标区域选择 4 个衬板所对应的梁；详细信息栏里【Shell Thickness Effect】= Yes，其他选项默认，如图 1-27 所示。

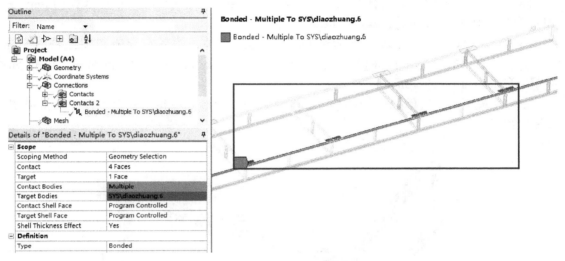

图 1-27　一侧衬板接触

（3）在导航树上单击【Connections】→【Contact】→【Bonded】，在接触详细信息栏，接触区域选择另一侧上长纵梁上的 4 个衬板，目标区域选择 4 个衬板所对应的梁；详细信息栏里【Shell Thickness Effect】= Yes，其他选项默认，如图 1-28 所示。

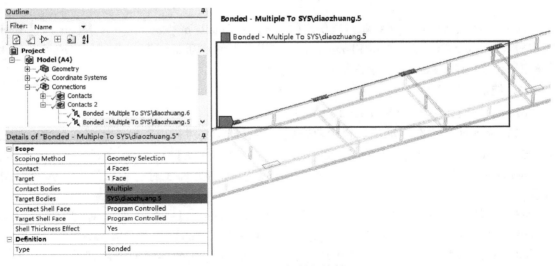

图 1-28　另一侧衬板接触

12. 划分网格

(1) 在导航树里单击【Mesh】→【Details of "Mesh"】→【Defaults】→【Relevance】= 100,【Sizing】→【Size Function】= Adaptive,【Sizing】→【Relevance Center】= Medium,其他默认。

(2) 在导航树上,展开 Geometry,隐藏 Part2,选择 Part1 中的所有体,然后右键单击【Mesh】,从弹出的菜单中选择【Insert】→【Sizing】,【Body Sizing】→【Details of "Body Sizing"】→【Element Size】= 5mm。

(3) 选择 Part1 中的所有体,然后右键单击【Mesh】,从弹出的菜单中选择【Insert】→【Method】→【Hex Dominant】,其他默认。

(4) 显示 Part2,隐藏 Part1,选择 Part2 中的所有体,然后在导航树图上右键单击【Mesh】,从弹出的菜单中选择【Insert】→【Sizing】,【Body Sizing】→【Details of "Body Sizing"】→【Element Size】= 8mm。

(5) 生成网格:选择【Mesh】→【Generate Mesh】,图形区域显示程序生成的网格模型,如图 1-29 所示。

图 1-29 划分网格

(6) 网格质量检查:在导航树里单击【Mesh】→【Details of "Mesh"】→【Quality】→【Mesh Metric】= Element Quality,显示 Element Quality 规则下网格质量详细信息,平均值处在好水平范围内,展开【Statistics】显示网格和节点数量。

13. 施加边界条件

(1) 在导航树上单击【Structural(A5)】。

(2) 施加面力:在标准工具栏中单击▣,然后选择 1 对衬板表面,接着在环境工具栏中单击【Loads】→【Force】→【Details of "Force"】→【Definition】→【Define By】= Components,【Z Component】输入 500N,如图 1-30 所示。同理,施加另外 3 对衬板表面力,如图 1-31 所示。

(3) 施加标准地球重力:在环境工具栏中单击【Inertial】→【Standard Earth Gravity】→【Details of "Standard Earth Gravity"】→【Definition】→【Direction】= +Z Direction。

(4) 施加约束:在标准工具栏中单击▣,然后选择托架的一端面两吊耳孔,在环境工具栏中单击【Supports】→【Fixed Support】,如图 1-32 所示;同理,选择托架的一端面两吊耳孔,施加固定约束,如图 1-33 所示。完整边界条件如图 1-34 所示。

第 1 章　结构线性静力分析

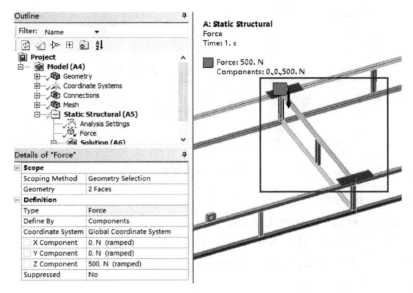

图 1-30　施加力载荷

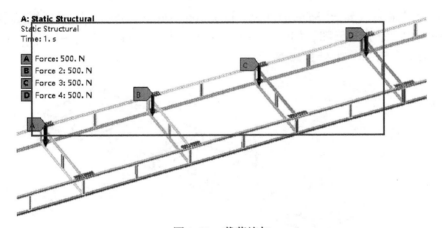

图 1-31　载荷施加

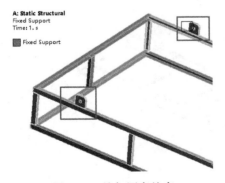 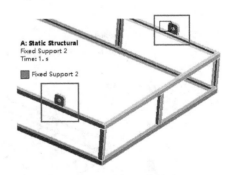

图 1-32　施加固定约束　　　　　　　图 1-33　施加固定约束

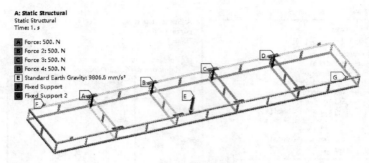

图 1-34　边界条件

14. 设置需要的结果

（1）在导航树上单击【Solution（A6）】。

（2）在求解工具栏中单击【Deformation】→【Total】。

（3）在求解工具栏中单击【Stress】→【Equivalent（von-Mises）】。

15. 求解与结果显示

（1）在 Mechanical 标准工具栏中单击 Solve 进行求解运算。

（2）运算结束后，单击【Solution（A6）】→【Total Deformation】，图形区域显示结构静力分析得到的结构变形分布云图，如图 1-35 所示；单击【Solution（A6）】→【Equivalent Stress】，显示结构应力分布云图，如图 1-36 所示。

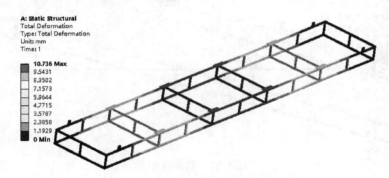

图 1-35　结构变形分布云图

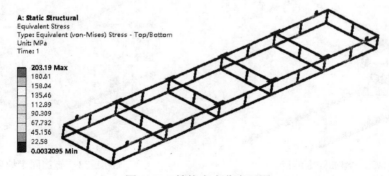

图 1-36　结构应力分布云图

16. 保存与退出

(1) 退出 Mechanical 分析环境：单击 Mechanical 主界面的菜单【File】→【Close Mechanical】，退出环境，返回到 Workbench 主界面，此时主界面的分析流程图中显示的分析已完成。

(2) 单击 Workbench 主界面上的【Save】按钮，保存所有分析结果文件。

(3) 退出 Workbench 环境：单击 Workbench 主界面的菜单【File】→【Exit】，退出主界面，完成分析。

1.2.3 分析点评

本实例是焊接吊装工装托架静力分析，来源于实际工程应用。该结构模型为稍复杂的薄壁杆件结构。一方面根据薄壁杆件结构力学中对薄壁杆件的定义，对该结构进行了中面提取，由实体单元转化为壳单元计算，这样有利于大幅度地减少网格数量，快捷计算；另一方面对各杆件的连接采用缝焊连接、点焊连接和接触连接方式处理，并充分利用 SpaceClaim 和 DesignModeler 各自几何处理方面的优点。这些处理方法是分析薄壁杆件结构时常采用的处理方法，很实用。从应力结果来看，最大值为 203.19MPa，未超出结构钢材料的许用值，可看作在安全范围内。

第2章 结构非线性分析

2.1 片弹簧接触非线性及大变形分析

2.1.1 问题描述

某片弹簧起减振作用,片弹簧的长侧端面固定,另一短侧弯曲面与平板接触,并受到平板 8mm 位移挤压,如图 2-1 所示。弹簧及平板材料为 60Si2Mn 钢,弹性模量为 2.07×10^{11} Pa,泊松比为 0.3,密度为 $7850 kg/m^3$,求片弹簧在平板挤压下的最大变形、应力及应变,并进行接触轨迹追踪和接触区域评估,求出接触状态、压力及滑动位移。

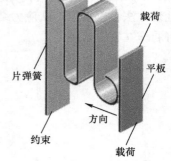

图 2-1 片弹簧及平板模型

2.1.2 实例分析过程

1. 启动 Workbench 18.0

在"开始"菜单中执行 ANSYS 18.0→Workbench 18.0 命令。

2. 创建结构静力分析

(1) 在工具箱【Toolbox】的【Analysis Systems】中双击或拖动结构静力分析【Static Structural】到项目分析流程图,如图 2-2 所示。

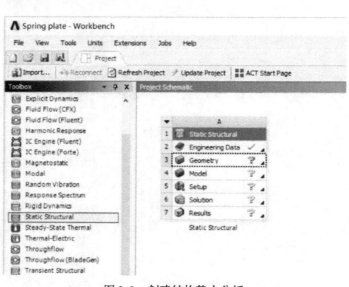

图 2-2 创建结构静力分析

(2) 在 Workbench 的工具栏中单击【Save】，保存项目实例名为 Spring plate.wbpj。工程实例文件保存在 D:\AWB\Chapter02 文件夹中。

3. 创建材料参数

(1) 编辑工程数据单元：右键单击【Engineering Data】→【Edit】。

(2) 在工程数据属性中增加新材料：单击【Outline of Schematic A2，B2：Engineering Data】→【Click here to add a new material】输入新材料名称 60Si2Mn。

(3) 在左侧单击【Physical Properties】展开→双击【Density】→【Properties of Outline Row 4：60Si2Mn】→【Density】= 7850kg/m³。

(4) 在左侧单击【Linear Elastic】展开→双击【Isotropic Elasticity】→【Properties of Outline Row 4：60Si2Mn】→【Young's Modulus】= 2.07E+11Pa。

(5)【Properties of Outline Row 4：60Si2Mn】→【Poisson's Ratio】= 0.3，如图 2-3 所示。

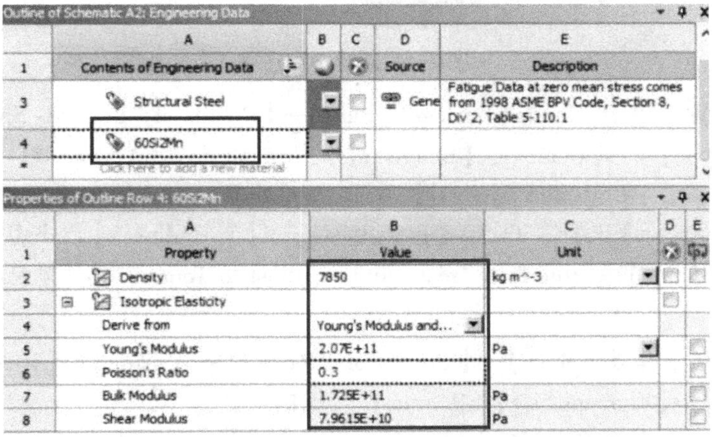

图 2-3　创建材料

(6) 单击工具栏中的【A2：Engineering Data】关闭按钮，返回到 Workbench 主界面，新材料创建完毕。

4. 导入几何模型

在结构静力分析上，右键单击【Geometry】→【Import Geometry】→【Browse】→找到模型文件 Spring plate.agdb，打开导入几何模型。模型文件在 D:\AWB\Chapter02 文件夹中。

5. 进入 Mechanical 分析环境

(1) 在结构静力分析上，右键单击【Model】→【Edit】进入 Mechanical 分析环境。

(2) 在 Mechanical 的主菜单【Units】中设置单位为 Metric（mm，kg，N，s，mV，mA）。

6. 为几何模型分配材料

在导航树里单击【Geometry】展开→选择【Spring，Plate】→【Details of "Multiple Selection"】→【Material】→【Assignment】= 60Si2Mn，其他默认。

7. 创建接触连接

(1) 在导航树上展开【Connections】→【Contacts】，单击【Contact Region】，默认程序自动识别的弹簧曲面为接触面，与其相邻的平板面为接触面。右键单击【Contact Region】，从弹出的快捷菜单中选择【Rename Based On Definition】，重新命名目标面与接触面，如图2-4所示。

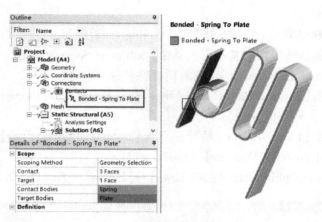

图2-4 创建接触连接

(2) 接触设置：单击【Bonded-Spring To Plate】→【Details of "Bonded- Spring To Plate"】→【Definition】→【Type】= Frictionless，【Behavior】= Asymmetric；【Advanced】→【Formulation】= Augmented Lagrange，【Detection Method】= On Gauss Point，【Normal Stiffness】= Manual，【Normal Stiffness Factor】= 1e – 005，【Pinball Region】= Radius，【Pinball Radius】= 3mm；【Geometric Modification】→【Interface Treatment】= Adjust to Touch，其他默认，如图2-5所示。

8. 划分网格

(1) 在导航树里单击【Mesh】→【Details of "Mesh"】→【Sizing】→【Relevance Center】= Medium，【Sizing】→【Element Size】= 0.5mm；其他默认。

(2) 生成网格：右键单击【Mesh】→【Generate Mesh】，图形区域显示程序生成的六面体网格模型，如图2-6所示。

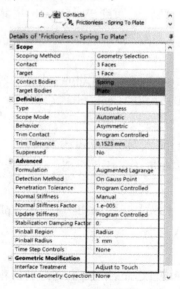

图2-5 接触设置

图2-6 划分网格

（3）网格质量检查：在导航树里单击【Mesh】→【Details of "Mesh"】→【Quality】→【Display Style】= Element Quality，显示 Element Quality 规则下网格质量状态，如图 2-7 所示；【Mesh Metric】= Element Quality，显示 Element Quality 规则下网格质量详细信息，平均值处在好水平范围内，展开【Statistics】显示网格和节点数量。

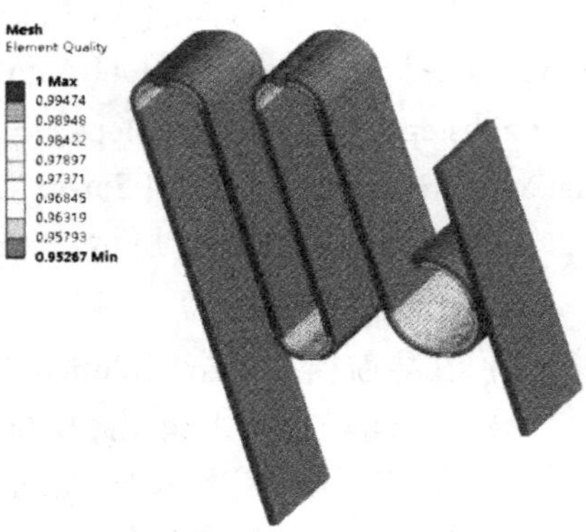

9. 接触初始检测

（1）在导航树上，右键单击【Connections】→【Insert】→【Contact Tool】。

（2）右键单击【Contact Tool】，从弹出的快捷菜单中选择【Generate Initial Contact Results】，经过初始运算，得到接触状态信息，如图 2-8 所示。注意图示接触状态值是按照网格设置后的状态，也可先不设置网格，查看接触初始状态。

图 2-7 网格质量显示

图 2-8 接触初始检测

10. 施加边界条件

（1）单击【Static Structural (A5)】。

（2）施加平板压缩弹簧片位移：首先在标准工具栏中单击 ⬚，然后选择平硬板两端面，接着在环境工具栏中单击【Supports】→【Displacement】→【Details of "Displacement"】→【Definition】→【Define By】= Components，【X Component】= −8mm，【Y Component】= 0mm，【Z Component】= 0mm，如图 2-9 所示。

（3）施加约束：首先在标准工具栏中单击 ⬚，然后选择弹簧的直长侧端面，接着在环境工具栏中单击【Supports】→【Fixed Support】，如图 2-10 所示。

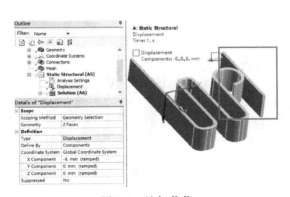

图 2-9 施加载荷

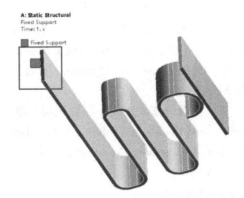

图 2-10 施加约束

(4) 非线性设置：单击【Analysis Settings】→【Details of "Analysis Settings"】→【Step Controls】→【Auto Time Stepping】= On，【Define By】= Substeps，【Initial Substeps】= 10，【Minimum Substeps】= 5，【Maximum Substeps】= 25；【Solver Controls】→【Large Deflection】= On，其他默认，如图 2-11 所示。

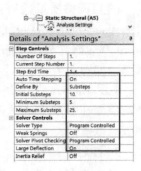

图 2-11 非线性设置

11. 设置需要的结果

（1）在导航树上单击【Solution（A6）】。

（2）在求解工具栏中单击【Deformation】→【Total】。

（3）在求解工具栏中单击【Strain】→【Equivalent（von-Mises）】。

（4）在求解工具栏中单击【Stress】→【Equivalent（von-Mises）】。

12. 求解与结果显示

（1）在 Mechanical 标准工具栏中单击 Solve 进行求解运算。

（2）运算结束后，单击【Solution（A6）】→【Total Deformation】，图形区域显示分析得到的弹簧变形分布云图，如图 2-12 所示；单击【Solution（A6）】→【Equivalent Elastic Strain】，显示弹簧应变分布云图，如图 2-13 所示；单击【Solution（A6）】→【Equivalent Stress】，显示弹簧等效应力分布云图，如图 2-14 所示。

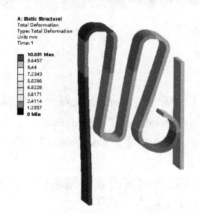

图 2-12 弹簧变形分布云图

图 2-13 弹簧应变分布云图

（3）查看力收敛图：在导航树上单击【Solution Information】→【Details of "Solution Information"】→【Solution Output】= Force Convergence，可以查看收敛曲线，如图 2-15 所示。

（4）查看位移收敛图：在导航树上单击【Solution Information】→【Details of "Solution Information"】→【Solution Output】= Displacement Convergence，可以查看收敛曲线，如图 2-16 所示。

13. 接触追踪

（1）在导航树上右键单击【Solution Information】→

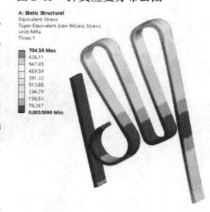

图 2-14 弹簧等效应力分布云图

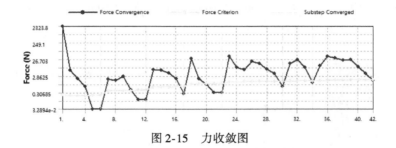

图 2-15　力收敛图

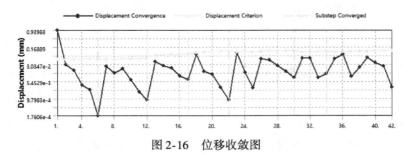

图 2-16　位移收敛图

【Insert】→【Contact】，单击【Number Contacting】→【Details of "Number Contacting"】→【Definition】→【Type】= Penetration，【Scope】→【Contact Region】= Frictionless-Spring To Plate，其他默认。

（2）右键单击【Penetration】，从弹出的快捷菜单中选择【Evaluate All Contact Trackers】，运算后出现如图 2-17 所示的曲线与数表。

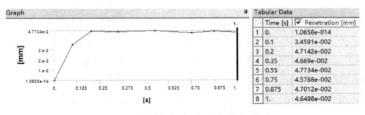

图 2-17　接触追踪渗透曲线与数表

14. 接触评估

（1）在导航树上单击【Solution（A6）】。

（2）在求解工具栏中单击【Tools】→【Contact Tool】。

（3）右键单击【Contact Tool】→【Insert】→【Pressure】，【Sliding Distance】。

（4）右键单击【Contact Tool】，从弹出的快捷菜单中选择【Evaluate All Results】，运算后，分别单击【Contact Tool】→【Status】查看接触状态结果，如图 2-18 所示；单击【Contact Tool】→【Pressure】查看接触

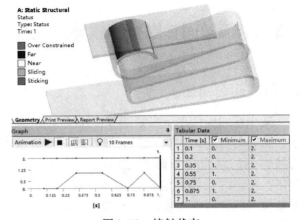

图 2-18　接触状态

压力结果,如图 2-19 所示;单击【Contact Tool】→【Sliding Distance】查看接触滑动距离,如图 2-20 所示。

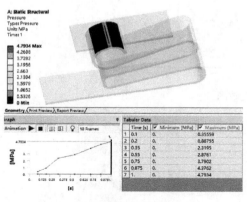

图 2-19　接触压力

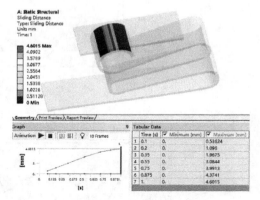

图 2-20　滑动距离

15. 保存与退出

(1) 退出 Mechanical 分析环境:单击 Mechanical 主界面的菜单【File】→【Close Mechanical】退出环境,返回到 Workbench 主界面,此时主界面的分析流程图中显示分析已完成。

(2) 单击 Workbench 主界面上的【Save】按钮,保存所有分析结果文件。

(3) 退出 Workbench 环境:单击 Workbench 主界面的菜单【File】→【Exit】退出主界面,完成分析。

2.1.3　分析点评

本实例是片弹簧接触非线性及大变形分析,包含了两个重要知识点:接触非线性分析和几何大变形分析。在本例中如何使求解快速收敛是关键,这牵涉到非线性网格划分、接触设置与接触初始检测、几何大变形设置、求解过程中子步设置,以及对应的边界条件设置。Mechanical 在求解非线性时有强大的处理方法,求解前即可通过初始检测来判定接触设置是否正确,求解后可通过查看收敛图、接触追踪、接触评估及 Newton-Raphson 余量来判定是否收敛及解决方法。

2.2　卡箍紧固件螺栓预紧非线性接触分析

2.2.1　问题描述

某卡箍紧固件用于夹紧圆管,如图 2-21 所示。圆管的材料为铜合金,卡箍紧固件的材料为结构钢。紧固件与圆管之间的摩擦系数为 0.15,工作时紧固件的夹紧力为 1000N。试求圆管被卡箍紧固件夹紧时 Z 方向的变形、卡箍紧固件最大应力与变形。

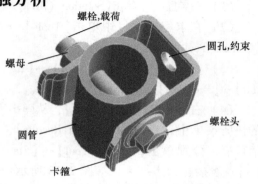

图 2-21　卡箍紧固件螺栓模型

2.2.2 实例分析过程

1. 启动 Workbench 18.0

在"开始"菜单中执行 ANSYS 18.0→Workbench 18.0 命令。

2. 创建结构静力分析

（1）在工具箱【Toolbox】的【Analysis Systems】中双击或拖动结构静力分析【Static Structural】到项目分析流程图，如图 2-22 所示。

（2）在 Workbench 的工具栏中单击【Save】，保存项目实例名为 Clamp.wbpj。工程实例文件保存在 D:\AWB\Chapter02 文件夹中。

3. 创建材料参数

（1）编辑工程数据单元：右键单击【Engineering Data】→【Edit】。

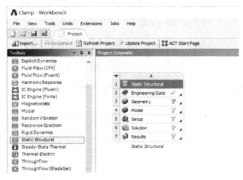

图 2-22 创建结构静力分析

（2）在工程数据属性中增加材料：在 Workbench 的工具栏中单击 工程材料源库，此时的主界面显示【Engineering Data Sources】和【Outline of Favorites】。选择 A3 栏【General materials】，从【Outline of General materials】里查找铜合金【Copper Alloy】材料，然后单击【Outline of General Material】表中的添加按钮 ，此时在 C6 栏中显示标示 ，表明材料添加成功，如图 2-23 所示。

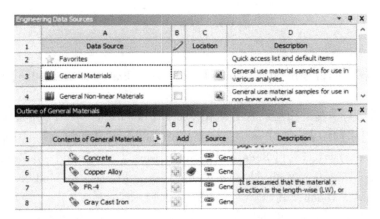

图 2-23 创建材料

（3）单击工具栏中的【A2：Engineering Data】关闭按钮，返回到 Workbench 主界面，新材料创建完毕。

4. 导入几何模型

在结构静力分析上，右键单击【Geometry】→【Import Geometry】→【Browse】→找到模型文件 Clamp.x_t，打开导入几何模型。模型文件在 D:\AWB\Chapter02 文件夹中。

5. 进入 Mechanical 分析环境

（1）在结构静力分析上，右键单击【Model】→【Edit】进入 Mechanical 分析环境。

(2) 在 Mechanical 的主菜单【Units】中设置单位为 Metric (mm, kg, N, s, mV, mA)。

6. 为几何模型分配材料

(1) 为圆管分配材料：在导航树上单击【Geometry】展开→【Pipe】→【Details of "Pipe"】→【Material】→【Assignment】= Copper Alloy。

(2) 卡箍、螺栓和螺母的材料默认为结构钢。

7. 定义局部坐标

在 Mechanical 标准工具栏中单击 ,选择螺栓外表面；在导航树上右键单击【Coordinate Systems】,从弹出的快捷菜单中选择【Insert】→【Coordinate Systems】,【Coordinate System】→【Details of "Coordinate System"】→【Principal Axis】→【Axis】= Z,其他默认,如图 2-24 所示。

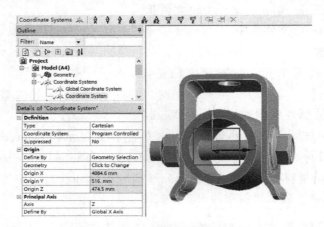

图 2-24 局部坐标设置

8. 接触设置

(1) 在导航树上右键单击【Connections】→【Rename Based On Definition】,重新命名目标面与接触面。

(2) 设置圆管与卡箍的接触：在导航树上展开【Connections】→【Contacts】,单击【Bonded-Holder To Pipe】→【Details of "Bonded-Holder To Pipe"】→【Definition】→【Type】= Frictional,【Frictional Coefficient】= 0.15,【Behavior】= Symmetric；【Advanced】→【Formulation】= Augmented Lagrange,【Detection Method】= On Gauss Point；【Geometric Modification】→【Interface Treatment】= Adjust to Touch,其他默认,如图 2-25 所示。

(3) 设置螺栓头与卡箍表面的接触：单击【Bonded-Holder To Bolt】→【Details of "Bonded-Holder To Bolt"】→【Scope】→【Contact】：单击 3Faces,在空白处单击,单击 选择卡箍侧面圆区域,然后单击【Apply】确定,如图 2-26 所示；【Target】：隐藏整个卡箍,单击 4Faces,在空白处单击,单击 选择卡箍侧面圆区域对应的螺栓头面,然后单击【Apply】确定,如图 2-27 所示；单击【Definition】→【Type】= Frictional,【Frictional Coefficient】= 0.15,【Behavior】= Symmetric；【Advanced】→【Formulation】= Augmented Lagrange,【Detection Method】= On Gauss Point,【Geometric Modification】→【Interface Treatment】= Add Offset, Ramped Effects,其他默认,如图 2-28 所示。

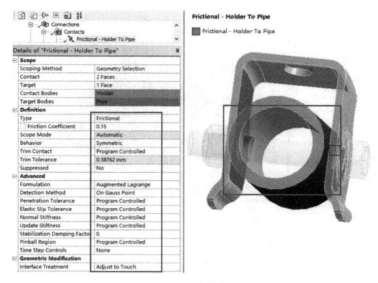

图 2-25 摩擦接触设置

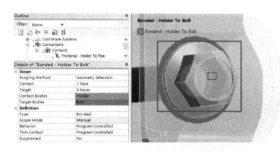

图 2-26 设置摩擦接触面

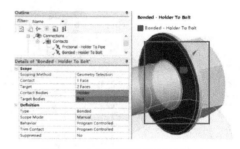

图 2-27 设置摩擦接触目标面

（4）设置螺母与卡箍表面的接触：单击【Bonded-Holder To Nut】→【Details of "Bonded-Holder To Nut"】→【Definition】→【Type】= Frictional，【Frictional Coefficient】= 0.15，【Behavior】= Symmetric；【Advanced】→【Formulation】= Augmented Lagrange，【Detection Method】= On Gauss Point，【Geometric Modification】→【Interface Treatment】= Add Offset，Ramped Effects，其他默认，如图 2-29 所示。

（5）设置螺栓杆与圆管的接触：单击【Bonded-Pipe To Bolt】→【Details of "Bonded-Pipe To Bolt"】→【Definition】→【Type】= Frictionless，【Behavior】= Symmetric；【Advanced】→【Formulation】= Augmented Lagrange，【Detection Method】= On Gauss Point；【Geometric Modification】→【Interface Treatment】= Adjust to Touch，其他默认，如图 2-30 所示。

（6）设置螺栓杆与螺母的接触：单击【Bonded-Nut To Bolt】→【Details of "Bonded-Nut To Bolt"】→【Definition】→【Be-

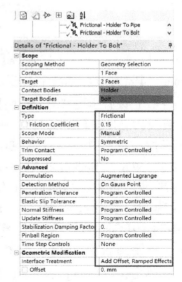

图 2-28 摩擦接触设置

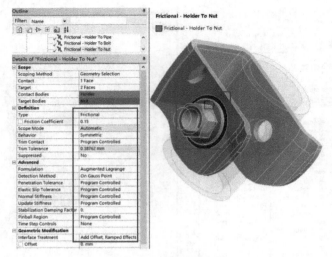

图 2-29　摩擦接触设置

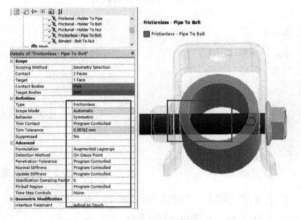

图 2-30　无摩擦接触设置

havior】= Symmetric；【Advanced】→【Formulation】= Pure Penalty，【Detection Method】= On Gauss Point，其他默认，如图 2-31 所示。

（7）设置螺栓杆与卡箍的接触：在导航树上单击【Contacts】，从连接工具栏中单击【Contact】→【Frictionless】，单击【Frictionless-No Selection To No Selection】→【Details of "Frictionless-No Selection To No Selection"】→【Contact】：隐藏螺栓和圆管，单击 选择卡箍两侧孔内表面，单击【Contact】右方的【No Selection】，然后单击【Apply】确定，

图 2-31　螺母接触设置

如图 2-32 所示。【Target】：显示隐藏的螺栓和圆管，单击🖱选择螺栓杆表面，单击【Target】右方的【No Selection】，然后单击【Apply】确定，如图 2-33 所示。单击【Frictionless-Holder To Bolt】→【Details of "Frictionless-Holder To Bolt"】→【Definition】→【Behavior】= Symmetric；【Advanced】→【Formulation】= Augmented Lagrange，【Detection Method】= On Gauss Point；【Geometric Modification】→【Interface Treatment】= Add Offset，No Ramping，其他默认，如图 2-34 所示。

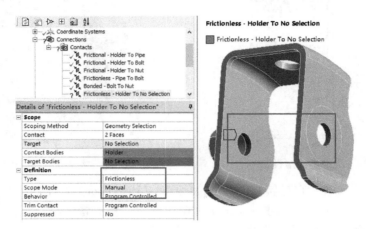

图 2-32　设置无摩擦接触面

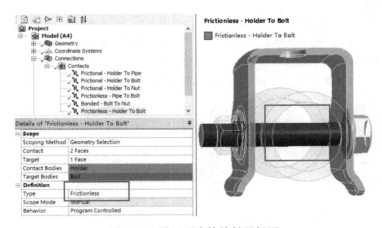

图 2-33　设置无摩擦接触目标面

9. 划分网格

（1）在导航树里单击【Mesh】→【Details of "Mesh"】→【Defaults】→【Physics Preference】= Mechanical，【Relevance】= 80；【Sizing】→【Size Function】= Curvature，【Relevance Center】= Medium，【Span Angle Center】= Medium，其他默认。

（2）在标准工具栏中单击🖱，选择所有几何模型，然后在导航树上右键单击【Mesh】，从弹出的菜单中选择【Insert】→【Sizing】→【Details of "Body Sizing" - Sizing】→【Definition】→【Element Size】= 2mm，其他默认。

（3）生成网格：右键单击【Mesh】→【Generate Mesh】，图形区域显示程序生成的网格模型，如图 2-35 所示。

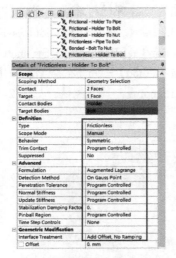

图 2-34 无摩擦接触设置

图 2-35 划分网格

(4) 网格质量检查：在导航树里单击【Mesh】→【Details of "Mesh"】→【Quality】→【Mesh Metric】= Element Quality，显示 Element Quality 规则下网格质量详细信息，平均值处在好水平范围内，展开【Statistics】显示网格和节点数量。

10. 接触初始状态检测

(1) 在导航树上，右键单击【Connections】→【Insert】→【Contact Tool】。

(2) 右键单击【Contact Tool】，从弹出的快捷菜单中选择【Generate Initial Contact Results】，经过初始运算，得到初始接触信息，如图 2-36 所示。注意图示接触状态值是按照网格设置后的状态，也可先不设置网格，查看接触初始状态。

图 2-36 接触初始状态检测

11. 施加边界条件

(1) 单击【Static Structural (A5)】。

(2) 非线性设置：单击【Analysis Settings】→【Details of "Analysis Settings"】→【Step Controls】→【Number Of Steps】= 2，【Current Step Number】= 2，【Step End Time】= 2；【Solver Controls】→【Solver Type】= Direct，【Weak Spring】= Off，其他默认，如图 2-37 所示。

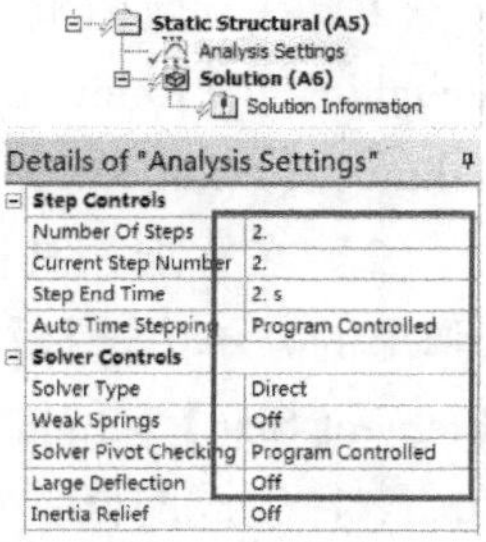

(3) 施加预紧力：施加第 1 载荷步：首先在标准工具栏中单击 ，然后选择螺栓杆面，接着在环境工具栏中单击【Loads】→【Plot Pretension】→【Details of "Plot Pretension"】→【Definition】→【Define

图 2-37 非线性设置

By】=Load,【Preload】输入 1000N,如图 2-38 所示。施加第 2 载荷步:首先单击【Plot Pretension】,其次在【Graph】里单击黑色分界线往右边拖到 2 处,最后单击【Plot Pretension】→【Details of "Plot Pretension"】→【Definition】→【Define By】=Lock,如图 2-39 所示。

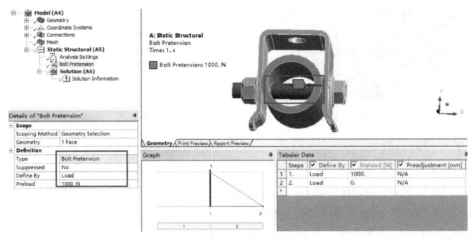

图 2-38 施加第 1 载荷步

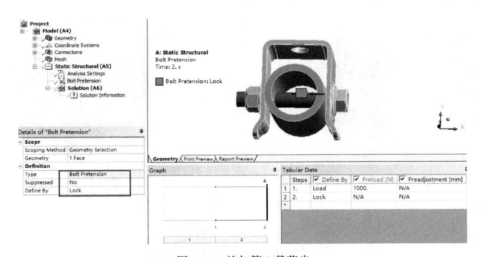

图 2-39 施加第 2 载荷步

(4) 施加约束:首先在标准工具栏中单击 ,然后选择卡箍上后面圆孔,接着在环境工具栏中单击【Supports】→【Fixed Support】,如图 2-40 所示。

12. 设置需要的结果

(1) 在导航树上单击【Solution (A6)】。

(2) 在标准工具栏中单击 选择圆管,在求解工具栏中单击【Deformation】→【Directional】,【Directional Deformation】→【Details of "Directional Deformation"】→【Definition】→【Orientation】=Z Axis,【Coordinate System】=Coordinate System,如图 2-41 所示。

(3) 在求解工具栏中单击【Deformation】→【Total】。

(4) 在求解工具栏中单击【Stress】→【Equivalent (von-Mises)】。

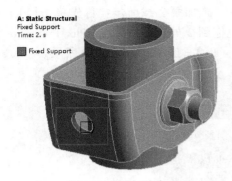

| 图 2-40 施加约束 | 图 2-41 方向变形设置 |

13. 求解与结果显示

（1）在 Mechanical 标准工具栏中单击 Solve 进行求解运算。

（2）运算结束后，单击【Solution（A6）】→【Directional Deformation】，显示圆管 Z 方向的变形分布云图，如图 2-42 所示；单击【Solution（A6）】→【Total Deformation】，图形区域显示分析得到的圆管变形分布云图，如图 2-43 所示；单击【Solution（A6）】→【Equivalent Stress】，显示圆管等效应力分布云图，如图 2-44 所示。

| 图 2-42 Z 方向变形分布云图 | 图 2-43 圆管变形分布云图 |

图 2-44 圆管等效应力分布云图

（3）查看力收敛：在导航树上单击【Solution Information】→【Details of "Solution Information"】→【Solution Output】=Force Convergence，可以查看收敛曲线图，如图 2-45 所示。

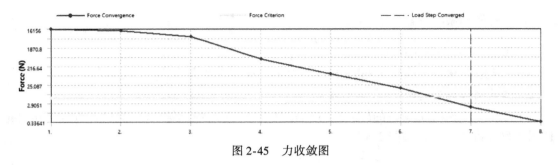

图 2-45　力收敛图

14. 保存与退出

（1）退出 Mechanical 分析环境：单击 Mechanical 主界面的菜单【File】→【Close Mechanical】退出环境，返回到 Workbench 主界面，此时主界面的分析流程图中显示的分析已完成。

（2）单击 Workbench 主界面上的【Save】按钮，保存所有分析结果文件。

（3）退出 Workbench 环境：单击 Workbench 主界面的菜单【File】→【Exit】退出主界面，完成分析。

2.2.3　分析点评

本实例是卡箍紧固件螺栓预紧非线性接触分析，为稍微复杂的接触非线性分析，包含了两个重要知识点：接触非线性分析和螺栓预紧力分析。在本例中如何使求解快速收敛是关键，这牵涉到非线性网格划分、接触设置与接触初始检测、螺栓预紧设置、求解过程中子步与预紧力载荷步设置，以及对应的边界条件设置。该实例重点是各部件间的接触处理方法。

2.3　金属轧制成形非线性分析

2.3.1　问题描述

轧制成形是一种重要的锻造成形工艺，靠旋转的轧辊与轧件间的摩擦力将轧件拖入轧辊缝使之受到压缩产生塑性变形。已知轧件为铜合金板，两轧辊为结构钢，如图 2-46 所示。假设轧辊与轧件之间的摩擦系数为 0.25，试求轧辊旋转一圈后轧件的成形情况。

图 2-46　金属轧制成形模型

2.3.2 实例分析过程

1. 启动 Workbench 18.0

在"开始"菜单中执行 ANSYS 18.0→Workbench 18.0 命令。

2. 创建结构静力分析

（1）在工具箱【Toolbox】的【Analysis Systems】中双击或拖动结构静力分析【Static Structural】到项目分析流程图，如图 2-47 所示。

图 2-47 创建结构静力分析

（2）在 Workbench 的工具栏中单击【Save】，保存项目实例名为 Rolling metal.wbpj。工程实例文件保存在 D:\AWB\Chapter02 文件夹中。

3. 创建材料参数

（1）编辑工程数据单元：右键单击【Engineering Data】→【Edit】。

（2）在工程数据属性中增加材料：在 Workbench 的工具栏中单击 工程材料源库，此时的主界面显示【Engineering Data Sources】和【Outline of Favorites】。选择 A4 栏【General Non-linear Materials】，从【Outline of General Non-linear Materials】里查找铜合金【Copper Alloy NL】材料，然后单击【Outline of General Material】表中的添加按钮 ，此时在 C5 栏中显示标示 ，表明材料添加成功，如图 2-48 所示。

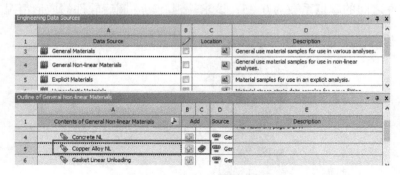

图 2-48 创建材料

（3）单击工具栏中的【A2：Engineering Data】关闭按钮，返回到 Workbench 主界面，新材料创建完毕。

4. 导入几何模型

在结构静力分析上,右键单击【Geometry】→【Import Geometry】→【Browse】→找到模型文件 Rolling metal.agdb,打开导入几何模型。模型文件在 D:\AWB\Chapter02 文件夹中。

5. 进入 Mechanical 分析环境

(1) 在结构静力分析上,右键单击【Model】→【Edit】进入 Mechanical 分析环境。

(2) 在 Mechanical 的主菜单【Units】中设置单位为 Metric(mm,kg,N,s,mV,mA)。

6. 为几何模型分配材料

(1) 为轧件分配材料:在导航树上单击【Geometry】展开→【Billet】→【Details of "Billet"】→【Material】→【Assignment】= Copper Alloy NL。

(2) 轧辊的材料默认为结构钢。

7. 接触设置

(1) 导航树上右键单击【Connections】→【Rename Based On Definition】,重新命名目标面与接触面。

(2) 设置轧辊 1 与轧件的接触:在导航树上展开【Connections】→【Contacts】,单击【Bonded-Billet To Roller1】→【Details of "Bonded-Billet To Roller1"】→【Scope】→【Contact】:单击 1Face,在空白处单击,单击□选择轧辊外圆表面,然后单击【Apply】确定;【Target】:单击 1Face,在空白处单击,单击□选择轧辊对应的轧件表面,共 3 个表面,然后单击【Apply】确定;【Definition】→【Type】= Frictional,【Frictional Coefficient】= 0.25,【Behavior】= Asymmetric;【Advanced】→【Formulation】= Augmented Lagrange,【Detection Method】= On Gauss Point,其他默认,如图 2-49 所示。

(3) 设置轧辊 2 与轧件的接触:在导航树上展开【Connections】→【Contacts】,单击【Bonded-Billet To Roller2】→【Details of "Bonded-Billet To Roller2"】→【Scope】→【Contact】:单击 1Face,在空白处单击,单击□选择轧辊外圆表面,然后单击【Apply】确定;【Target】:单击 1Face,在空白处单击,单击□选择轧辊对应的轧件表面,共 3 个表面,然后单击【Apply】确定;【Definition】→【Type】= Frictional,【Frictional Coefficient】= 0.25,【Behavior】= Asymmetric;【Advanced】→【Formulation】= Augmented Lagrange,【Detection Method】= On Gauss Point,其他默认,如图 2-50 所示。

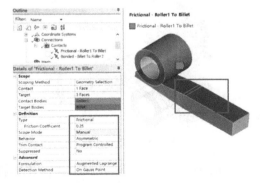 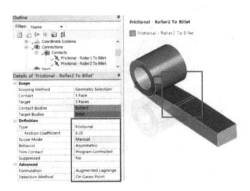

图 2-49 摩擦接触设置　　　　　　图 2-50 摩擦接触设置

(4）在导航树上右键单击【Connections】→【Insert】→【Joint】，在标准工具栏单击⬚，单击【Fixed-No Selection To No Selection】→【Details of "Fixed-No Selection To No Selection"】→【Definition】→【Connection Type】= Body-Ground，【Type】= Revolute；【Mobile】→【Scope】，选择轧辊1内圆面，如图2-51所示。

（5）在导航树上右键单击【Joints】→【Insert】→【Joint】，在标准工具栏中单击⬚，单击【Fixed-No Selection To No Selection】→【Details of "Fixed-No Selection To No Selection"】→【Definition】→【Connection Type】= Body-Ground，【Type】= Revolute；【Mobile】→【Scope】，选择轧辊2内圆面，如图2-52所示。

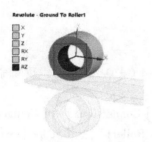 

图2-51 轧辊1关节设置　　　　　　图2-52 轧辊2关节设置

8. 划分网格

（1）在导航树里单击【Mesh】→【Details of "Mesh"】→【Sizing】→【Size Function】= Curvature，【Relevance Center】= Medium，【Span Angle Center】= Medium，其他默认。

（2）在标准工具栏中单击⬚，选择轧件，然后右键单击【Mesh】→【Insert】→【Sizing】，【Body Sizing】→【Details of "Body Sizing"-Sizing】→【Definition】→【Element Size】= 4mm，其他默认。

（3）在标准工具栏中单击⬚，选择两轧辊端面，然后右键单击【Mesh】→【Insert】→【Method】→【Face Meshing】，其他默认，如图2-53所示。

（4）生成网格：右键单击【Mesh】→【Generate Mesh】，图形区域显示程序生成的网格模型，如图2-54所示。

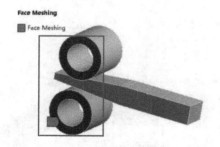 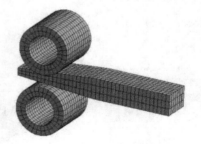

图2-53 选择两轧辊端面　　　　　　图2-54 划分网格

（5）网格质量检查：在导航树里单击【Mesh】→【Details of "Mesh"】→【Quality】→【Mesh Metric】= Element Quality，显示Element Quality规则下网格质量详细信息，平均值处在好水平范围内，展开【Statistics】显示网格和节点数量。

9. 接触初始状态检测

（1）在导航树上，右键单击【Connections】→【Insert】→【Contact Tool】。

（2）右键单击【Contact Tool】，从弹出的快捷菜单中选择【Generate Initial Contact Results】，经过初始运算，得到初始接触信息，如图 2-55 所示。注意图示接触状态值是按照网格设置后的状态，也可先不设置网格，查看接触初始状态。

Name	Contact Side	Type	Status	Number Contacting	Penetration (mm)	Gap (mm)	Geometric Penetration (mm)	Geometric Gap (mm)	Resulting Pinball (mm)	Real Constant
Frictional - Roller1 To Billet	Contact	Frictional	Closed	18.	8.9299e-002	0.	0.	0.	4.5585	4.
Frictional - Roller1 To Billet	Target	Frictional	Inactive	N/A	N/A	N/A	N/A	N/A	N/A	0.
Frictional - Roller2 To Billet	Contact	Frictional	Closed	18.	8.5375e-002	0.	0.	0.	4.5584	6.
Frictional - Roller2 To Billet	Target	Frictional	Inactive	N/A	N/A	N/A	N/A	N/A	N/A	0.

图 2-55　接触初始状态检测

10. 施加边界条件

（1）单击【Static Structural（A5）】。

（2）非线性设置：单击【Analysis Settings】→【Details of "Analysis Settings"】→【Step Controls】→【Auto Time Stepping】= On，【Define By】= Substeps，【Initial Substeps】= 100，【Minimum Substeps】= 100，【Maximum Substeps】= 500，【Weak Spring】= Program Controlled，【Large Deflection】= On；【Nonlinear Controls】→【Newton-Raphson Option】= Unsymmetric，【Force Convergence】= On，其他默认，如图 2-56 所示。

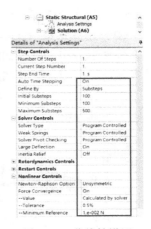

图 2-56　非线性设置

（3）导航树上右键单击【Static Structural（A5）】→【Insert】→【Joint Load】→【Details of "Joint Load"】→【Scope】→【Joint】= Revolute-Ground To Roller1，【Insert】→【Definition】→【Type】= Rotation，【Magnitude】= −360°，其他默认，如图 2-57 所示。

（4）导航树上右键单击【Static Structural（A5）】→【Insert】→【Joint Load】→【Details of "Joint Load"】→【Scope】→【Joint】= Revolute-Ground To Roller2，【Insert】→【Definition】→【Type】= Rotation，【Magnitude】= 360°，其他默认，如图 2-58 所示。

（5）施加位移约束：首先在标准工具栏中单击▣，然后选择轧件端面，接着在环境工具栏中单击【Supports】→【Displacement】，【Displacement】→【Details of "Displacement"】→【Scope】→【Definition】→【X Component】= Free，【Y Component】= 0mm，【Z Component】= 0mm，如图 2-59 所示。

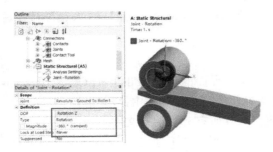

图 2-57　轧辊 1 关节载荷设置

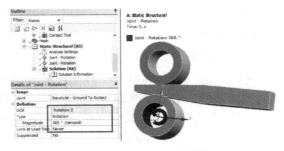

图 2-58　轧辊 2 关节载荷设置

11. 设置需要的结果

（1）在导航树上单击【Solution（A6）】。

（2）在标准工具栏中单击 选择轧件，在求解工具栏中单击【Deformation】→【Total Deformation】。

（3）在求解工具栏中单击【Stress】→【Equivalent（von-Mises）】。

12. 求解与结果显示

（1）在 Mechanical 标准工具栏中单击 Solve 进行求解运算。

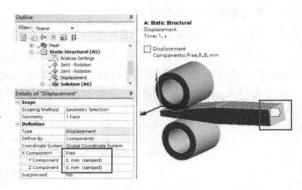

图 2-59　施加约束

（2）运算结束后，单击【Solution（A6）】→【Total Deformation】，图形区域显示分析得到的轧件变形分布云图，如图 2-60 所示；单击【Solution（A6）】→【Equivalent Stress】，显示整体等效应力分布云图，如图 2-61 所示。也可设置动画，演示轧件滚压成形过程。

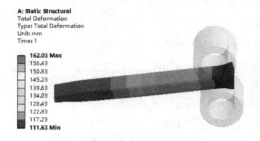

图 2-60　轧件变形分布云图

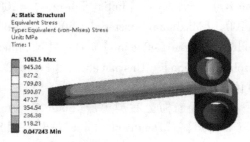

图 2-61　等效应力分布云图

13. 接触评估

（1）在导航树上单击【Solution（A6）】。

（2）在求解工具栏中单击【Tools】→【Contact Tool】。

（3）右键单击【Contact Tool】→【Insert】→【Frictional Stress】、【Pressure】。

（4）右键单击【Contact Tool】，从弹出的快捷菜单中选择【Evaluate All Results】，运算后，分别单击【Contact Tool】→【Status】查看结果，如图 2-62 所示；单击【Contact Tool】→

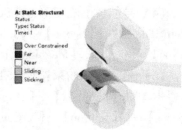

图 2-62　接触状态

【Frictional Stress】查看摩擦应力结果，如图 2-63 所示；单击【Contact Tool】→【Pressure】查看接触压力结果，如图 2-64 所示。

14. 保存与退出

（1）退出 Mechanical 分析环境：单击 Mechanical 主界面的菜单【File】→【Close Mechanical】退出环境，返回到 Workbench 主界面，此时主界面的分析流程图中显示的分析已完成。

（2）单击 Workbench 主界面上的【Save】按钮，保存所有分析结果文件。

（3）退出 Workbench 环境：单击 Workbench 主界面的菜单【File】→【Exit】退出主界面，完成分析。

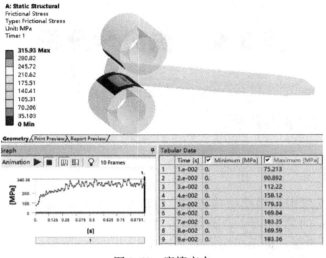

图 2-63　摩擦应力

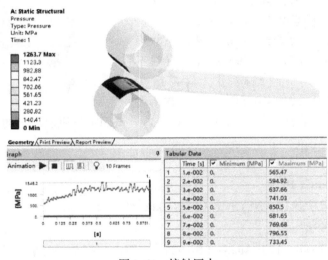

图 2-64　接触压力

2.3.3　分析点评

本实例是金属轧制成形非线性分析，模拟铜合金轧件轧制成形过程，包含金属材料塑性变形、几何变形、接触非线性摩擦等问题，为较全的非线性分析类型的典型实例。在本例中如何使求解快速收敛是关键，这牵涉到材料选取、网格划分、接触设置与接触初始检测、轧辊转动设置，以及对高摩擦系数求解处理等。该实例重点是各部件间的接触处理方法及金属的塑性变形等。

第 3 章 热力学分析

3.1 飞机双层窗导热分析

3.1.1 问题描述

某型号飞机的座舱由多层壁结构组成：内壁是厚为 1mm 的铝镁合金；外壁（或称蒙皮）是一层厚 2mm 的软铝；与蒙皮紧贴的是厚 10mm 的超细玻璃保温层；保温层与内壁之间是厚 20mm 的空气夹层，如图 3-1 所示。飞行时要求内壁内表面温度维持在 20℃，当飞行座舱外壁面温度为 −30℃ 时，空气传热系数 $h = 12.5\text{W}/(\text{m}^2 \cdot ℃)$。已知镁铝合金材料密度为 $2550\text{kg}/\text{m}^3$，导热系数为 $160\text{W}/(\text{m} \cdot ℃)$；空气密度为 $1.293\text{kg}/\text{m}^3$，导热系数为 $0.023\text{W}/(\text{m} \cdot ℃)$；超细玻璃材料密度为 $32\text{kg}/\text{m}^3$，导热系数为 $0.0244\text{W}/(\text{m} \cdot ℃)$；软铝材料密度为 $4440\text{kg}/\text{m}^3$，导热系数为 $200\text{W}/(\text{m} \cdot ℃)$。试确定飞机双层窗的温度分布。

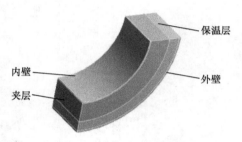

图 3-1 飞机双层窗模型

3.1.2 实例分析过程

1. 启动 Workbench 18.0

在"开始"菜单中执行 ANSYS 18.0→Workbench 命令。

2. 创建稳态热分析

（1）在工具箱【Toolbox】的【Analysis Systems】中双击或拖动稳态热分析【Steady-State Thermal】到项目分析流程图，如图 3-2 所示。

（2）在 Workbench 的工具栏中单击【Save】，保存项目实例名为 Plywall.wbpj。工程实例文件保存在 D:\AWB\Chapter03 文件夹中。

3. 创建材料参数

（1）编辑工程数据单元：右键选择【Engineering Data】→【Edit】。

（2）在工程数据属性中增加新材料：【Outline of Schematic A2, B2: Engineering Data】→【Click here to add a new material】，

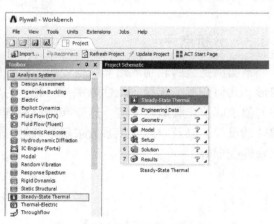

图 3-2 创建飞机双层壁热分析

输入材料名称 Al-Mg。

（3）单击【Filter Engineering Data】，在左侧单击【Physical Properties】展开→双击【Density】→【Properties of Outline Row 4：Al-Mg】→【Density】=2550kg/m³。

（4）在左侧单击【Thermal】展开→双击【Isotropic Thermal Conductivity】→【Properties of Outline Row 4：Al-Mg】→【Isotropic Thermal Conductivity】=160W/(m·℃)。

（5）输入空气（Air）材料的属性：过程与步骤（2）~（4）相同。

（6）输入超细玻璃（Superfine glass）材料的属性：过程与步骤（2）~（4）相同。

（7）输入软铝（Soft aluminum）的材料属性：过程与步骤（2）~（4）相同，如图3-3所示。

（8）单击工具栏中的【A2：Engineering Data】关闭按钮，返回到 Workbench 主界面，新材料创建完毕。

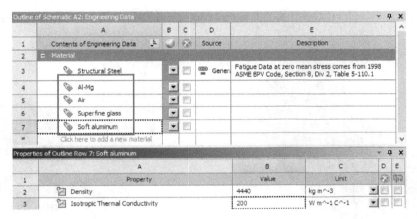

图3-3　材料属性

4. 导入几何

在稳态热分析上，右键单击【Geometry】→【Import Geometry】→【Browse】→找到模型文件 Plywall.agdb，打开导入几何模型。模型文件在 D:\AWB\Chapter03 文件夹中。

5. 进入 Mechanical 分析环境

（1）在稳态热分析上，右键单击【Model】→【Edit】进入 Mechanical 分析环境。

（2）在 Mechanical 的主菜单【Units】中设置单位为 Metric（m，kg，N，s，V，A）。

6. 为几何模型分配材料

（1）分配铝镁合金材料：单击【Model】→【Geometry】→【Part】→【Inwall】→【Detail of "Inwall"】→【Material】→【Assignment】= Al-Mg。

（2）分配空气夹层：单击【Interlayer】→【Detail of "Interlayer"】→【Material】→【Assignment】= Air。

（3）分配保温层材料：单击【Insulating layer】→【Detail of "Insulating layer"】→【Material】→【Assignment】= Superfine glass。

（4）分配外壁材料：单击【Ektexine】→【Detail of "Ektexine"】→【Material】→【Assignment】= Soft aluminum。

7. 划分网格

(1) 选择【Mesh】→【Details of "Mesh"】→【Defaults】→【Relevance】= 100,【Sizing】→【Relevance Center】= Medium,【Sizing】→【Elements】= 0.001m,其他默认。

(2) 生成网格:选择选择【Mesh】→【Generate Mesh】,图形区域显示程序自动生成的六面体网格模型,如图3-4所示。

(3) 网格质量检查:在导航树里单击【Mesh】→【Details of "Mesh"】→【Quality】→【Mesh Metric】= Element Quality,显示Element Quality规则下网格质量详细信息,平均值处在好水平范围内,展开【Statistics】显示网格和节点数量。

8. 施加边界条件

(1) 选择【Steady-State Thermal (A5)】。

(2) 施加内层表面温度20℃:在标准工具栏中单击🗈,选择座舱的内层表面,在工具栏中选择【Temperature】→【Detail of "Temperature"】→【Definition】→【Magnitude】= 20℃,如图3-5所示。

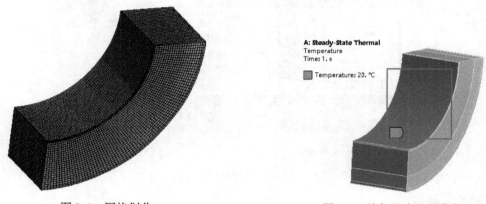

图3-4 网格划分　　　　图3-5 施加温度边界条件

(3) 施加外表面传热系数及环境温度:在标准工具栏中单击🗈,选取座舱外表面,在工具栏中选择【Convection】→【Detail of "Convection"】→【Definition】→【Film Coefficient】= 12.5W/(m²·℃),【Definition】→【Ambient Temperature】= -30℃,如图3-6所示。

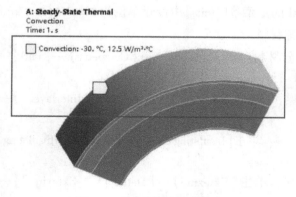

图3-6 施加对流边界条件

9. 设置需要的结果

(1) 在导航树上单击【Solution（A6）】。

(2) 在求解工具栏中单击【Thermal】→【Temperature】。

10. 求解与结果显示

(1) 在 Mechanical 标准工具栏中单击 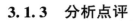 进行求解运算。

(2) 运算结束后，单击【Solution（A6）】→【Temperature】，图形区域显示稳态热传导计算得到的温度变化，温度从外到内逐渐增加。在温度详细信息窗口显示最小温度值 -27.605℃ 和最大温度值 20℃，如图 3-7 所示。

11. 保存与退出

(1) 退出 Mechanical 分析环境：单击 Mechanical 主界面的菜单【File】→【Close Mechanical】退出环境，返回到 Workbench 主界面，此时主界面的分析流程图中显示的分析已完成。

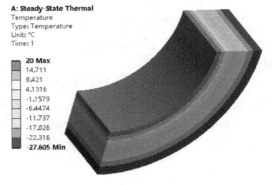

图 3-7 温度结果

(2) 单击 Workbench 主界面上的【Save】按钮，保存所有分析结果文件。

(3) 退出 Workbench 环境：单击 Workbench 主界面的菜单【File】→【Exit】退出主界面，完成分析。

3.1.3 分析点评

本实例是飞机双层窗导热稳态热分析，如何创建导热材料和施加热载荷是关键。稳态热分析过程相对简单，可参考结构线性静力分析。

3.2 晶体管瞬态热分析

3.2.1 问题描述

某晶体管合金放置在铜基板上，该铜基板上放置铝制散热器，而且系统接收附近部件的辐射能，整个系统通过风吹冷却，如图 3-8 所示。假设晶体管热耗散为 15W，其他设备辐射的等效热流为 $1500W/m^2$，内部产生的热为 $1×10^7 W/m^3$，传热系数为 $51W/(m^2·℃)$，周围空气温度为 40℃。已知铝材料密度为 $2700kg/m^3$，导热系数为 $156W/(m·℃)$，比热容为 $963J/(kg·℃)$；铜材料密度为 $8900kg/m^3$，导热系数为 $393W/(m·℃)$，比热容为 $385J/(kg·℃)$；合金材料密度为 $3500kg/m^3$，导热系数为 $50W/(m·℃)$，比热容为 $500J/(kg·℃)$。试求 3s 后，温度场分布及能否达到稳态。

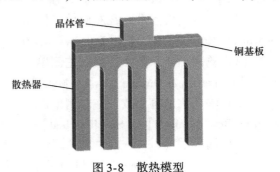

图 3-8 散热模型

3.2.2 实例分析过程

1. 启动 Workbench 18.0

在"开始"菜单中执行 ANSYS 18.0→Workbench 18.0 命令。

2. 创建工程数据及稳态热分析

(1) 在工具箱【Toolbox】的【Component Systems】中调入工程数据【Engineering Data】到项目分析流程图。

(2) 在工具箱【Toolbox】的【Analysis Systems】中拖动稳态热分析【Steady-State Thermal】到项目分析流程图并与工程数据【Engineering Data】相连接,如图 3-9 所示。

(3) 在 Workbench 的工具栏中单击【Save】,保存项目实例名为 Transistor.wbpj。工程实例文件保存在 D:\AWB\Chapter03 文件夹中。

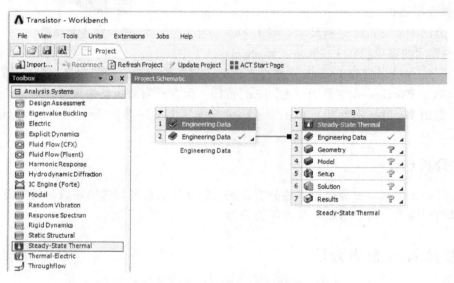

图 3-9 创建工程数据及稳态热分析

3. 创建材料参数

(1) 编辑工程数据单元:右键单击【Engineering Data】→【Edit】。

(2) 在工程数据属性中增加新材料:【Outline of Schematic A2, B2: Engineering Data】→【Click here to add a new material】,输入材料名称 Aluminum。

(3) 输入密度参数:在左侧单击【Physical Properties】展开→双击【Density】→【Properties of Outline Row 4:Metal】→【Density】= 2700kg/m³。

(4) 输入导热系数参数:在左侧单击【Thermal】展开→双击【Isotropic thermal Conductivity】→【Properties of Outline Row 4:Metal】→【Isotropic thermal Conductivity】= 156W/(m・℃)。

(5) 输入比热容参数:在左侧单击【Thermal】展开→双击【Specific Heat】→【Properties of Outline Row 4:Metal】→【Specific Heat】= 963J/(kg・℃)。

(6) 输入铜(Copper)材料的属性:过程与步骤(2)~(5)相同。

(7) 输入合金(Metal)材料的属性:过程与步骤(2)~(5)相同,如图 3-10 所示。

（8）单击工具栏中的【A2，B2：Engineering Data】关闭按钮，返回到 Workbench 主界面，新材料创建完毕。

4. 导入几何

在稳态热分析上，右键单击【Geometry】→【Import Geometry】→【Browse】→找到模型文件 Transistor.agdb，打开导入几何模型。模型文件在 D:\AWB\Chapter03 文件夹中。

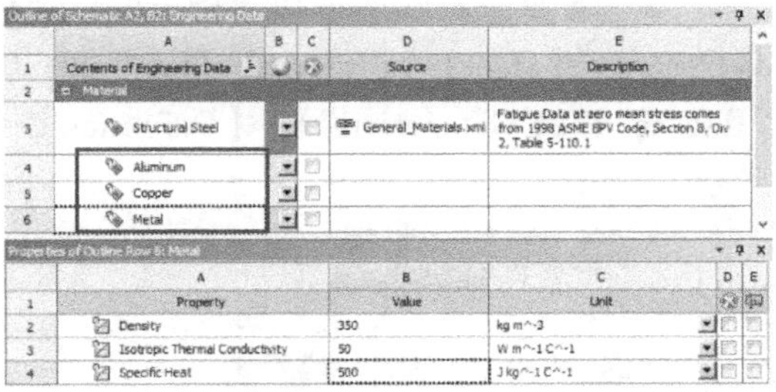

图 3-10　材料属性

5. 进入 Mechanical 分析环境

（1）在稳态热分析上，右键单击【Model】→【Edit】进入 Mechanical 分析环境。

（2）在 Mechanical 的主菜单【Units】中设置单位为 Metric（m，kg，N，s，V，A）。

6. 为几何模型分配材料

（1）为铝制散热器分配材料：单击【Model】→【Geometry】→【Part】→【Radiator】→【Detail of "Radiator"】→【Material】→【Assignment】= Aluminum。

（2）为隔热器分配材料：单击【Interlayer】→【Detail of "Heat insulator"】→【Material】→【Assignment】= Copper。

（3）为晶体管分配材料：单击【Transistor】→【Detail of "Transistor"】→【Material】→【Assignment】= Metal。

7. 几何模型划分网格

（1）选择【Mesh】→【Detail of "Mesh"】→【Defaults】→【Relevance】= 100，【Sizing】→【Relevance Center】= Fine，【Sizing】→【Element Size】= 0.001m，其他默认。

（2）在标准工具栏中单击 ▭，然后选择整个模型，接着在导航树上右键单击【Mesh】，从弹出的菜单中选择【Insert】→【Method】；【Automatic Method】→【Detail of "Automatic Method"-Method】→【Definition】→【Method】= Hex Dominant，其他默认。

（3）生成网格：选择【Mesh】→【Generate Mesh】，图形区域显示程序生成的网格模型，如图 3-11 所示。

（4）网格质量检查：在导航树里单击【Mesh】→【Details of "Mesh"】→【Quality】→【Mesh Metric】= Element Quality，显示 Element Quality 规则下网格质量详细信息，平均值处在好水平范围内，展开【Statistics】显示网格和节点数量。

图 3-11　网格划分

8. 施加边界条件

（1）选择【Steady-State Thermal（B5）】。

（2）施加等效热流：在标准工具栏中单击 ▭，然后分别选择晶体管的两侧面、顶面和隔热板的上表面，然后在环境工具栏中单击【Heat】→【Heat Flux】，单击【Heat Flux】→【Details of "Heat Flux"】→【Definition】→【Magnitude】= 1500W/m^2，其他默认，如图 3-12 所示。

(3) 为晶体管施加全功率热生成：在标准工具栏中单击 选择晶体管，然后在环境工具栏中单击【Heat】→【Internal Heat Generation】，单击【Internal Heat Generation】→【Details of "Internal Heat Generation"】→【Definition】→【Magnitude】= 1e7W/m³，其他默认，如图 3-13 所示。

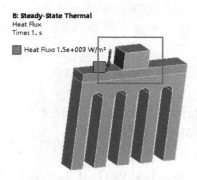

图 3-12 施加等效热流

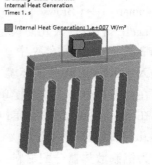

图 3-13 施加热生成

(4) 为散热器施加对流负载：在标准工具栏中单击 选择散热器侧面，共 14 个面，然后在环境工具栏中单击【Convection】→【Details of "Convection"】→【Definition】→【Film Coefficient】= 51W/(m²·℃)，【Definition】→【Ambient Temperature】= 40℃，其他默认，如图 3-14 所示。

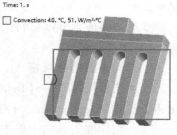

图 3-14 施加对流

9. 设置需要的结果

(1) 选择【Solution (B6)】。

(2) 在工具栏中选择【Thermal】→【Temperature】。

10. 求解与结果显示

(1) 在 Mechanical 标准工具栏中单击 Solve 进行求解运算。

(2) 在导航树上选择【Solution (B6)】→【Temperature】，图形区域显示稳态热传导计算得到的温度变化，如图 3-15 所示。

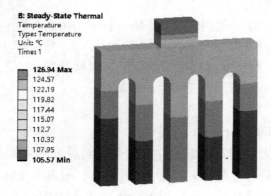

图 3-15 稳态下温度场分布

11. 创建瞬态热分析系统

返回到 Workbench 窗口，右键单击稳态热分析单元格的【Solution】→【Transfer Data To New】→【Transient Thermal】创建瞬态热分析，如图 3-16 所示。

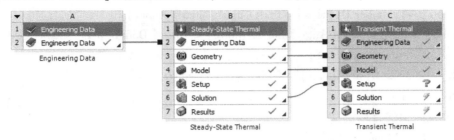

图 3-16　创建瞬态热分析

12. 施加边界条件

（1）返回到【Mechanical】分析环境。

（2）选择【Transient Thermal（C5）】。

（3）复制边界条件：首先选择稳态热分析系统中的三个边界条件，单击右键选择复制，然后选择瞬态热系统，单击右键选择粘贴，如图 3-17、图 3-18 所示。

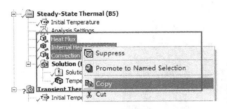
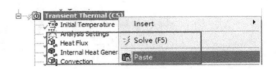

图 3-17　复制边界条件　　　　　图 3-18　粘贴边界条件

（4）输入热通量函数：单击【Transient Thermal（C5）】→【Heat Flux】→【Details of "Heat Flux"】→【Definition】→【Magnitude】→【Function】= 0.05 + 0.055 * sin（2 * 3.14 * time/120），如图 3-19 所示。

（5）采用命令行使精度和稳定性之间平衡：在导航树上，右键单击【Transient Thermal（C5）】→【Insert】→【Commends】；单击【Commends（APDL）】，在右侧的命令窗口中输入 tintp,,,,.75,.5,.1；一阶瞬态积分为 0.75，振荡极限为 0.5 和 0.1，如图 3-20 所示。

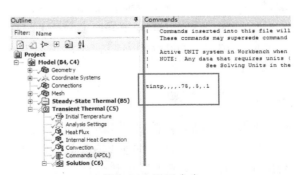

图 3-19　热通量函数　　　　　　图 3-20　设置命令

13. 分析设置

（1）在导航树上单击【Transient Thermal（C5）】。

（2）单击【Analysis Settings】→【Details of "Analysis Settings"】→【Step Controls】→【Number Of Steps】= 1，【Current Step Number】= 1，【Step End Time】= 3s，【Auto Time Stepping】= On，【Define By】= Time，【Initial Time Step】= 4.3e − 004，【Minimum Time Step】= 4.3e − 004s，【Maximum】= 0.5s，【Time Integration】= On，如图3-21所示。

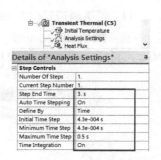

图3-21 瞬态分析设置

14. 设置需要的结果

（1）选择【Solution（C6）】。

（2）在工具栏中选择【Thermal】→【Temperature】。

15. 求解与结果显示

（1）在Mechanical标准工具栏中单击 Solve 进行求解运算。

（2）在导航树上选择【Solution（C6）】→【Temperature】，图形区域显示瞬态热传导计算得到的温度变化，如图3-22所示。

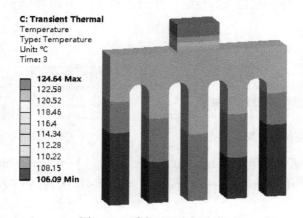

图3-22 瞬态下温度场分布

16. 保存与退出

（1）退出Mechanical分析环境：单击Mechanical主界面的菜单【File】→【Close Mechanical】退出环境，返回到Workbench主界面，此时主界面的分析流程图中显示的分析项目均已完成。

（2）单击Workbench主界面上的【Save】按钮，保存所有分析结果文件。

（3）退出Workbench环境：单击Workbench主界面的菜单【File】→【Exit】退出主界面，完成分析。

3.2.3 分析点评

本实例是晶体管瞬态热分析，包含两方面：一方面是稳态热分析，另一方面是瞬态热分析。除了创建导热材料和施加热载荷，还涉及Workbench Mechanical 与 Mechanical APDL 联合应用。瞬态热分析与稳态热分析比较复杂，方法值得借鉴。

第 4 章 线性动力学分析

4.1 电风扇扇叶模态分析

4.1.1 问题描述

某轴流式三叶片电风扇具有良好的动平衡性,出风量大,不易产生共振现象,可以避免因扇叶或轴心振动而产生的疲劳断裂。已知扇叶材料为聚乙烯,扇叶轴孔为约束端,材料参数从材料库中选取,试对三片扇叶进行模态分析。

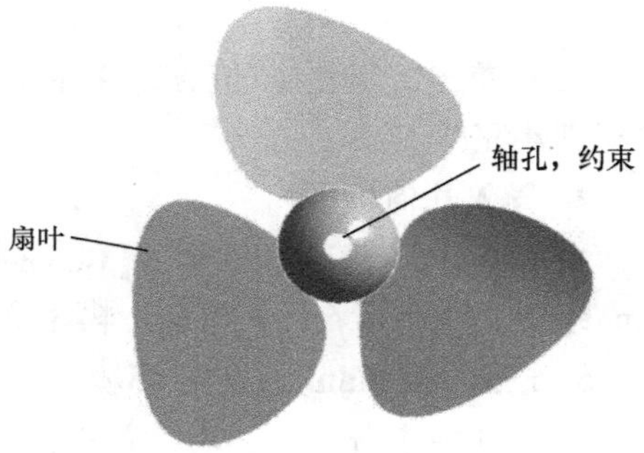

4.1.2 实例分析过程

1. 启动 Workbench

在"开始"菜单中执行 ANSYS 18.0→Workbench 18.0 命令。

2. 创建模态分析

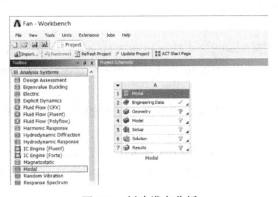

图 4-1 扇叶模型

(1)在工具箱【Toolbox】的【Analysis Systems】中双击或拖动模态分析【Modal】到项目分析流程图,如图 4-2 所示。

(2)在 Workbench 的工具栏中单击【Save】,保存项目实例名为 Fan.wbpj。工程实例文件保存在 D:\AWB\Chapter04 文件夹中。

图 4-2 创建模态分析

3. 创建材料参数

(1)编辑工程数据单元:右键单击【Engineering Data】→【Edit】。

(2)在工程数据属性中增加材料:在 Workbench 的工具栏中单击 工程材料源库,此时的主界面显示【Engineering Data Sources】和【Outline of Favorites】。选择 A3 栏【General Materials】,从【Outline of General Materials】里查找聚乙烯【Polyethylene】材料,然后单击【Outline of General Material】表中的添加按钮 ,此时在 C10 栏中显示标示 ,表明材料添加成功,如图 4-3 所示。

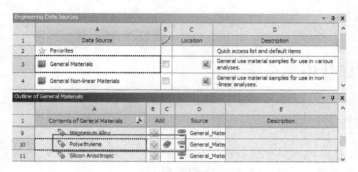

图 4-3 创建材料

(3) 单击工具栏中的【A2:Engineering Data】关闭按钮,返回到 Workbench 主界面,新材料创建完毕。

4. 导入几何模型

在模态分析上,右键单击【Geometry】→【Import Geometry】→【Browse】→找到模型文件 Fan.agdb,打开导入几何模型。模型文件在 D:\AWB\Chapter04 文件夹中。

5. 进入 Mechanical 分析环境

(1) 在模态分析上,右键单击【Model】→【Edit】进入 Mechanical 分析环境。

(2) 在 Workbench 的主菜单【Units】中设置单位为 Metric(kg,mm,s,℃,mA,N,mV)。

6. 为几何模型分配材料

在导航树里单击【Geometry】展开→【Part】→【Details of "Part"】→【Material】→【Assignment】= Polyethylene,其他默认。

7. 划分网格

(1) 在导航树里单击【Mesh】→【Details of "Mesh"】→【Defaults】→【Relevance】= 80,【Sizing】→【Size Function】= Curvature,【Relevance Center】= Medium,【Max Face Size】= 5mm,其他默认。

(2) 生成网格:右键单击【Mesh】→【Generate Mesh】,图形区域显示程序生成的网格模型,如图 4-4 所示。

(3) 网格质量检查:在导航树里单击【Mesh】→【Details of "Mesh"】→【Quality】→【Mesh Metric】= Skewness,显示 Skewness 规则下网格质量详细信息,平均值处在好水平范围内,展开【Statistics】显示网格和节点数量。

8. 施加边界条件

(1) 在导航树上单击【Modal(A5)】。

(2) 施加约束:在标准工具栏中单击 ,然后选择风扇轴孔,接着在环境工具栏中单击【Supports】→【Fixed Support】,如图 4-5 所示。

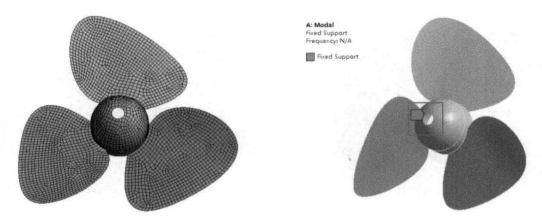

图 4-4　划分网格　　　　　　　　图 4-5　施加固定约束

（3）在导航树里单击【Analysis Settings】→【Details of "Analysis Settings"】→【Options】→【Max Modes to Find】=8，其他默认，如图 4-6 所示。

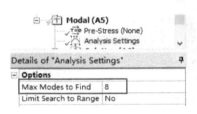

图 4-6　模态阶数设置

9. 求解与结果显示

（1）在 Mechanical 标准工具栏中单击 Solve 进行求解运算。

（2）运算结束后，单击【Solution（A6）】可以查看图形区域显示模态分析得到的风扇叶片变形分布云图。在图形区域显示下方的【Graph】的频率图空白处单击右键，从弹出的菜单中选择【Select All】，再次单击右键，然后选择【Create Mode Shape Results】创建其他模态阶数的变形云图，如图 4-7 所示；接着在导航树上选择创建的变形结果，单击右键选择 Evaluate All Results，最后可以查看所有模态阶数的风扇叶片变形云图，如图 4-8 ~ 图 4-15 所示。也可激活动画显示风扇叶片的振动过程。振动过程有助于理解结构的振动，但变形值并不代表真实的位移。

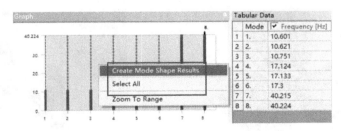

图 4-7　创建模态结果

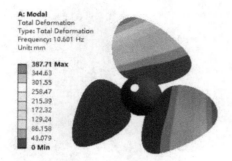

图 4-8　1 阶模态变形结果

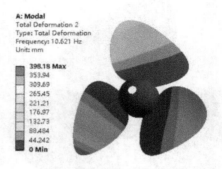

图 4-9　2 阶模态变形结果

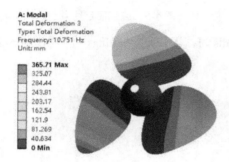

图 4-10　3 阶模态变形结果

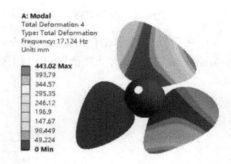

图 4-11　4 阶模态变形结果

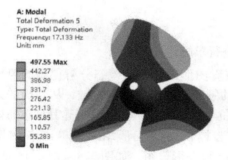

图 4-12　5 阶模态变形结果图

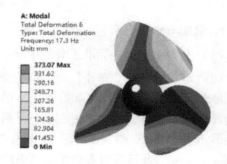

图 4-13　6 阶模态变形结果

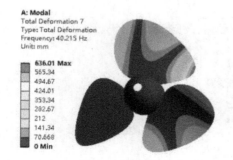

图 4-14　7 阶模态变形结果图

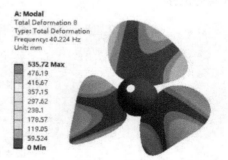

图 4-15　8 阶模态变形结果

10. 保存与退出

（1）退出 Mechanical 分析环境：单击 Mechanical 主界面的菜单【File】→【Close Mechanical】退出环境，返回到 Workbench 主界面，此时主界面的分析流程图中显示的分析已完成。

（2）单击 Workbench 主界面上的【Save】按钮，保存所有分析结果文件。

（3）退出 Workbench 环境：单击 Workbench 主界面的菜单【File】→【Exit】退出主界面，完成分析。

4.1.3 分析点评

本实例是某电风扇扇叶模态分析，分析过程相对简单。模态分析是基本的振动分析，不仅可以评价现有结构系统的动态特性，还可以评估结构静力分析时是否有刚体位移。

4.2 燃气轮机机座预应力模态分析

4.2.1 问题描述

某型燃气轮机机座结构由支承板、轴承座和外缸体组成，各部件之间焊接或用螺栓连接，如图 4-16 所示。该机座主要用于承受约 35t 的转子重量，约 150N·m 的扭矩，材料为铁镍高温合金 GH4169，其中弹性模量为 1.999×10^{11}Pa，泊松比为 0.3，密度为 8240kg/m³。若忽略高温高压高速气体对其作用以及各部件之间的连接关系，试求该机座的前 4 阶预应力模态。

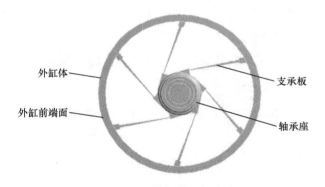

图 4-16 燃气轮机机座

4.2.2 实例分析过程

1. 启动 Workbench

在"开始"菜单中执行 ANSYS 18.0→Workbench 18.0 命令。

2. 创建预应力模态分析

（1）在工具箱【Toolbox】的【Analysis Systems】中双击或拖动结构静力分析【Static Structural】到项目分析流程图，然后右键单击结构静力的【Solution】单元，从弹出的菜单中选择【Transfer Data To New】→【Modal】，即创建模态分析，此时相关联的数据共享，如图 4-17 所示。

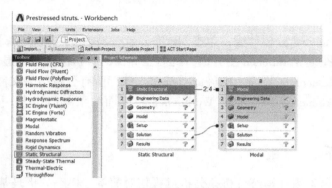

图4-17 创建预应力模态分析

（2）在Workbench的工具栏中单击【Save】，保存项目实例名为Prestressed struts.wbpj。工程实例文件保存在 D:\AWB\Chapter04 文件夹中。

3. 创建材料参数

（1）编辑工程数据单元：右键单击【Engineering Data】→【Edit】。

（2）在工程数据属性中增加新材料：【Outline of Schematic A2：Engineering Data】→【Click here to add a new material】，输入新材料名称 GH4169。

（3）在左侧单击【Physical Properties】展开→双击【Density】→【Properties of Outline Row 4：Gh4169】→【Table of Properties Row 2：Density】→【Density】= 8240kg/m³。

（4）在左侧单击【Linear Elastic】展开→双击【Isotropic Elasticity】→【Properties of Outline Row 4：GH4169】→【Young's Modulus】= 1.999E+11Pa。

（5）【Properties of Outline Row 4：GH4169】→【Poisson's Ratio】= 0.3，如图4-18所示。

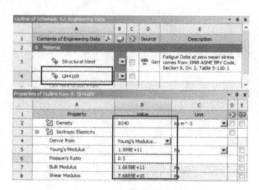

图4-18 创建新材料

（6）单击工具栏中的【A2：Engineering Data】关闭按钮，返回到Workbench主界面，新材料创建完毕。

4. 导入几何模型

在结构静力分析上，右键单击【Geometry】→【Import Geometry】→【Browse】→找到模型文件 Turbine struts.agdb，打开导入几何模型。模型文件在 D:\AWB\Chapter04 文件夹中。

5. 进入Mechanical分析环境

（1）在结构静力分析上，右键单击【Model】→【Edit】进入Mechanical分析环境。

(2) 在 Mechanical 的主菜单【Units】中设置单位为 Metric（mm, kg, N, s, mV, mA）。

6. 为几何模型分配材料

在导航树里单击【Geometry】展开→【Turbine struts】→【Details of "Turbine struts"】→【Material】→【Assignment】= GH4169。

7. 划分网格

（1）在导航树里单击【Mesh】→【Details of "Mesh"】→【Defaults】→【Relevance】= 80,【Sizing】→【Size Function】= Adaptive,【Relevance Center】= Medium,【Element Size】= 50mm，其他默认。

（2）在标准工具栏中单击选择体图标，选择机座模型，然后在导航树上右键单击【Mesh】，从弹出的菜单中选择【Insert】→【Method】→【Details of "Automatic Mesh"】→【Definition】→【Method】→【Hex Dominant】，其他默认。

（3）在标准工具栏中单击选择面图标，选择缸体外表面，然后右键单击【Mesh】→【Insert】→【Method】→【Face Meshing】，其他默认，如图 4-19 所示。

（4）生成网格：右键单击【Mesh】→【Generate Mesh】，图形区域显示程序生成的网格模型，如图 4-20 所示。

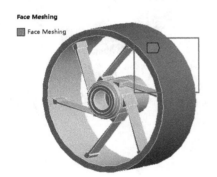

图 4-19 选择缸体外表面

图 4-20 划分网格

（5）网格质量检查：在导航树里单击【Mesh】→【Details of "Mesh"】→【Quality】→【Mesh Metric】= Skewness，显示 Skewness 规则下网格质量详细信息，平均值处在好水平范围内，展开【Statistics】显示网格和节点数量。

8. 施加边界条件

（1）在导航树上单击【Structural（A5）】。

（2）施加轴承力：在标准工具栏中单击选择面图标，然后选择轴承座内表面，接着在环境工具栏中单击【Loads】→【Bearing Load】→【Details of "Bearing Load"】→【Definition】→【Define By】= Components,【Y Component】= 350000N，如图 4-21 所示。

（3）施加扭矩：在标准工具栏中单击选择面图标，然后选择轴承座内表面，接着在环境工具栏中单击【Loads】→【Moment】→【Details of "Moment"】→

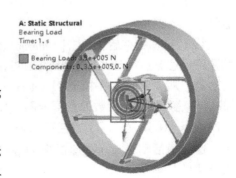

图 4-21 施加轴承载荷

【Definition】→【Define By】= Components，【Z Component】= 150000N·mm，如图4-22所示。

(4) 施加约束：机座外缸两端面分别施加固定约束与位移约束，单击选择面图标▣，选择机座前端面，然后在环境工具栏中单击【Supports】→【Fixed Support】，如图4-23所示；接着选择机座后端面，在环境工具栏中单击【Supports】→【Displacement】→【Details of "Displacement"】→【Definition】，【X Component】= 0，【Y Component】= 0，【Z Component】= Free，如图4-24所示。

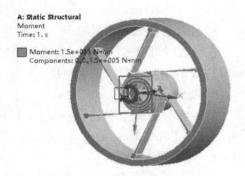

图4-22 施加扭矩载荷

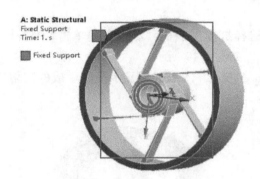

图4-23 施加固定约束

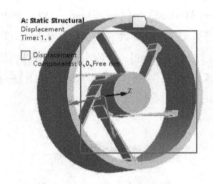

图4-24 施加位移约束

(5) 非线性设置：单击【Analysis Settings】→【Details of "Analysis Settings"】→【Solver Controls】→【Large Deflection】= On，其他默认。

9. 模态边界条件

(1) 在导航树上单击【Modal (B5)】。

(2) 在导航树里单击【Analysis Settings】→【Details of "Analysis Settings"】→【Options】→【Max Modes to Find】= 4，其他默认，如图4-25所示。

10. 求解与结果显示

(1) 在Mechanical标准工具栏中单击 ⚡Solve 进行求解运算。

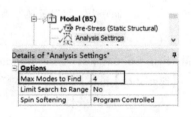

图4-25 模态阶数设置

(2) 运算结束后，单击【Solution (B6)】可以查看图形区域显示模态分析得到的机座变形分布云图。在图形区域显示下方的【Graph】的频率图空白处单击右键，从弹出的菜单中选择【Select All】，再次单击右键，然后选择【Create Mode Shape Results】创建其他模态阶数的变形云图，如图4-26所示；接着在导航树上选择创建的变形结果，右键选择 Evaluate All Results ，最后可以查看所有模态阶数的机座变形云图，如图4-27 ~ 图4-30所示。也可激活动画显示机座的振动过程。振动过程有助于理解结构的振动，但变形值并不代表真实的位移。

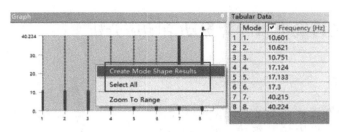

图 4-26 创建模态结果

图 4-27 1 阶模态变形结果

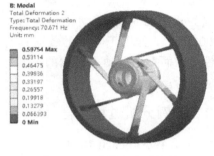

图 4-28 2 阶模态变形结果

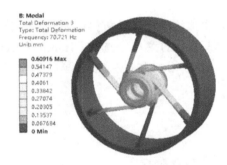

图 4-29 3 阶模态变形结果

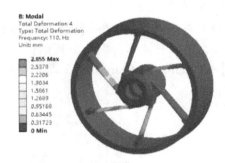

图 4-30 4 阶模态变形结果

11. 保存与退出

（1）退出 Mechanical 分析环境：单击 Mechanical 主界面的菜单【File】→【Close Mechanical】退出环境，返回到 Workbench 主界面，此时主界面的分析流程图中显示的分析均已完成。

（2）单击 Workbench 主界面上的【Save】按钮，保存所有分析结果文件。

（3）退出 Workbench 环境：单击 Workbench 主界面的菜单【File】→【Exit】退出主界面，完成分析。

4.2.3 分析点评

本实例是某型燃气轮机机座预应力模态分析。预应力模态分析基本流程是先线性静力分析，后模态分析。对本例来说，预应力分析是基础、关键。

4.3 垂直轴风力发电机叶片振动谐响应分析

4.3.1 问题描述

某垂直轴风力发电机由若干叶片、扇叶、托架、连接件、立柱、发电机等组成，其中叶片由连接件固定在托架上，叶片与连接件的材料分别为 Al 6061 - T6 和结构钢，Al 6061 - T6 材料的弹性模量为 6.8941×10^{10} Pa，泊松比为 0.33，密度为 2700kg/m³，作用于叶片的载荷具有交变性和随机性，因而发生振动是必然的。试对叶片进行谐响应分析。

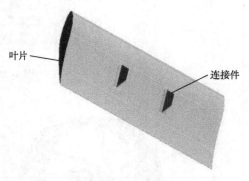

图 4-31　叶片模型

4.3.2 实例分析过程

1. 启动 Workbench 18.0

在"开始"菜单中执行 ANSYS 18.0→Workbench 18.0 命令。

2. 创建谐响应分析

（1）在工具箱【Toolbox】的【Analysis Systems】中双击或拖动模态分析【Modal】到项目分析流程图，然后右键单击模态分析的【Solution】单元，从弹出的菜单中选择【Transfer Data To New】→【Harmonic Response】，即创建谐响应分析，此时相关联的数据共享，如图 4-32 所示。

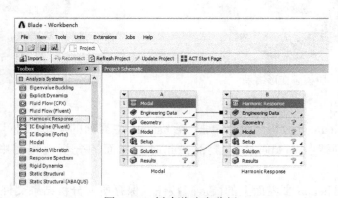

图 4-32　创建谐响应分析

（2）在 Workbench 的工具栏中单击【Save】，保存项目实例名为 Blade.wbpj。工程实例文件保存在 D:\AWB\Chapter04 文件夹中。

3. 创建材料参数

（1）编辑工程数据单元：右键单击【Engineering Data】→【Edit】。

（2）在工程数据属性中增加新材料：单击【Outline of Schematic A2，B2：Engineering Data】→【Click here to add a new material】，输入新材料名称 Al 6061 - T6。

(3) 在左侧单击【Physical Properties】展开→双击【Density】→【Properties of Outline Row 4：Al 6061 - T6】→【Density】= 2700kg/m³。

(4) 在左侧单击【Linear Elastic】展开→双击【Isotropic Elasticity】→【Properties of Outline Row 4：Al 6061 - T6】→【Young's Modulus】= 6.8941E + 10Pa。

(5)【Properties of Outline Row 4：Al 6061 - T6】→【Poisson's Ratio】= 0.33，如图 4-33 所示。

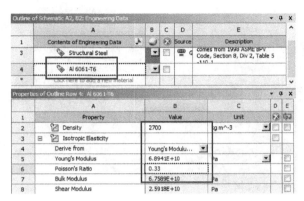

图 4-33　创建材料

(6) 单击工具栏中的【A2，B2：Engineering Data】关闭按钮，返回到 Workbench 主界面，新材料创建完毕。

4. 导入几何模型

在模态分析上，右键单击【Geometry】→【Import Geometry】→【Browse】→找到模型文件 Blade.x_t，打开导入几何模型。模型文件在 D：\AWB\Chapter04 文件夹中。

5. 进入 Mechanical 分析环境

(1) 在模态分析上，右键单击【Model】→【Edit】进入 Mechanical 分析环境。

(2) 在 Mechanical 的主菜单【Units】中设置单位为 Metric（mm，kg，N，s，mV，mA）。

6. 为几何模型分配厚度及材料

(1) 为叶片分配厚度及材料：在导航树里单击【Geometry】展开→【Blade】→【Details of "Blade"】→【Definition】→【Thickness】= 2mm；【Material】→【Assignment】= Al 6061 - T6，其他默认。

(2) 为连接件分配材料：【Connecting parts】为默认材料结构钢。

7. 创建接触连接

接触连接为默认的程序自动探测接触连接。

8. 划分网格

(1) 在导航树里单击【Mesh】→【Details of "Mesh"】→【Defaults】→【Relevance】= 80，【Sizing】→【Size Function】= Adaptive，【Sizing】→【Relevance Center】= Medium，其他均默认。

(2) 选择两个连接件：右键单击【Mesh】→【Insert】→【Sizing】→【Element Size】= 5mm。

(3) 选择叶片模型的外表面：右键单击【Mesh】→【Insert】→【Mapped Face Meshing】→【Method】= Quadrilaterals。

（4）选择两个连接件：右键单击【Mesh】→【Insert】→【Method】，单击【Automatic Method】→【Details of "Automatic Method"】→【Definition】→【Method】= Hex Dominant。

（5）选择叶片模型：右键单击【Mesh】→【Insert】→【Sizing】→【Element Size】= 10mm。

（6）生成网格：右键单击【Mesh】→【Generate Mesh】，图形区域显示程序生成的网格模型，如图 4-34 所示。

图 4-34　划分网格

（7）网格质量检查：在导航树里单击【Mesh】→【Details of "Mesh"】→【Quality】→【Mesh Metric】= Skewness，显示 Skewness 规则下网格质量详细信息，平均值处在好水平范围内，展开【Statistics】显示网格和节点数量。

9. 施加边界条件

（1）在导航树上单击【Modal（A5）】。

（2）单击【Analysis Settings】→【Details of "Analysis Settings"】→【Options】→【Max Modes to Find】= 10，其他默认。

（3）施加约束：在标准工具栏中单击🅕，然后选择两个连接件端面，接着在环境工具栏中单击【Supports】→【Fixed Support】，如图 4-35 所示。

10. 设置需要的结果

（1）在导航树上单击【Solution（A6）】。

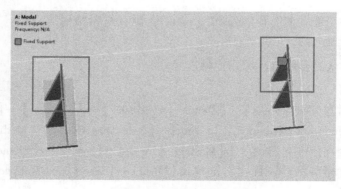

图 4-35　施加固定约束

(2) 在求解工具栏中单击【Deformation】→【Total】。

11. 求解与结果显示

(1) 在 Mechanical 标准工具栏中单击 Solve 进行求解运算。

(2) 运算结束后，单击【Solution（A6）】→【Total Deformation】，可以查看图形区域显示模态分析得到的叶片变形分布云图。在图形区域显示下方的【Graph】的频率图空白处单击右键，从弹出的菜单中选择【Select All】，再次单击右键，然后选择【Create Mode Shape Results】创建其他模态振型的变形云图，如图 4-36 所示；接着在导航树上选择创建的变形结果，单击右键选择 Evaluate All Results，最后可以查看前 10 阶模态振型的叶片变形云图，其中 1 阶模态振型如图 4-37 所示。也可激活动画显示叶片的振动过程。振动过程有助于理解结构的振动，但变形值并不代表真实的位移。

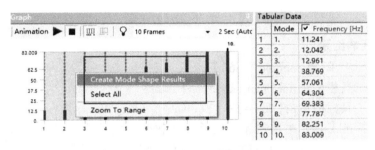

图 4-36　模型固有振型

图 4-37　1 阶模态振型图

12. 谐响应分析设置

(1) 在导航树上单击【Harmonic Response（B5）】。

(2) 单击【Analysis Settings】→【Details of "Analysis Settings"】→【Options】→【Frequency Spacing】= Linear，【Range Minimum】= 10，【Range Maximum】= 100，【Solution Intervals】= 50，其他默认。

(3) 施加载荷：在标准工具栏中单击 ⬚，然后选择叶片表面，接着在环境工具栏中单击【Loads】→【Pressure】，【Pressure】→【Details of "Pressure"】→【Definitions】→【Define By】= Normal To，【Magnitude】= 0.0015MPa，【Phase Angle】= 0°，如图 4-38 所示。

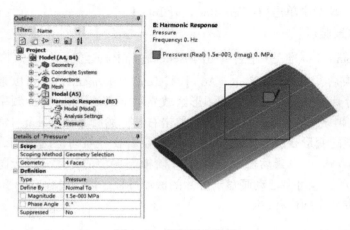

图 4-38 施加压力载荷

13. 设置需要的结果

（1）在导航树上单击【Solution（B6）】。

（2）在求解工具栏中单击【Deformation】→【Total】。

（3）在求解工具栏中单击【Stress】→【Equivalent（von-Mises）】。

（4）首先在标准工具栏中单击，然后选择载荷施加叶片位置上的面，接着在求解工具栏中单击【Frequency Response】→【Deformation】，如图4-39所示。

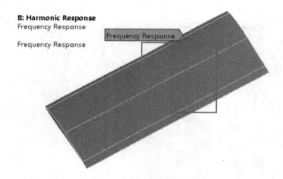

图 4-39 频率响应位置设置

（5）首先在标准工具栏中单击，然后选择载荷施加叶片位置上的面，与【Frequency Response】选择的位置相同，接着在求解工具栏中单击【Phase Response】→【Deformation】，【Phase Response】→【Details of "Phase Response"】→【Options】→【Frequency】=12.7Hz，其他默认。

14. 求解与结果显示

（1）在 Mechanical 标准工具栏中单击 Solve 进行求解运算。

（2）运算结束后，单击【Solution（B6）】→【Total Deformation】，图形区域显示谐响应分析得到的叶片在55Hz下的变形分布云图，如图4-40所示。也可根据图4-41所示，调整查看其他频率下的变形分布云图。

（3）单击【Solution（B6）】→【Equivalent Stress】，图形区域显示谐响应分析得到的叶片

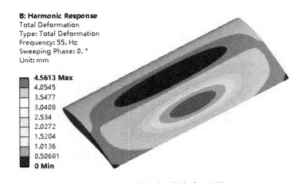

图 4-40　叶片变形分布云图

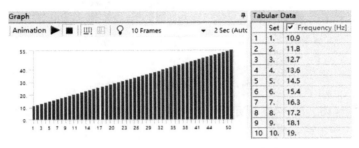

图 4-41　频率响应图表

在 55Hz 下的等效应力分布云图，如图 4-42 所示。

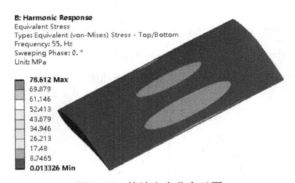

图 4-42　等效应力分布云图

（4）单击【Solution（B6）】→【Frequency Response】，图形区域显示谐响应分析得到的叶片变形频率响应，如图 4-43～图 4-45 所示。

（5）单击【Solution（B6）】→【Phase Response】，图形区域显示谐响应分析得到的叶片变

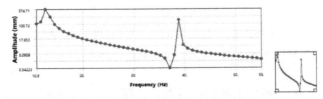

图 4-43　幅值变形频率响应

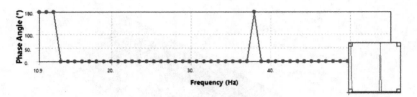

图 4-44　相位角变形频率响应

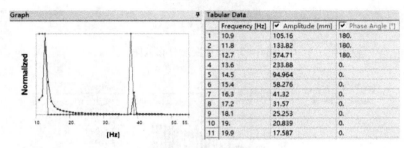

图 4-45　变形频率响应图表

形相位响应，如图 4-46、图 4-47 所示。

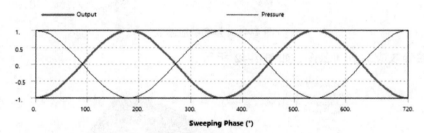

图 4-46　相位变形曲线

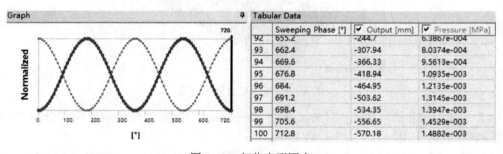

图 4-47　相位变形图表

15. 保存与退出

（1）退出 Mechanical 分析环境：单击 Mechanical 主界面的菜单【File】→【Close Mechanical】退出环境，返回到 Workbench 主界面，此时主界面的分析流程图中显示的分析均已完成。

（2）单击 Workbench 主界面上的【Save】按钮，保存所有分析结果文件。

（3）退出 Workbench 环境：单击 Workbench 主界面的菜单【File】→【Exit】退出主界面，

完成分析。

4.3.3 分析点评

本实例是垂直轴风力发电机叶片振动谐响应分析。谐响应分析基本流程是先模态分析，后谐响应分析。本例的关键点是基于模态分析确定谐响应分析设置时的频率范围，以及求解后处理。

4.4 舞台钢结构立柱响应谱分析

4.4.1 问题描述

钢结构立柱用于支撑舞台，由4个长粗圆钢、若干个短细圆钢和8个角钢焊接而成，如图4-48所示。钢结构立柱材料为结构钢，一端垂直置于地，固定约束，另一端承受20000N的作用力，整个立柱还承受自重以及地震谱作用，具体参数在分析过程中体现。试对钢结构立柱进行响应谱分析。

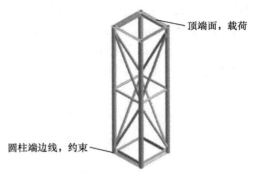

图4-48 舞台钢结构立柱模型

4.4.2 实例分析过程

1. 启动 Workbench18.0

在"开始"菜单中执行 ANSYS 18.0 → Workbench 18.0 命令。

2. 创建响应谱分析

（1）在工具箱【Toolbox】的【Analysis Systems】中双击或拖动结构静力分析【Static Structural】到项目分析流程图，然后右键单击结构静力分析的【Solution】单元，从弹出的菜单中选择【Transfer Data To New】→【Modal】，即创建模态分析；然后右键单击模态分析的【Solution】单元，从弹出的菜单中选择【Transfer Data To New】→【Response Spectrum】，即创建响应谱分析，此时相关联的数据共享，如图4-49所示。

（2）在 Workbench 的工具栏中单击【Save】，保存项目实例名为 Stage.wbpj。工程实例文

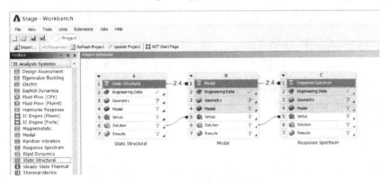

图4-49 创建响应谱分析

件保存在 D:\AWB\Chapter04 文件夹中。

3. 创建材料参数

材料为默认结构钢。

4. 导入几何模型

(1) 在结构静力分析上，右键单击【Geometry】→【Import Geometry】→【Browse】→找到模型文件 Stage.x_t，打开导入几何模型。模型文件在 D:\AWB\Chapter04 文件夹中。

(2) 进入 DesignModeler：在结构静力分析上，右键单击【Geometry】→【Edit Geometry in DesignModeler…】进入 DesignModeler 环境。

(3) 在模型信息栏里，单击【Detail View】→【Operation】选取【Add Frozen→Add Material】。在工具栏单击中【Generate】完成导入显示。

5. 模型抽取中面处理

(1) 对模型抽取中面：首先转换单位，单击菜单栏【Units】→【Millimeter】。单击菜单栏【Tools】→【Mid-Surface】，【MidSurf1】→【Detail View】→【Selection Method】选取【Manual→Automatic】；【Minimum Threshold】= 0.001mm，【Maximum Threshold】= 10mm，其他默认；【Find Face Pairs Now】选取【No→Yes】，可见选中所有抽取面对。在工具栏中单击【Generate】完成抽取中面，如图 4-50 所示。

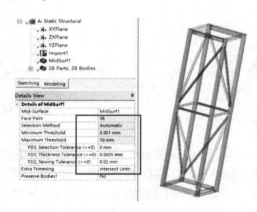

图 4-50　模型抽取中面

(2) 单击 DesignModeler 主界面的菜单【File】→【Close DesignModeler】退出几何建模环境。

(3) 返回 Workbench 主界面，单击 Workbench 主界面上的【Save】按钮保存。

6. 进入 Mechanical 分析环境

(1) 在结构静力分析上，右键单击【Model】→【Edit】进入 Mechanical 分析环境。

(2) 在 Mechanical 的主菜单【Units】中设置单位为 Metric（mm, kg, N, s, mV, mA）。

7. 为几何模型分配材料属性

材料为默认结构钢。

8. 创建接触连接

(1) 导航树上展开【Connections】→【Contacts】，右键单击【Contacts】，从弹出的快捷菜单中选择 Delete Children，删除自动接触连接。

（2）单击【Contacts】→【Details of "Contacts"】→【Auto Detection】→【Tolerance Type】= Value；【Tolerance Value】= 2.4mm，【Face/Face】= No，【Face/Edge】= Yes，【Edge/Edge】= No，【Priority】= Edge Overrides，【Group By】= Faces，【Search Across】= Bodies，其他默认。

（3）右键单击【Contacts】→【Create Automatic Connections】，自动产生 12 个接触对。

9. 划分网格

（1）在导航树里单击【Mesh】→【Details of "Mesh"】→【Sizing】→【Size Function】= Curvature，【Sizing】→【Relevance Center】= Medium，其他均默认。

（2）在标准工具栏中单击 ，选择整个模型，右键单击【Mesh】→【Insert】→【Sizing】→【Details of "Body Sizing" -Sizing】→【Element Size】= 5mm；【Advanced】→【Size Function】= Curvature，其他默认。

（3）生成网格：右键单击【Mesh】→【Generate Mesh】，图形区域显示程序生成的四边形单元网格模型，如图 4-51 所示。

（4）网格质量检查：在导航树里单击【Mesh】→【Details of "Mesh"】→【Quality】→【Mesh Metric】= Element Quality，显示 Element Quality 规则下网格质量详细信息，平均值处在好水平范围内，展开【Statistics】显示网格和节点数量。

图 4-51 网格划分

10. 施加边界条件

（1）单击【Static Structural (A5)】。

（2）施加标准地球重力：在环境工具栏中单击【Inertial】→【Standard Earth Gravity】→【Details of "Standard Earth Gravity"】→【Definition】→【Direction】= -Y Direction。

（3）施加约束：首先在标准工具栏中单击 ，然后选择舞台立柱 4 个圆柱端边线（标准地球重力方向），接着在环境工具栏中单击【Supports】→【Fixed Support】，如图 4-52 所示。

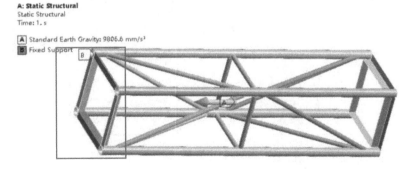

图 4-52 载荷与约束

（4）施加力载荷：在标准工具栏中单击 ，然后选择 4 个顶端面，接着在环境工具栏中单击【Loads】→【Force】→【Details of "Force"】→【Definition】→【Define By】= Components，【Z Component】输入 -20000N。

（5）非线性设置：单击【Analysis Settings】→【Details of "Analysis Settings"】→【Solver Controls】→【Large Deflection】= On，其他默认。

11. 模态边界条件

(1) 在导航树上单击【Modal (B5)】。

(2) 在导航树里单击【Analysis Settings】→【Details of "Analysis Settings"】→【Options】→【Max Modes to Find】=5，其他默认。

12. 施加边界条件

(1) 在导航树上单击【Response Spectrum (C5)】。

(2) 设置模态合并类型：单击【Analysis Settings】→【Details of "Analysis Settings"】→【Options】→【Spectrum Type】= Single Point，【Modes Combination Type】= SRSS，其他默认。

(3) 施加加速度响应：在环境工具栏中单击【RS Base Excitation】→【RS Acceleration】→【Details of "RS Acceleration"】→【Scope】→【Boundary Condition】= All Supports；【Definition】→【Direction】= Y Axis；【Definition】→【Load Data】；找到名为"Earthquake Data"的数据文件，从 Excel 复制数据，然后在【Tabular Data】上单击右键，从弹出的菜单中选择【Paste Cell】，如图 4-53 ~ 图 4-55 所示。

图 4-53　复制 Excel 数据

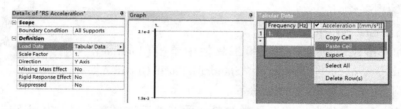

图 4-54　粘贴 Excel 数据

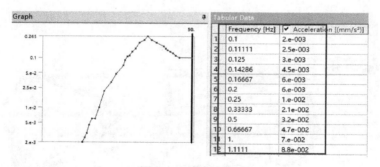

图 4-55　数据显示

13. 设置需要的结果

(1) 在导航树上单击【Solution (C6)】。

(2) 在求解工具栏中单击【Deformation】→【Total】。

(3) 在求解工具栏中单击【Deformation】→【Directional】，【Directional Deformation】→【Details of "Directional Deformation"】→【Definition】→【Orientation】= Y Axis。

(4) 在求解工具栏中单击【Stress】→【Equivalent (von-Mises)】。

14. 求解与结果显示

（1）在 Mechanical 标准工具栏中单击 Solve 进行求解运算。

（2）运算结束后，单击【Solution（C6）】→【Total Deformation】，图形区域显示分析得到的舞台立柱总变形分布云图，如图 4-56 所示；单击【Solution（C6）】→【Directional Deformation】，图形区域显示分析得到的舞台立柱 Y 方向变形分布云图，如图 4-57 所示；单击【Solution（C6）】→【Equivalent Stress】，显示舞台立柱等效应力分布云图，如图 4-58 所示。

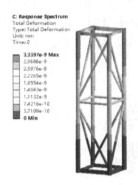

图 4-56 舞台立柱总变形分布云图

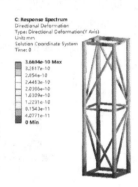

图 4-57 舞台立柱 Y 方向变形分布云图

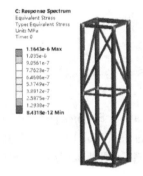

图 4-58 舞台立柱等效应力分布云图

15. 保存与退出

（1）退出 Mechanical 分析环境：单击 Mechanical 主界面的菜单【File】→【Close Mechanical】退出环境，返回到 Workbench 主界面，此时主界面的分析流程图中显示的分析均已完成。

（2）单击 Workbench 主界面上的【Save】按钮，保存所有分析结果文件。

（3）退出 Workbench 环境：单击 Workbench 主界面的菜单【File】→【Exit】退出主界面，完成分析。

4.4.3 分析点评

本实例是某舞台钢结构立柱响应谱分析，为复合型分析，先进行预应力模态分析，后进行响应谱分析。本例的关键点是谱分析的模态合并类型设置、加速度响应数据处理，以及钢结构模型中面处理、求解后处理。

4.5 发动机曲轴随机振动分析

4.5.1 问题描述

曲轴是发动机的重要部件之一，如图 4-59 所示，它工作环境恶劣，承受复杂、交变的冲击载荷作用，同时自身具有惯性和弹性，由此决定了曲轴本身固有的自由振动特性。假设曲轴材料为结构钢，若考虑曲轴承受的加速度振动载荷，忽略其他因素，试对发动机曲轴进行随机振动分析。

图 4-59　发动机曲轴模型

4.5.2 实例分析过程

1. 启动 Workbench18.0

在"开始"菜单中执行 ANSYS 18.0→Workbench 18.0 命令。

2. 创建随机振动分析

（1）在工具箱【Toolbox】的【Analysis Systems】中双击或拖动模态分析【Modal】到项目分析流程图，然后右键单击模态分析的【Solution】单元，从弹出的菜单中选择【TransferData To New】→【Random Vibration】，即创建随机振动分析，此时相关联的数据共享，如图 4-60 所示。

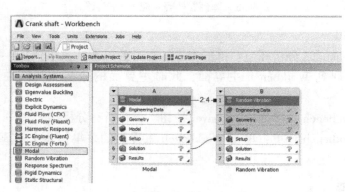

图 4-60　创建随机振动分析

（2）在 Workbench 的工具栏中单击【Save】，保存项目实例名为 Crank shaft.wbpj。工程实例文件保存在 D:\AWB\Chapter04 文件夹中。

3. 创建材料参数

材料默认为结构钢。

4. 导入几何模型

在模态分析上，右键单击【Geometry】→【Import Geometry】→【Browse】→找到模型文件 Crank shaft.agdb，打开导入几何模型。模型文件在 D:\AWB\Chapter04 文件夹中。

5. 进入 Mechanical 分析环境

（1）在模态分析上，右键单击【Model】→【Edit】进入 Mechanical 分析环境。

（2）在 Mechanical 的主菜单【Units】中设置单位为 Metric（mm，kg，N，s，mV，mA）。

6. 为几何模型分配

材料默认为结构钢。

7. 划分网格

（1）在导航树里单击【Mesh】→【Details of "Mesh"】→【Sizing】→【Relevance Center】= Medium，【Sizing】→【Element Size】=4mm，其他均默认。

（2）生成网格：右键单击【Mesh】→【Generate Mesh】，图形区域显示程序生成的网格模型，如图 4-61 所示。

图 4-61　网格划分

（3）网格质量检查：在导航树里单击【Mesh】→【Details of "Mesh"】→【Quality】→【Mesh Metric】= Skewness，显示 Skewness 规则下网格质量详细信息，平均值处在好水平范围内，展开【Statistics】显示网格和节点数量。

8. 施加边界条件

（1）在导航树上单击【Modal（A5）】。

（2）施加约束：在标准工具栏中单击 ⬚，选择曲轴的一个端面，在环境工具栏中单击【Supports】→【Fixed Support】，如图 4-62 所示；然后选择曲轴的另一个端面，在环境工具栏中单击【Supports】→【Fixed Support】，如图 4-63 所示。

（3）设置模态阶数：在导航树 Modal 下单击【Analysis Settings】→【Details of "Analysis Settings"】→【Options】→【Max Modes to Find】=6，其他默认。

9. 随机振动设置

（1）在导航树上单击【Random Vibration（B5）】。

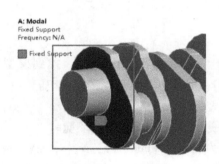 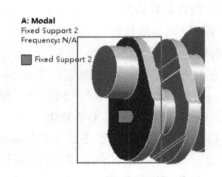

图 4-62　施加约束　　　　　　　　　图 4-63　施加约束

（2）在环境工具栏中单击【PSD Base Excitation】→【PSD G Acceleration】，【PSD G Acceleration】→【Details of "PSD G Acceleration"】→【Scope】→【Boundary Condition】= All Fixed Supports，【Definition】→【Load Data】，设置如图 4-64 所示，【Direction】= Y Axis。其他默认。

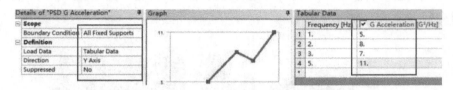

图 4-64　PSD G Acceleration 设置

10. 设置需要的结果

（1）在导航树上单击【Solution（B6）】。

（2）在求解工具栏中单击【Deformation】→【Directional】。【Directional Deformation】→【Details of "Directional Deformation"】→【Definition】→【Orientation】= Y Axis，【Scale Factor】= 1Sigma。

（3）在求解工具栏中单击【Stress】→【Equivalent（von-Mises）】。

11. 求解与结果显示

（1）右键单击【Directional Deformation】，从弹出的菜单中单击 Solve 进行求解运算。

（2）运算结束后，单击【Solution（B6）】→【Directional Deformation】，可以查看图形区域显示随机振动分析得到的曲轴随机振动变形分布云图，如图 4-65 所示；单击【Solution（B6）】→【Equivalent Stress】，显示曲轴随机振动等效应力分布云图，如图 4-66 所示。

12. 保存与退出

（1）退出 Mechanical 分析环境：单击 Mechanical 主界面的菜单【File】→【Close Mechanical】退出环境，返回到 Workbench 主界面，此时主界面的分析流程图中显示的分析均已完成。

（2）单击 Workbench 主界面上的【Save】按钮，保存所有分析结果文件。

（3）退出 Workbench 环境：单击 Workbench 主界面的菜单【File】→【Exit】退出主界面，完成分析。

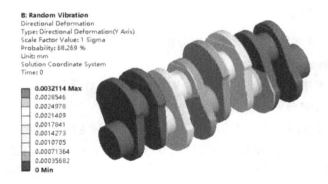

图 4-65　曲轴随机振动变形分布云图

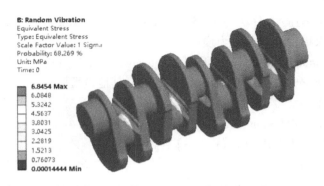

图 4-66　曲轴随机振动等效应力分布云图

4.5.3　分析点评

本实例是某发动机曲轴随机振动分析。随机振动分析的基本流程是先模态分析，后随机振动分析。本例的关键点是随机振动分析的载荷类型设置、载荷数据处理，以及求解后处理。

4.6　舞台钢结构立柱屈曲分析

4.6.1　问题描述

钢结构立柱用于支撑舞台，由 4 个长粗圆钢、若干个短细圆钢和 8 个角钢焊接而成，如图 4-67 所示。钢结构立柱材料为结构钢，一端垂直置于地，固定约束，另一端承受 20000N 的作用力，整个立柱还承受自重以及地震谱作用，具体参数在分析过程中体现。试对钢结构立柱进行屈曲分析。

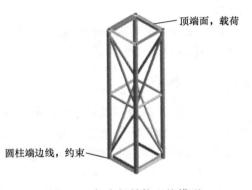

图 4-67　舞台钢结构立柱模型

4.6.2 实例分析过程

此分析紧接 4.4 节实例，其实例前期分析过程省略，直接运用 4.4 节实例进行分析。

1. 启动 Workbench18.0

在"开始"菜单中执行 ANSYS 18.0→Workbench 18.0 命令。

2. 打开 4.4 节实例分析

在 Workbench 工具栏中单击 Open... 工具，从文件夹中找到保存的项目实例名为 Stage.wbpj 打开，4.4 节实例分析数据文件在 D：\AWB\Chapter04 文件夹中。然后，在 Workbench 的工具栏中单击【Save Project As…】，另存项目实例名为 Stage buckling.wbpj，保存在 D：\AWB\Chapter04 文件夹中。

3. 创建屈曲分析

（1）右键单击结构静力分析单元格【Solution】→【Transfer Data To New】→【Eigenvalue Buckling】，自动导入结构静力分析为预应力。

（2）返回 Mechanical 分析窗口，可见【Eigenvalue Buckling】自动放在【Static Structural】下面，且初始条件为【Pre-Stress（Static Structural）】，其他设置默认。

4. 设置需要结果

（1）在导航树上单击【Solution（D6）】。

（2）在求解工具栏中单击【Deformation】→【Total】。

5. 求解与结果显示

（1）在 Mechanical 标准工具栏中单击 Solve 进行求解运算。

（2）运算结束后，单击【Solution（D6）】→【Total Deformation】，图形区域显示一阶屈曲分析得到的屈曲载荷因子和屈曲模态，【Load Multiplier】= -41.273，如图 4-68 所示。临界线性屈曲载荷为载荷因子乘以实际载荷，即 41.273 × 20000N = 825460N。

6. 保存与退出

（1）退出 Mechanical 分析环境：单击 Mechanical 主界面的菜单【File】→【Close Mechanical】退出环境，返回到 Workbench 主界面，此时主界面的分析流程图中显示的分析均已完成。

（2）单击 Workbench 主界面上的【Save】按钮，保存所有分析结果文件。

（3）退出 Workbench 环境：单击 Workbench 主界面的菜单【File】→【Exit】退出主界面，完成分析。

4.6.3 分析点评

本实例是某舞台钢结构立柱屈曲分析。屈曲分析主要用于研究如薄壁结构、细长杆等结构类型在特定载荷下的稳定性以及确定结构失稳的临界载荷。本例前一步预应力分析利用了 4.4 节实例的结构分析结果，使得整个屈曲分析过程变得快捷简单，也说明了 Workbench 的易用性和灵活性。对薄壁结构、可简化为细长杆的结

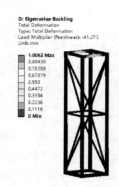

图 4-68 屈曲载荷因子和屈曲模态

构一般应进行屈曲分析。

4.7 卧式压力容器非线性屈曲分析

4.7.1 问题描述

某双鞍座支撑的卧式压力容器由筒体、封头、加强圈、法兰等组成,本实例为便于说明,容器仅对筒体进行分析,如图4-69所示。其中筒体直径1600mm,筒体壁厚12mm,长度4900mm,材料为Q345R,其中密度为7.85g/cm³,弹性模量为2.09×10^{11}Pa,泊松比为0.3,筒体两端固定,承受1MPa压力。试对压力容器进行屈曲分析以及求临界压力、屈曲模态等。

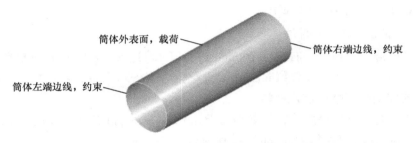

图4-69 压力容器筒体模型

4.7.2 实例分析过程

1. 启动 Workbench 18.0

在"开始"菜单中执行 ANSYS 18.0→Workbench 18.0 命令。

2. 创建结构静力分析

(1) 在工具箱【Toolbox】的【Analysis Systems】中双击或拖动结构静力分析【Static Structural】到项目分析流程图,如图4-70所示。

(2) 在 Workbench 的工具栏中单击【Save】,保存项目实例名为 Pressure vessel.wbpj。工程实例文件保存在 D:\AWB\Chapter04 文件夹中。

3. 创建材料参数

(1) 编辑工程数据单元:右键单击【Engineering Data】→【Edit】。

(2) 在工程数据属性中增加新材料:【Outline of Schematic A2: Engineering Data】→【Click here to add a new material】,输入新材料名称 Q345R。

(3) 在左侧单击【Physical Properties】展开→双击【Density】→【Properties of Outline Row 4: Q345R】→【Density】=7850kg/m³。

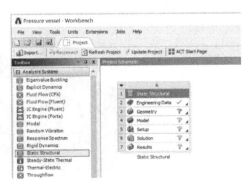

图4-70 创建屈曲分析

(4) 在左侧单击【Linear Elastic】展开→双击【Isotropic Elasticity】 → 【Properties of Outline Row 4：Q345R】→【Young's Modulus】= 2.09E + 11Pa。

(5) 【Properties of Outline Row 4：Q345R】→【Poisson's Ratio】= 0.3，如图 4-71 所示。

(6) 单击工具栏中的【A2：Engineering Data】关闭按钮，返回到 Workbench 主界面，新材料创建完毕。

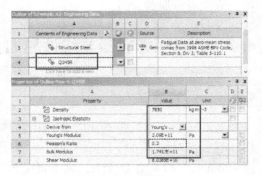

图 4-71 创建材料

4. 导入几何模型

在结构静力分析上，右键单击【Geometry】→【Import Geometry】→【Browse】→找到模型文件 Pressure vessel. x_t，打开导入几何模型。模型文件在 D：\AWB\Chapter04 文件夹中。

5. 进入 Mechanical 分析环境

(1) 在结构静力分析上，右键单击【Model】→【Edit】进入 Mechanical 分析环境。

(2) 在 Mechanical 的主菜单【Units】中设置单位为 Metric（mm，kg，N，s，mV，mA）。

6. 为几何模型分配壁厚值及材料

(1) 为压力容器分配壁厚：在导航树里单击【Geometry】展开→【Pressure vessel】→【Details of "Pressure vessel"】→【Definition】→【Thickness】= 12mm。

(2) 为压力容器分配材料：在导航树里单击【Geometry】展开→【Pressure vessel】→【Details of "Pressure vessel"】→【Material】→【Assignment】= Q345R。

7. 划分网格

(1) 在导航树里单击【Mesh】→【Details of "Mesh"】→【Defaults】→【Relevance】= 100；【Sizing】→【Size Function】= Adaptive，【Sizing】→【Relevance Center】= Medium，【Sizing】→【Element Size】= 30mm，其他均默认。

(2) 在标准工具栏中单击 ，选择筒体模型的外表面，右键单击【Mesh】→【Insert】→【Mapped Face Meshing】→【Method】= Quadrilaterals。

(3) 生成网格：右键单击【Mesh】→【Generate Mesh】，图形区域显示程序生成的网格模型，如图 4-72 所示。

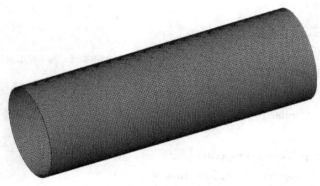

图 4-72 网格划分

(4) 网格质量检查：在导航树里单击【Mesh】→【Details of "Mesh"】→【Quality】→【Mesh Metric】= Element Quality，显示 Element Quality 规则下网格质量详细信息，平均值处在好水平范围内，展开【Statistics】显示网格和节点数量。

8. 施加边界条件

（1）单击【Static Structural（A5）】。

（2）施加载荷：在标准工具栏中单击 ，选择筒体外表面，接着在环境工具栏中单击【Loads】→【Pressure】→【Details of "Pressure"】→【Definition】→【Magnitude】= 1MPa，如图 4-73 所示。

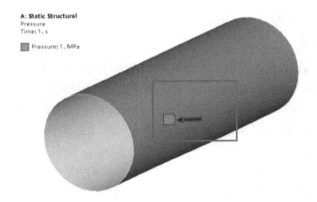

图 4-73　施加载荷

（3）施加约束：在标准工具栏中单击 ，选择筒体两端边线，接着在环境工具栏中单击【Supports】→【Fixed Support】，如图 4-74 所示。在这里，筒体两端得到封头、加强圈、法兰等构件的加强，以使筒体两端保持圆形截面形状，故采取这种约束方式。

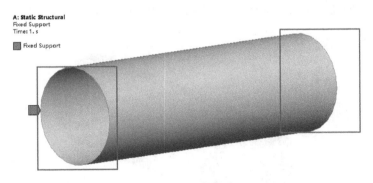

图 4-74　施加约束

9. 设置需要结果

（1）在导航树上单击【Solution（A6）】。

（2）在求解工具栏中单击【Deformation】→【Total】；【Stress】→【Equivalent Stress】。

（3）在 Mechanical 标准工具栏中单击 Solve 进行求解运算，求解结束后如图 4-75、图 4-76 所示。

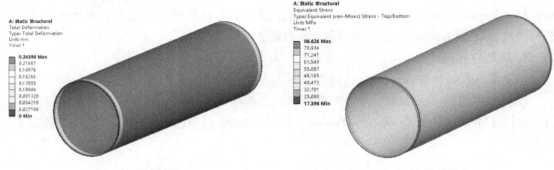

图 4-75　结构变形云图　　　　　　图 4-76　结构等效应力

10. 创建屈曲分析

（1）返回到 Workbench 主界面：右键单击结构静力分析项目单元格的【Solution】→【Transfer Data To New】→【Eigenvalue Buckling】，自动导入结构静力分析为预应力。

（2）返回 Mechanical 分析窗口，可见【Eigenvalue Buckling】自动放在【Static Structural】下面，且初始条件为【Pre-Stress（Static Structural）】，其他设置默认。

11. 设置需要结果

（1）在导航树上单击【Solution（B6）】。

（2）在求解工具栏中单击【Deformation】→【Total】。

12. 求解与结果显示

（1）在 Mechanical 标准工具栏中单击 Solve 进行求解运算。

（2）运算结束后，单击【Solution（B6）】→【Total Deformation】，图形区域显示 1 阶屈曲分析得到压力容器的屈曲载荷因子和屈曲模态，【Load Multiplier】= 1.2489，如图 4-77 所示。临界线性屈曲载荷为载荷因子乘以实际载荷，即 1.2489 × 1MPa = 1.2489MPa。

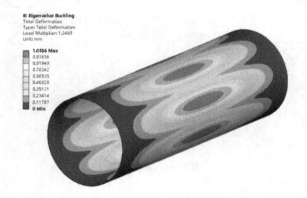

图 4-77　屈曲载荷因子和屈曲模态

13. 创建几何非线性屈曲分析

一般来说，非线性屈曲分析较为接近工程实际。非线性屈曲包括几何非线性屈曲、材料非线性屈曲和同时考虑几何与材料的非线性屈曲，具体采用哪种需根据具体情况来判断。本实例采取给几何施加初始缺陷，改变几何结构的初始形状的方法，即几何非线性屈曲。

首先新建一个 TXT 文本，在文本里写入以下几串语句：

/prep7！前处理

upgeom,0.15,1,1,file,rst！调入结果文件，根据特征值屈曲模态的 15% 设置初始缺陷，更新几何模型

cdwrite,db,file,cdb！

/solu

然后保存并命名为 Upgeom，放入本实例工作目录下。

（1）返回到 Workbench 主界面，右键单击屈曲分析项目单元格的【Solution】→【Transfer Data To New】→【Mechanical APDL】，【Mechanical APDL】出现在窗口中。

（2）在【Mechanical APDL】分析项中，右键单击【Analysis】→【Add Input File】→【Browse…】，选择之前创建的 TXT 文件 Upgeom 导入。

（3）在 Workbench 主界面，右键单击【Mechanical APDL】分析项目单元格的【Analysis】→【Finite Element Modeler】，【Finite Element Modeler】出现在窗口中。

（4）在 Workbench 主界面，右键单击【Finite Element Modeler】单元转换项目单元格的【Model】→【Static Structural】，结构静力分析项出现在窗口中，断开单元转换项与结构静力分析项之间的自动连接线，重新连接单元转换项目单元格的【Model】与结构静力分析项目单元格的【Model】。

（5）在 Workbench 主界面，选择第一次创建的结构分析项目单元格的【Engineering Data】并拖动与第（4）步创建的结构分析项目单元格的【Engineering Data】相连接，最终各个分析项连接如图 4-78 所示。

图 4-78　创建几何非线性屈曲分析

（6）数据传递：在 Workbench 主界面，右键单击线性屈曲分析单元格的【Solution】→【Update】使线性屈曲分析数据传递到【Mechanical APDL】，右键单击【Mechanical APDL】分析单元格的【Analysis】→【Update】使有缺陷模型数据传递到【Finite Element Modeler】，右键单击【Finite Element Modeler】分析单元格的【Model】→【Update】使有缺陷模型网格传递到结构静力分析项中。

14. 创建几何非线性屈曲分析设置

（1）重新为压力容器筒体施加材料：参看以上步骤。

（2）重新施加约束：参看以上步骤。

（3）重新施加载荷：这里设置外压力大于特征值计算的 15%，取【Pressure】= 1.44MPa。

（4）分析设置：单击【Analysis Settings】→【Details of "Analysis Settings"】→【Step Controls】→【Step End Time】= 1440s，【Auto Time Stepping】= On，【Define By】= Substeps，【Initial Substeps】= 100，【Minimum Substeps】= 100，【Maximum Substeps】= 1e + 006；【Solver Controls】→【Large Deflection】= On；【Nonlinear Controls】→【Stabilization】= Reduce，【Activation For First Substep】= On Nonconvergence，【Stabilization Force Limit】= 0.1，其他设置默认，如图 4-79 所示。

15. 设置需要结果

（1）在导航树上单击【Solution (E5)】。

（2）在求解工具栏中单击【Deformation】→【Total】。

16. 求解与结果显示

（1）在 Mechanical 标准工具栏中单击 Solve 进行求解运算。

（2）运算结束后，单击【Solution (E5)】→【Total Deformation】，查看屈曲变化结果。图形区域显示变形随载荷历程的变化，可以看出，外载荷在 0 ~ 1.2096MPa 时为线性变化，大于 1.224MPa 时，进入几何非线性变形，并迅速增加，达到 1.2528MPa 时变形达到峰值 18.078mm，随后丧失承载能力，位移骤减，如图 4-80、图 4-81 所示。

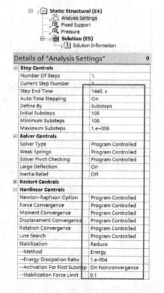

图 4-79 非线性屈曲分析设置

图 4-80 非线性屈曲变形

	Time [s]	Minimum [mm]	Maximum [mm]
82	1180.8	0.	2.0629
83	1195.2	0.	2.5599
84	1209.6	0.	3.411
85	1224.	0.	5.2493
86	1238.4	0.	12.581
87	1252.8	0.	16.278
88	1260.	0.	14.894
89	1267.2	0.	10.617
90	1278.	0.	4.483
91	1292.4	0.	3.2055
92	1306.8	0.	2.9937
93	1321.2	0.	2.2891
94	1335.6	0.	1.9703

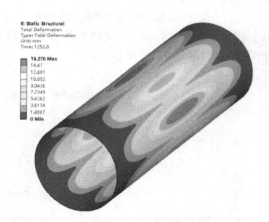

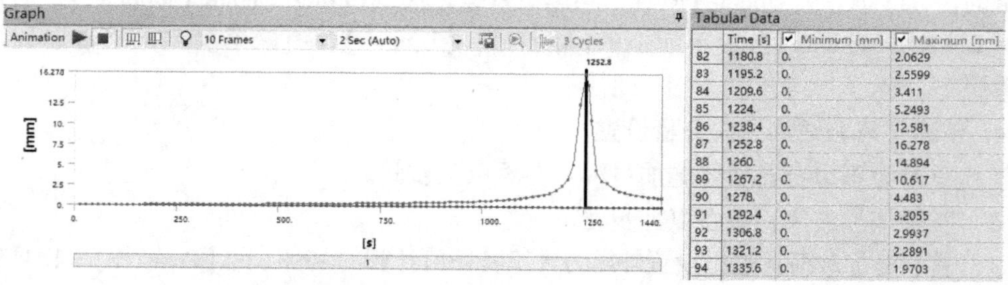

图 4-81 变形随载荷历程的变化曲线及数据

(3) 插入稳定能：单击【Solution（E5）】→【Stabilization】→【Stabilization Energy】，查看稳定能变化结果，如图 4-82、图 4-83 所示。载荷超过 1.2384MPa 时，稳定能骤然上升，到结构失效前达到峰值 52.994mJ。

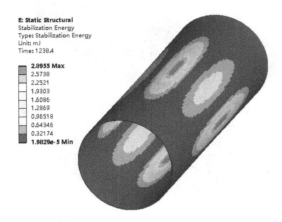

图 4-82　非线性屈曲分析稳定能

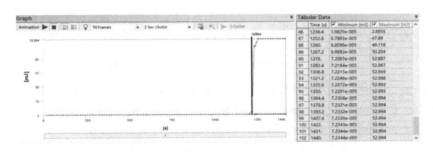

图 4-83　非线性屈曲分析稳定能变化曲线及数据

17. 创建后屈曲分析

(1) 返回到 Workbench 主界面，右键单击结构静力分析【Static Structural】，从弹出的菜单中选择【Duplicate】，新的结构静力分析出现。

(2) 在新结构静力分析上，右键单击【Model】→【Edit】进入 Mechanical 分析环境。

(3) 为模拟压力容器筒体屈曲后的后屈曲行为，增加压力到 1.5MPa，分析时间调整到 1500s，调整非线性控制中的稳定能选项，设置稳定能【Stabilization】= Constant，【Activation For First Substep】= Yes，其他设置不变，重新求解，如图 4-84 所示。

(4) 选择【Total Deformation】→【Graph】，图形区下显示变形随载荷历程的变化，可以看到外载荷达到 1.245MPa 屈曲后，继续承载到 1.5MPa，如图 4-85、图 4-86 所示。

(5) 插入图表【Chart】查看压力随总变形的变化图表：在工具栏中单击图表【New Chart and Table】按钮，导航树中选择【Pressure】

图 4-84　后屈曲分析设置

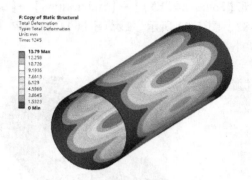

图 4-85　后屈曲变形

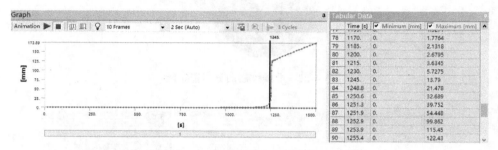

图 4-86　后屈曲变形随载荷历程的变化曲线及数据

和【Total Deformation】两个对象，【Chart】详细窗口中，【Definition】→【Outline Selection】= 2 Objects；【Chart Controls】→【X Axis】= Total Deformation（Max）；【Axis Labels】→【X-Axis】= Displacement，【Y-Axis】= Pressure；【Input Quantities】→【Time】= Omit，【[A] Pressure】= Display；【Output Quantities】→【[B] Total Deformation（Min）】= Omit，【Total Deformation（Max）】= X Axis，如图 4-87 所示。

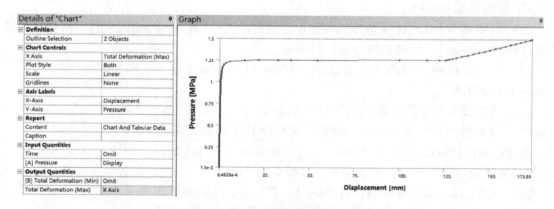

图 4-87　载荷随总变形设置与变化图表

(6) 插入等效应力结果，判别是否进行塑性分析：获取 1245s 时刻的结果，如图 4-88、图 4-89 所示，该结果对应 1.245MPa 的压力，显示最大应力为 456.95MPa，已超出材料屈服应力 345MPa，说明应进行塑性分析。若读者有兴趣，可展开分析。

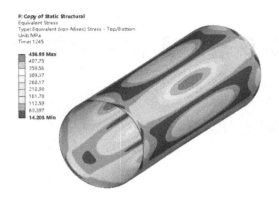

图 4-88　失效载荷的等效应力

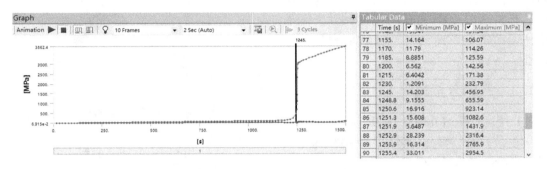

图 4-89　失效载荷的等效应力随载荷历程的变化曲线及数据

18. 保存与退出

（1）退出 Mechanical 分析环境：单击 Mechanical 主界面的菜单【File】→【Close Mechanical】退出环境，返回到 Workbench 主界面，此时主界面的分析流程图中显示的分析均已完成。

（2）单击 Workbench 主界面上的【Save】按钮，保存所有分析结果文件。

（3）退出 Workbench 环境：单击 Workbench 主界面的菜单【File】→【Exit】退出主界面，完成分析。

4.7.3　分析点评

本实例是关于卧式压力容器非线性屈曲分析。压力容器除了一般的结构静力分析，通常还要考虑疲劳性，以及本实例考虑的屈曲稳定性。尽管本例对压力容器结构做了大量的简化，但分析过程中涉及的分析方法仍值得借鉴。在本例中，涉及了 Workbench Mechanical 与 Mechanical APDL 联合应用、变形随载荷历程的非线性变化曲线处理、稳定性设置、载荷随总变形处理和材料屈服时的应力判断。限于篇幅，未对材料屈服后进行塑性分析，感兴趣的读者，可根据相关标准继续展开分析。

第 5 章　多体动力学分析

5.1　四杆机构刚体动力学分析

5.1.1　问题描述

某四杆机构由曲柄、上连杆、连架杆、机架及转动副组成，各个运动构件均在同一平面内运动，如图 5-1 所示。机构材料为结构钢，若曲柄以 100r/min 的速度转动，试求连杆运动轨迹及曲柄与连杆运动副处的加速度。

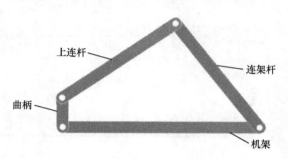

图 5-1　四杆机构模型

5.1.2　实例分析过程

1. 启动 Workbench 18.0

在"开始"菜单中执行 ANSYS 18.0→Workbench 18.0 命令。

2. 创建刚体动力分析

（1）在工具箱【Toolbox】的【Analysis Systems】中双击或拖动刚体动力分析【Rigid Dynamics】到项目分析流程图，如图 5-2 所示。

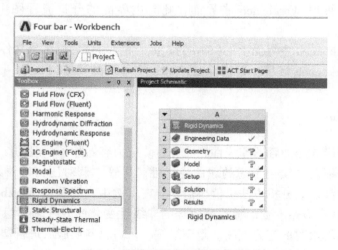

图 5-2　创建回转臂刚体动力分析

（2）在 Workbench 的工具栏中单击【Save】，保存项目实例名为 Four bar. wbpj。工程实例文件保存在 D:\AWB\Chapter05 文件夹中。

3. 创建材料参数

四杆机构的材料为结构钢，采用默认数据。

4. 导入几何模型

在刚体动力分析上，右键单击【Geometry】→【Import Geometry】→【Browse】→找到模型文件 Four bar.agdb，打开导入几何模型。模型文件在 D:\AWB\Chapter05 文件夹中。

5. 进入 Mechanical 分析环境

（1）在刚体动力分析上，右键单击【Model】→【Edit…】进入 Mechanical 分析环境。

（2）在 Mechanical 的主菜单【Units】中设置单位为 Metric（mm，kg，N，s，mV，mA），RPM。

6. 为几何模型分配材料属性

四杆机构的材料为结构钢，自动分配。

7. 创建关节连接

（1）在导航树里单击【Connections】并展开，删除【Contacts】，打开【Body Views】。

（2）创建 Fixed link 与 Crank 连接：单击【Connections】，在连接工具栏中单击【Body-Body】→【Revolute】，在标准工具栏中单击圆，参考体选择 Fixed link 孔内表面，运动体选择 Crank 孔内表面，如图 5-3 所示，其他默认。

（3）创建 Crank 与 Upper link 连接：单击【Connections】→【Joints】→【Body-Body】→【Revolute】，在标准工具栏中单击圆，参考体选择 Crank 另一端孔内表面，运动体选择 Upper link 一端孔内表面，如图 5-4 所示，其他默认。

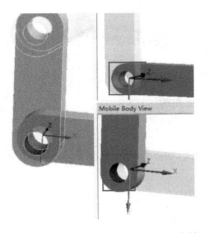
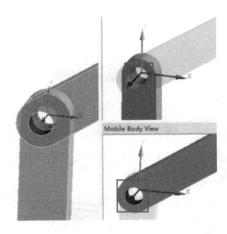

图 5-3　创建 Fixed link 与 Crank 连接　　　　图 5-4　创建 Crank 与 Upper link 连接

（4）创建 Upper link 与 Front rod 连接：单击【Connections】→【Joints】→【Body-Body】→【Revolute】，在标准工具栏中单击圆，参考体选择 Upper link 孔内表面，运动体选择 Front rod 另一端孔内表面，如图 5-5 所示，其他默认。

（5）创建 Front rod 与 Fixed link 连接：单击【Connections】→【Joints】→【Body-Body】→【Translational】，在标准工具栏中单击圆，参考体选择 Front rod 孔内表面，运动体选择 Fixed link 孔内表面，如图 5-6 所示，其他默认。

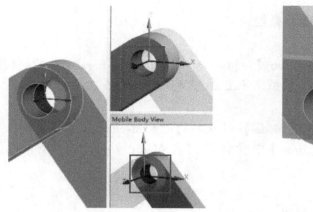
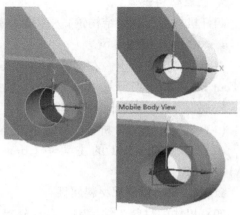

图 5-5 创建 Upper link 与 Front rod 连接　　　图 5-6 创建 Front rod 与 Fixed link 连接

(6) 创建 Slider slot 接地连接：单击【Connections】→【Joints】→【Body-Ground】→【Fixed】，在标准工具栏中单击 ，参考体默认，运动体选择 Fixed link 底面表面，如图 5-7 所示，其他默认。

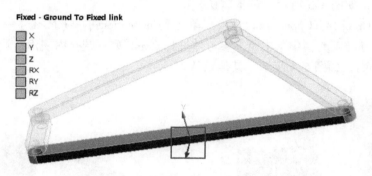

图 5-7 创建 Slider slot 接地连接

8. 划分网格

由于各部件为刚体，不会产生网格，直接右键单击【Mesh】→【Generate Mesh】即可。

9. 施加边界条件

(1) 设置时间步：单击【Transient（A5）】→【Analysis Settings】→【Details of "Analysis Settings"】→【Step Controls】→【Step End Time】= 1.2s，其他默认。

(2) 设置载荷：在工具栏中单击【Loads】→【Joint Load】，单击【Joint Load】→【Details of "Joint Load"】→【Scope】→【Joint】= Revolute-Fixed link To Crank，【Definition】→【Type】= Rotational Velocity，【Magnitude】= -100RPM，其他默认，如图 5-8 所示。

10. 设置需要结果

(1) 单击【Solution（A6）】。

(2) 在标准工具栏中单击 ，选择 Upper link，单击【Probe】→【Position】，其他默认。

(3) 在标准工具栏中单击 ，选择 Upper link 与 Crank 交接处 Upper link 上的顶点，单击【Probe】→【Acceleration】，单击【Acceleration Probe】→【Details of "Acceleration Probe"】→【Options】→【Result Selection】= Total，其他默认，如图 5-9 所示。

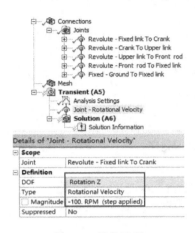

图 5-8 施加边界

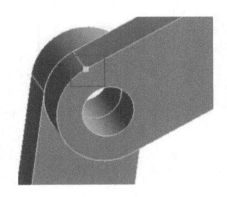

图 5-9 Upper link 上顶点

11. 求解与结果显示

（1）在 Mechanical 标准工具栏中单击 Solve 进行求解运算。

（2）求解结束后，单击【Position】，可以看到相应结果，如图 5-10、图 5-11 所示。也可进行动画设置，显示机构运动。

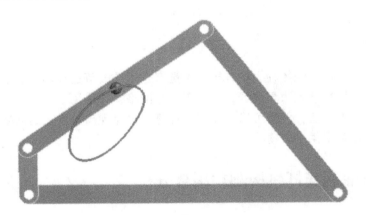

图 5-10 Upper link 位置轨迹

（3）单击【Acceleration Probe】，可以看到加速度轨迹及数值，如图 5-12 所示。也可进行动画设置，显示机构运动。

12. 保存与退出

（1）退出 Mechanical 分析环境：单击 Mechanical 主界面的菜单【File】→【Close Mechanical】退出环境，返回到 Workbench 主界面，此时主界面的分析流程图中显示的分析已完成。

（2）单击 Workbench 主界面上的【Save】按钮，保存所有分析结果文件。

（3）退出 Workbench 环境：单击 Workbench 主界面的菜单【File】→【Exit】退出主界面，完成分析。

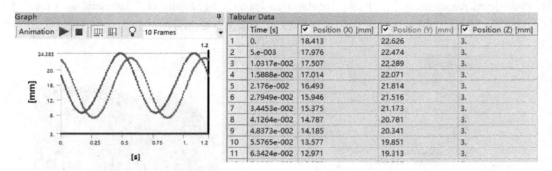

图 5-11　Upper link 运动轨迹及数据

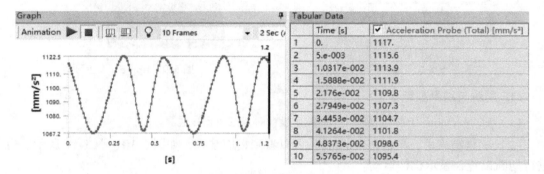

图 5-12　加速度轨迹及数值

5.1.3　分析点评

本实例是某四杆机构刚体动力学分析，关键点是运动关节选择创建、边界设置。由于可把相关关节连接直接拖动到边界设置，模型不产生网格，并采用了无需迭代计算和收敛检查的显式积分求解技术方法，使得可以快速完成计算，也显现出该方法的高效性。新增的运动轨迹工具也为后处理提供了方便。

5.2　发动机曲柄连杆机构刚柔耦合分析

5.2.1　问题描述

某简易发动机曲柄连杆机构由活塞、连杆、曲柄、缸体、活塞销、油底壳 6 部分组成，如图 5-13 所示。若发动机曲柄连杆机构材料为结构钢，曲柄以 209.44rad/s 的速度转动，试求曲柄在连续转动过程中连杆所受的变形及应力。

5.2.2　实例分析过程

1. 启动 Workbench 18.0

在"开始"菜单中执行 ANSYS 18.0→Workbench 18.0

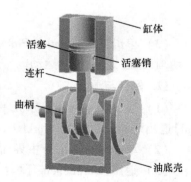

图 5-13　发动机曲柄连杆机构模型

命令。

2. 创建刚体动力分析

（1）在工具箱【Toolbox】的【Analysis Systems】中双击或拖动刚体动力分析【Rigid Dynamics】到项目分析流程图，如图 5-14 所示。

（2）在 Workbench 的工具栏中单击【Save】，保存项目实例名为 Crank rod. wbpj。工程实例文件保存在 D:\AWB\Chapter05 文件夹中。

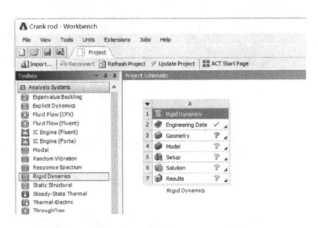

图 5-14 创建曲柄连杆机构刚柔耦合分析

3. 创建材料参数

简易发动机曲柄连杆机构材料为结构钢，采用默认数据。

4. 导入几何模型

在刚体动力分析上，右键单击【Geometry】→【Import Geometry】→【Browse】→找到模型文件 Crank rod. x_t 打开导入几何模型。模型文件在 D:\AWB\Chapter05 文件夹中。

5. 进入 Mechanical 分析环境

（1）在刚体动力分析上，右键单击【Model】→【Edit…】进入 Mechanical 分析环境。

（2）在 Mechanical 的主菜单【Units】中设置单位为 Metric（mm，kg，N，s，mV，mA）。

6. 为几何模型分配材料

曲柄连杆机构材料为结构钢，自动分配。

7. 创建关节连接

（1）在导航树里单击【Connections】并展开，删除【Contacts】，打开【Body Views】。

（2）创建 Crank 与 Connecting rod 连接：单击【Connections】，在连接工具栏中单击【Body-Body】→【Revolute】，在标准工具栏中单击，参考体选择 Connecting rod 大端孔内表面，运动体选择 Crank 外表面，如图 5-15 所示，其他默认。

（3）创建 Oil pan 与 Crank 连接：单击【Connections】→【Joints】→【Body-Body】→【Revolute】，在标准工具栏中单击，参考体选择 Oil pan 支撑曲轴两侧孔内表面，运动体选择 Crank 圆柱外表面，如图 5-16 所示，其他默认。

（4）创建 Piston pin 与 Connecting rod 连接：单击【Connections】→【Joints】→【Body-Body】→

图 5-15 创建 Crank 与 Connecting rod 连接

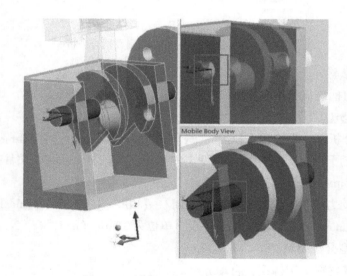

图 5-16 创建 Oil pan 与 Crank 连接

【Revolute】,在标准工具栏中单击回,参考体选择 Piston pin 外表面(中间长段),运动体选择 Connecting rod 小端孔内表面,如图 5-17 所示,其他默认。

(5)创建 Piston pin 与 Piston 连接:单击【Connections】→【Joints】→【Body-Body】→【Revolute】,在标准工具栏中单击回,参考体选择 Piston pin 外表面(两侧短段),运动体选择 Piston 两端孔内表面,如图 5-18 所示,其他默认。

(6)创建 Cylinder 与 Piston 连接:单击【Connections】→【Joints】→【Body-Body】→【Translational】,在标准工具栏中单击回,参考体选择 Cylinder 半内圆柱表面,运动体选择 Piston 圆柱外表面,如图 5-19 所示,其他默认。

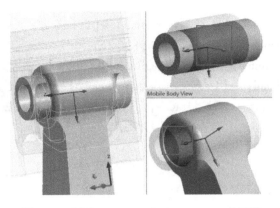 

图 5-17　创建 Piston pin 与 Connecting rod 连接　　　图 5-18　创建 Piston pin 与 Piston 连接

（7）创建 Cylinder 接地连接：单击【Connections】→【Joints】→【Body-Ground】→【Fixed】，在标准工具栏中单击🗎，参考体默认，运动体选择 Cylinder 一侧端表面，如图 5-20 所示，其他默认。

 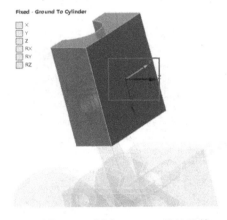

图 5-19　创建 Cylinder 与 Piston 连接　　　　　图 5-20　创建 Cylinder 接地连接

（8）创建 Oil pan 接地连接：单击【Connections】→【Joints】→【Body-Ground】→【Fixed】，在标准工具栏中单击🗎，参考体默认，运动体选择 Oil pan 底面表面，如图 5-21 所示，其他默认。

8. 划分网格

由于各部件为刚体，不会产生网格，直接右键单击【Mesh】→【Generate Mesh】即可。

9. 施加边界条件

（1）设置时间步：单击【Transient（A5）】→【Analysis Settings】→【Details of "Analysis Settings"】→【Step Controls】→【Step End Time】= 0.06s，【Auto Time Stepping】= On，【Initial Time Step】= 1e − 3s，【Minimum Time Step】= 1e − 7s，

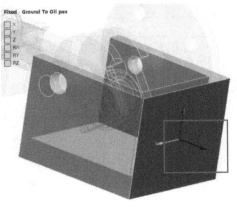

图 5-21　创建 Oil pan 接地连接

【Maximum Time Step】=5e－2s，其他默认。

（2）设置加速度：单击【Transient（A5）】→【Inertial】→【Acceleration】→【Details of“Acceleration”】→【Definition】→【Define By】=Component，Z Component =9806.6mm/s^2。

（3）施加转动速度：单击【Connections】→【Joints】→【Revolute-Oil pan To Crank】，按着不放直接拖动到【Transient（A5）】下，【Joints Load】→【Details of“Joint Load”】→【Definition】→【Type】=Rotational Velocity，【Magnitude】=－209.44rad/s，其他默认，如图5-22所示。

10. 设置需要结果

（1）在导航树上单击【Solution（A6）】。

（2）在求解工具栏中单击【Deformation】→【Total】。

11. 求解与结果显示

（1）在 Mechanical 标准工具栏中单击 Solve 进行求解运算。

（2）求解结束后，单击【Total Deformation】，可以看到相应结果，如图5-23、图5-24所示。也可进行动画设置，显示运动。

图5-22 施加边界

图5-23 运动变形图

Tabular Data

	Time [s]	Minimum [mm]	Maximum [mm]
248	5.7366e-002	0.	16.624
249	5.7629e-002	0.	15.176
250	5.7904e-002	0.	13.615
251	5.8184e-002	0.	11.967
252	5.8465e-002	0.	10.254
253	5.8606e-002	0.	9.3772
254	5.8774e-002	0.	8.3156
255	5.8963e-002	0.	7.094
256	5.917e-002	0.	5.7375
257	5.9388e-002	0.	4.269
258	5.9616e-002	0.	2.7088
259	5.9849e-002	0.	1.0735
260	6.e-002	0.	1.0047e-003

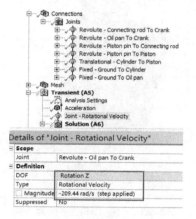

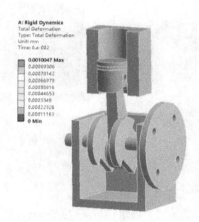

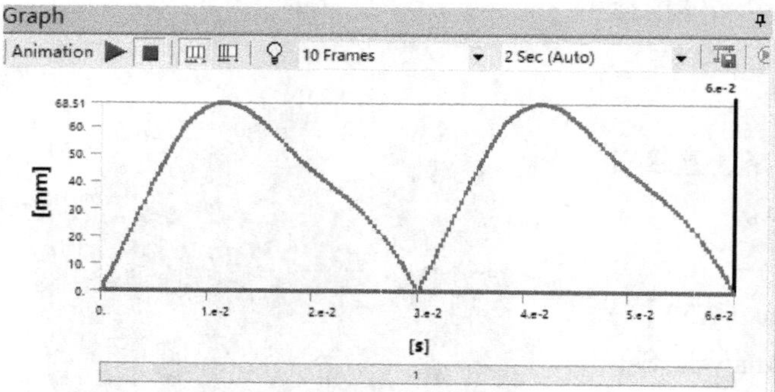

图5-24 运动轨迹及数据

12. 创建刚柔耦合分析

(1) 创建分析：返回到 Workbench 主界面，在工具箱【Toolbox】的【Analysis Systems】中拖动结构瞬态动力分析【Transient Structural】到项目分析流程图，并与刚体动力分析连接共享【Engineering Data】、【Geometry】、【Model】三项，如图 5-25 所示。

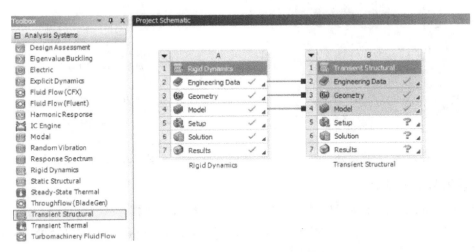

图 5-25　创建刚柔耦合分析

(2) 进入 Mechanical 分析环境：在结构瞬态动力分析上，右键单击【Setup】→【Edit】进入 Mechanical 分析环境。

(3) 转换连杆刚性行为：在导航树上单击【Geometry】并展开，单击【Connecting rod】→【Details of "Connecting rod"】→【Definition】→【Stiffness Behavior】= Flexible，其他默认。

(4) 划分网格：选择【Connecting rod】，单击【Mesh】→【Details of "Mesh"】→【Sizing】→【Relevance Center】= Medium，单击【Mesh】→【Insert】→【Sizing】→【Body Sizing】→【Element Size】= 3mm，单击【Mesh】→【Insert】→【Method】，单击【Automatic Method】→【Details of "Automatic Method"】-Method】→【Definition】→【Method】= Hex Dominant，其他均默认；右键单击【Mesh】→【Generate Mesh】，图形区域显示程序生成的六面体单元为主体的网格模型，如图 5-26 所示。

(5) 设置时间步：单击【Transient 2（B5）】→【Analysis Settings】→【Details of "Analysis Settings"】→【Step Controls】→【Step End Time】= 0.06s，【Auto Time Stepping】= On，【Define By】= Time，【Initial Time Step】= 1e-3s，【Minimum Time Step】= 1e-7s，【Maximum Time Step】= 5e-2s；【Solver Controls】→【Large Deflection】= On，其他默认。

(6) 施加边界：单击【Transient（A5）】，选择【Acceleration】、【Joint - Rotational Velocity】，然后单击右键选择【Copy】，在【Transient 2（B5）】上单击右键选择【Paste】，结果如图 5-27 所示。

(7) 设置所需结果：在导航树上单击【Solution（B6）】，在求解工具栏中单击【Deformation】→【Total】；【Stress】→【Equivalent Stress】。

图 5-26　网格划分

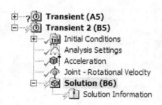

图 5-27　施加边界条件

13. 求解与结果显示

（1）在 Mechanical 标准工具栏中单击 Solve 进行求解运算。

（2）运算结束后，单击【Total Deformation】、【Equivalent Stress】，可以查看连杆的变形和应力云图，如图 5-28～图 5-31 所示。

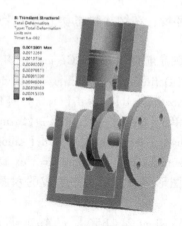

图 5-28　连杆变形云图

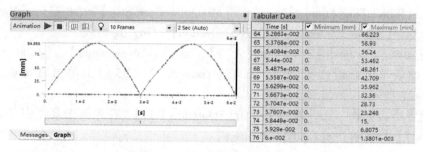

图 5-29　连杆运动变形轨迹及数据

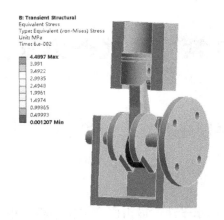

图 5-30　连杆等效应力云图

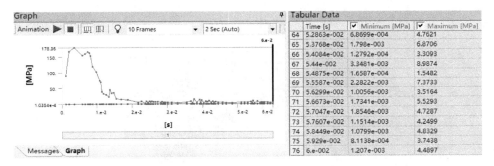

图 5-31　连杆运动等效应力轨迹及数据

14. 保存与退出

（1）退出 Mechanical 分析环境：单击 Mechanical 主界面的菜单【File】→【Close Mechanical】退出环境，返回到 Workbench 主界面，此时主界面的分析流程图中显示的分析均已完成。

（2）单击 Workbench 主界面上的【Save】按钮，保存所有分析结果文件。

（3）退出 Workbench 环境：单击 Workbench 主界面的菜单【File】→【Exit】退出主界面，完成分析。

5.2.3　分析点评

本实例是发动机曲柄连杆机构刚柔耦合分析，分两步进行：第一步采用刚体动力分析，充分运用独有的显式时间积分快捷求解技术，第二步采用刚体与柔体结合的刚柔耦合分析求连杆的应力。关键点是运动关节选择创建、边界设置、时间步设置和后处理。注意本例开启了大变形选项，求解时间与收敛性有较大不同。

第6章 显式动力学分析

6.1 小汽车撞击钢平板分析

6.1.1 问题描述

某小汽车以 90000mm/s 的水平速度撞击固定的钢平板，小汽车简化为车身及蒙皮，其材料均为铝合金，如图 6-1 所示。试分析小汽车碰撞结果情况。

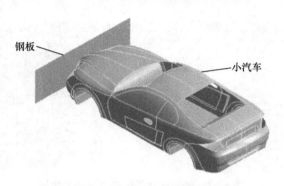

图 6-1 汽车撞击钢平板模型

6.1.2 实例分析过程

1. 启动 Workbench 18.0

在"开始"菜单中执行 ANSYS 18.0→Workbench 18.0 命令。

2. 创建显式动力分析

（1）在工具箱【Toolbox】的【Analysis Systems】中双击或拖动显式动力分析【Explicit Dynamics】到项目分析流程图，如图 6-2 所示。

（2）在 Workbench 的工具栏中单击【Save】，保存项目实例名为 Car.wbpj。工程实例文件保存在 D:\AWB\Chapter06 文件夹中。

3. 创建材料参数

（1）编辑工程数据单元：右键单击【Engineering Data】→【Edit】。

（2）在工程数据属性中增加材料：在 Workbench 的工具栏中单击 工程材料源库，此时的主界面显示【Engineering Data Sources】和【Outline

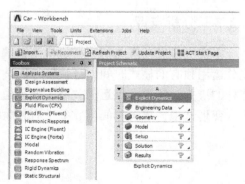

图 6-2 创建显式动力分析

of Favorites】。单击【General materials】,从【Outline of General materials】里查找【Aluminum Ally】材料,然后单击【Outline of General materials】表中的添加按钮，此时在 C 栏中显示标示，表明材料添加成功,如图 6-3 所示。

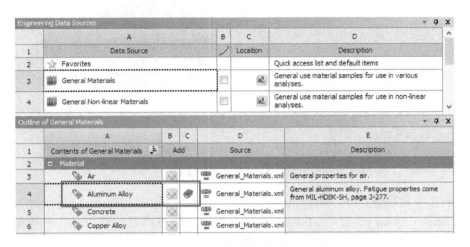

图 6-3 材料设置

(3) 单击工具栏中的【A2：Engineering Data】关闭按钮,返回到 Workbench 主界面,新材料创建完毕。

4. 导入几何模型

在显式动力分析上,右键单击【Geometry】→【Import Geometry】→【Browse】→找到模型文件 Car. x_t,打开导入几何模型。模型文件在 D：\AWB\Chapter06 文件夹中。

5. 进入 Mechanical 分析环境

(1) 在显式动力分析上,右键单击【Model】→【Edit】进入 Mechanical 分析环境。

(2) 在 Mechanical 的主菜单【Units】中设置单位为 Metric（mm, kg, N, s, mV, mA）。

6. 为几何模型分配厚度及材料

(1) 为小汽车分配厚度及材料：在导航树里单击【Geometry】展开→【Car1】→【Details of "Car1"】→【Definition】→【Thickness】= 2mm；【Material】→【Assignment】= Aluminum Ally,其他默认。

(2) 为平板分配材料：在导航树里单击【Geometry】展开→【Plate】→【Details of "Plate"】→【Definition】→【Thickness】= 3mm；【Material】→【Assignment】= Structural Steel,其他默认。

7. 接触设置

在导航树上鼠标单击【Connections】展开,右键单击【Contacts】,从弹出的快捷菜单中单击【Delete】删除接触。

8. 划分网格

(1) 在导航树里单击【Mesh】→【Details of "Mesh"】→【Defaults】→【Relevance】= 20,其他默认。

(2) 生成网格：右键单击【Mesh】→【Generate Mesh】,图形区域显示程序生成的网格模型,如图 6-4 所示。

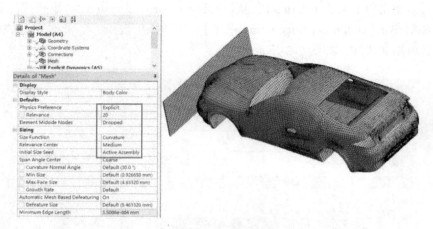

图 6-4　网格划分

（3）网格质量检查：在导航树里单击【Mesh】→【Details of "Mesh"】→【Quality】→【Mesh Metric】= Element Quality，显示 Element Quality 规则下网格质量详细信息，平均值处在好水平范围内，展开【Statistics】显示网格和节点数量。

9. 施加边界条件

（1）单击【Explicit Dynamics（A5）】。

（2）时间设置：单击【Analysis Settings】→【Details of "Analysis Settings"】→【Step Controls】→【End Time】= 2.5e – 3，其他项默认。

（3）在标准工具栏中单击 选择 Car1，在导航树上右键单击【Initial Conditions】，从弹出的快捷菜单中选择【Velocity】；接着依次单击【Velocity】→【Details of "Velocity"】→【Definition】→【Define By】= Components，【X Component】= – 90000mm/s，如图 6-5 所示。

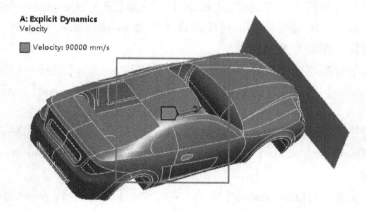

图 6-5　设置初始条件

（4）施加小汽车底部边 Y 向位移约束：首先在标准工具栏中单击 ，然后选择小汽车底部边，接着在环境工具栏中单击【Supports】→【Displacement】→【Details of "Displacement"】→【Definition】→【Define By】= Components，【Y Component】= 0mm，【X Component】= Free，【Z Component】= Free，如图 6-6 所示。

(5) 施加约束：在标准工具栏中单击，分别选择平板两端边，然后在环境工具栏中单击【Supports】→【Fixed Support】，如图 6-7 所示。

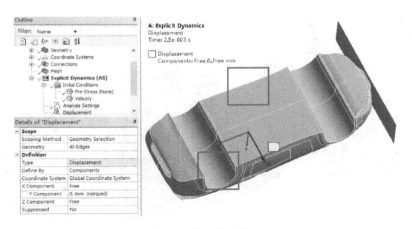

图 6-6　施加位移约束

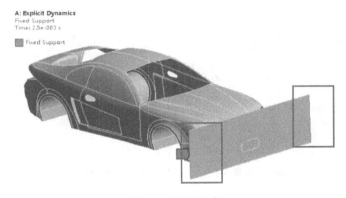

图 6-7　设置约束

10. 设置需要的结果

（1）在导航树上单击【Solution（A6）】。

（2）在求解工具栏中单击【Deformation】→【Total】；【Deformation】→【Directional】；【Directional Deformation】→【Details of "Directional Deformation"】→【Definition】→【Orientation】= X Axis。

（3）在求解工具栏中单击【Stress】→【Equivalent（von-Mises）】。

11. 求解与结果显示

（1）在 Mechanical 标准工具栏中单击 Solve 进行求解运算。

（2）运算结束后，单击【Solution（A6）】→【Total Deformation】，图形区域显示显式动力分析得到的变形分布云图，如图 6-8、图 6-9 所示；单击【Solution（A6）】→【Directional Deformation】，图形区域显示显式动力分析得到的 X 向变形分布云图，如图 6-10、图 6-11 所示；单击【Solution（A6）】→【Equivalent Stress】，显示应力分布云图，如图 6-12、图 6-13 所示；单击【Solution（A6）】→【Solution Information】→【Details of "Solution Information"】→【Solution Information】→【Solution Output】= Energy 1Summary，查看各个能量曲线变化概要，也

可在求解过程中查看实时的变化趋势，如图 6-14 所示。此外，读者也可通过动画观看小汽车撞击过程，在此不再展示。

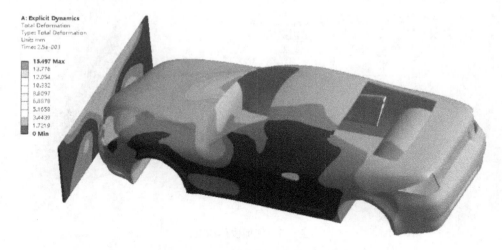

图 6-8　变形分布云图

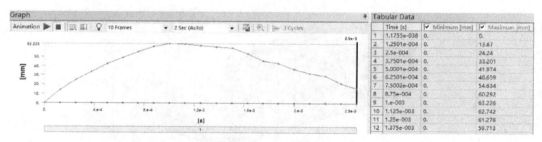

图 6-9　总体变形随时间历程的变化曲线及数据

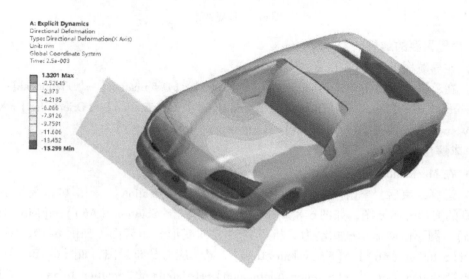

图 6-10　X 向变形分布云图

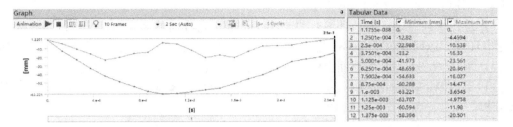

图 6-11　X 向变形随时间历程的变化曲线及数据

图 6-12　等效应力云图

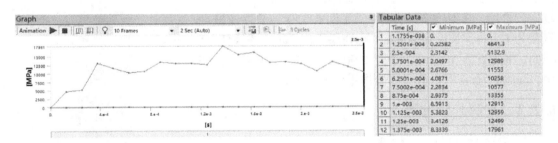

图 6-13　等效应力随时间历程的变化曲线及数据

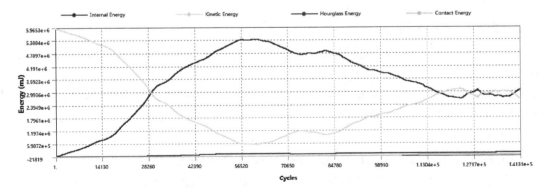

图 6-14　各个能量曲线变化概要

12. 保存与退出

（1）退出 Mechanical 分析环境：单击 Mechanical 主界面的菜单【File】→【Close Mechanical】退出环境，返回到 Workbench 主界面，此时主界面的分析流程图中显示的分析已完成。

（2）单击 Workbench 主界面上的【Save】按钮，保存所有分析结果文件。

（3）退出 Workbench 环境：单击 Workbench 主界面的菜单【File】→【Exit】退出主界面，完成分析。

6.1.3 分析点评

本实例是汽车撞击平板显式动力学分析、汽车模型处理及与平板模型间距处理，求解时间、边界设置是关键点。本例在碰撞初期，动能快速下降，内能快速上升，动能转化为内能；在碰撞后期，动能与内能趋于平稳。汽车正式投产前为检测汽车性能而进行的碰撞试验，可以检验驾驶员和乘客的安全性，可用本实例方法进行类似的碰撞试验分析。

6.2 子弹冲击带铝板内衬陶瓷装甲分析

6.2.1 问题描述

陶瓷材料具有硬度高、质量轻的优点，对动能弹和弹药破片的防御能力极强，目前已经广泛用于防弹衣、车辆和飞机等装备的防护装甲。这类陶瓷复合装甲具有良好的防护常规弹药、子弹和反坦克导弹攻击的性能。本例为简化模型（见图 6-15），子弹横截面直径为 12mm，长度为 26mm，陶瓷层厚度 6mm，铝板厚度 6mm，装甲长度 100mm，子弹以 900m/s 的水平速度冲击装甲，试对陶瓷装甲在遭受冲击作用下的性能进行分析。

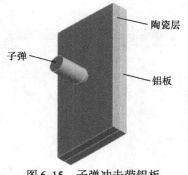

图 6-15 子弹冲击带铝板内衬陶瓷装甲模型

6.2.2 实例分析过程

1. 启动 Workbench 18.0

在"开始"菜单中执行 ANSYS 18.0→Workbench 18.0 命令。

2. 创建显式动力分析

（1）在工具箱【Toolbox】的【Analysis Systems】中双击或拖动显式动力分析【Explicit Dynamics】到项目分析流程图，如图 6-16 所示。

（2）在 Workbench 的工具栏中单击【Save】，保存项目实例名为 Bullet.wbpj。工程实例文件保存在 D:\AWB\Chapter06 文件夹中。

3. 创建材料参数

（1）编辑工程数据单元：右键单击【Engineering Data】→【Edit】。

（2）在工程数据属性中增加材料：在 Workbench 的工具栏中单击 工程材料源库，此时的主界面显示【Engineering Data Sources】和【Outline of Favorites】。单击【Explicit materials】，

从【Outline of Explicit materials】里分别查找【AL6061 - T6、STEEL4340、AL2O3CERA】材料，然后分别单击【Outline of Explicit Material】表中的添加按钮，此时在 C 栏中显示标示，表明材料添加成功，如图 6-17 所示。

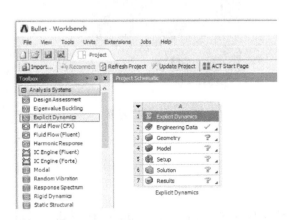

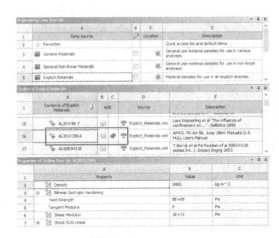

图 6-16　创建子弹冲击带铝板内衬陶瓷装甲显式分析　　图 6-17　材料设置

（3）单击工具栏中的【A2：Engineering Data】关闭按钮，返回到 Workbench 主界面，新材料创建完毕。

4. 导入几何模型

在显式动力分析上，右键单击【Geometry】→【Import Geometry】→【Browse】→找到模型文件 Bullet. agdb，打开导入几何模型。模型文件在 D：\AWB\Chapter06 文件夹中。

5. 进入 Mechanical 分析环境

（1）在显式动力分析上，右键单击【Model】→【Edit】进入 Mechanical 分析环境。

（2）在 Mechanical 的主菜单【Units】中设置单位为 Metric（m，kg，N，s，V，A）。

6. 为几何模型分配材料

（1）为子弹分配材料：在导航树里单击【Geometry】展开→【Bullet】→【Details of "Bullet"】→【Material】→【Assignment】= STEEL4340。

（2）为陶瓷板分配材料：在导航树里单击【Geometry】展开→【Ceramic】→【Details of "Ceramic"】→【Material】→【Assignment】= AL2O3CERA。

（3）为铝板分配材料：在导航树里单击【Geometry】展开→【Aluminum plate】→【Details of "Aluminum plate"】→【Material】→【Assignment】= AL6061 - T6。

7. 接触设置

在导航树上单击【Connections】展开，右键单击【Contacts】，从弹出的快捷菜单中单击【Delete】删除接触。

8. 划分网格

（1）在导航树里单击【Mesh】→【Details of "Mesh"】→【Defaults】→【Relevance】= 100，其他默认。

（2）在工具栏中单击选择子弹头半圆面，然后在导航树上右键单击【Mesh】，从弹出的菜单中选择【Insert】→【Sizing】,【Face Sizing】→【Details of "Face Sizing"】→【Element Size】= 0.001m。

(3) 生成网格：右键单击【Mesh】→【Generate Mesh】,图形区域显示程序生成的网格模型,如图 6-18 所示。

(4) 网格质量检查：在导航树里单击【Mesh】→【Details of "Mesh"】→【Quality】→【Mesh Metric】= Skewness,显示 Skewness 规则下网格质量详细信息,平均值处在好水平范围内,展开【Statistics】显示网格和节点数量。

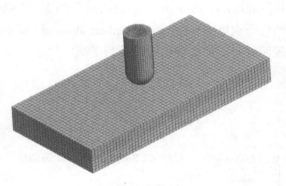

图 6-18 网格划分

9. 施加边界条件

(1) 单击【Explicit Dynamics (A5)】。

(2) 时间设置：单击【Analysis Settings】→【Details of "Analysis Settings"】→【Step Controls】→【End Time】= 5.0e−3,其他项默认。

(3) 在标准工具栏中单击 ⬚ 选择子弹,在导航树上右键单击【Initial Conditions】,从弹出的快捷菜单中选择【Velocity】；接着依次单击【Velocity】→【Details of "Velocity"】→【Definition】→【Define By】= Components,【Y Component】= −900m/s,如图 6-19 所示。

(4) 施加约束：在标准工具栏中单击 ⬚,分别选择陶瓷板和铝板两端面,然后在环境工具栏中单击【Supports】→【Fixed Support】,如图 6-20 所示。

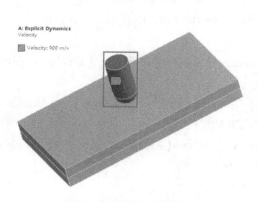

图 6-19 设置初始条件

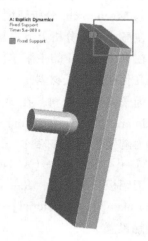

图 6-20 设置约束

10. 保存设置

(1) 退出 Mechanical 分析环境：单击 Mechanical 主界面的菜单【File】→【Close Mechanical】退出环境,返回到 Workbench 主界面。

(2) 单击 Workbench 主界面上的【Save】按钮,保存所有分析结果文件。

11. 进入 Autodyn 环境

（1）创建 Explicit Dynamics 与 Autodyn 共享环境：在左边的组件系统中选择【Autodyn】，并将其直接拖至显式动力分析单元格【Setup】处即可，如图 6-21 所示。

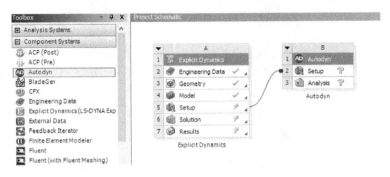

图 6-21　创建 Autodyn 分析

（2）在 A 分析上右键单击【Setup】，从弹出的快捷菜单中选择【Update】升级，此时数据传出；之后在 B 分析上右键单击【Setup】，从弹出的快捷菜单中选择【Edit Model…】，进入 Autodyn 工作环境，如图 6-22 所示。

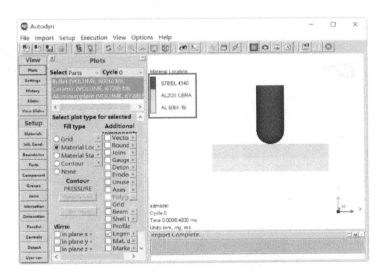

图 6-22　Autodyn 窗口

12. 定义边界条件

在导航栏上单击【Boundaries】，在任务面板中单击【New】，弹出来如图 6-23 所示的对话框进入边界条件的设置，定义 Y 方向的速度边界条件。【Name】= Rigid，【Type】= Velocity，【Sub option】= Y - velocity Constant，【Constant Y velocity】= 0.00000，单击 ✓ 确定。

13. 算法选择及模型建立

（1）在导航栏上单击【Parts】，在任务面板中单击【New】，弹出来如图 6-24 所示的对话框进入算法的设置，设置 SPH 法。【Part Name】= Bullet_SPH，Solver = SPH，单击 ✓ 确定。

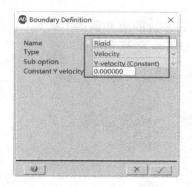

图 6-23 定义边界条件

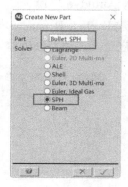

图 6-24 算法选择

(2) 选择【Bullet_SPH (SPH, 0)】→【Geometry (Zoning)】→【Import Objects】→【Part】,弹出来如图 6-25 所示的对话框,选择【Bullet】,【New object】= SPH_Bullet,单击 ✓ 确定。

(3) 删除 Explicit Dynamics 中创建的子弹体:选择【Bullet (VOLUME, 6006)】→【Delete】,弹出来如图 6-26 所示的对话框,选择【Bullet (VOLUME, 6006)】单击 ✓ 确定,弹出【Confirm】确认信息,单击【是】,结果如图 6-27 所示。

图 6-25 导入几何

图 6-26 删除 Part

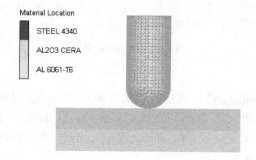

图 6-27 结果显示

(4) 用 SPH 粒子填充 SPH_Bullet:选择【Bullet_SPH (SPH, 0)】→【Pack (Fill)】→【SPH_Bullet (0 sph nodes)】→【Pack Selected Object (s)】,弹出如图 6-28 所示的对话框,

选择【Fill with Initial Condition Set】，单击【Next】弹出对话框，设置【Partide size】=1mm，单击确定，子弹头中填充的粒子如图 6-29 所示。

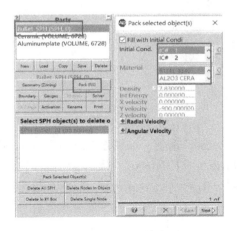

图 6-28　粒子填充

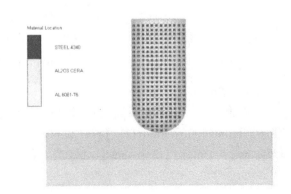

图 6-29　子弹头粒子

14. 选择输出单元

在导航栏中单击【Part】，然后在对话框中单击【Gauges】，在【Define Gauge Points】中选择【Interactive Selection】，按住 Alt 键，用鼠标左键选择需要的节点，然后单击【Node】，如图 6-30 所示。

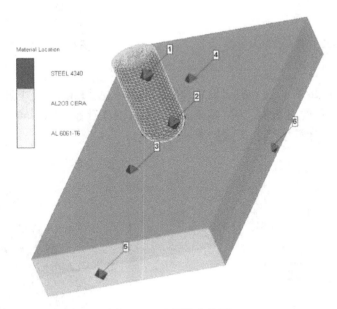

图 6-30　选择输出单元

15. 求解控制

在导航栏上单击【Controls】，进入求解控制【Define solution Controls】选项，如图 6-31 所示，【Cycle limit】=10000，【Time limit】=0.5，【Energy】=0.005，【Energy ref cycle】=100000。

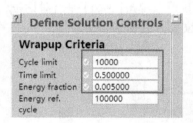

图 6-31 求解控制

16. 输出控制

在导航栏单击【Output】,进入输出设置【Define Output】选项,如图 6-32 所示。【Save】= Time,【Start time】= 0.022,【End time】= 0.5,【Increment】= 0.001。展开【History】,选择【History】= Times,【Start time】= 0.022,【End time】= 0.5,【Increment】= 0.001,如图 6-33 所示。

图 6-32 输出控制

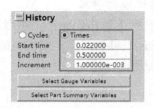

图 6-33 输出 History 控制

17. 显示控制

在导航栏单击【Plots】,进入显示设置【Plots】选项,在【Fill type】中选择【Contour】,单击 ,弹出图 6-34 所示的对话框,将【Number of contours】设置为 20,单击 确定,更改图像显示方式。完成后计算模型的图像如图 6-35 所示。

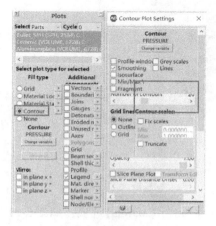

图 6-34 显示设置

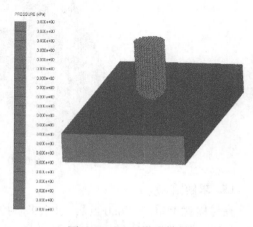

图 6-35 显示设置效果

18. 求解计算

在导航栏单击【Run】，程序即开始运算，在计算中每隔 0.01ms 对数据进行一次保存。计算过程中可以随时单击【Stop】停止运行，来观测子弹对复合结构的撞击过程及对数据进行读取，观测相关的计算曲线。子弹冲击带铝板内衬陶瓷装甲的过程如图 6-36 ~ 图 6-43 所示。

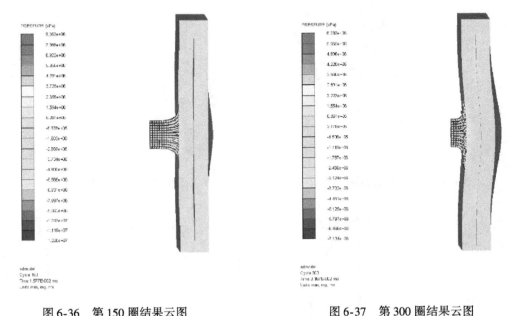

图 6-36　第 150 圈结果云图　　　　　图 6-37　第 300 圈结果云图

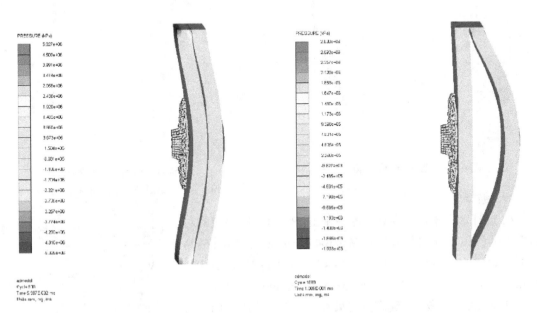

图 6-38　第 500 圈结果云图　　　　　图 6-39　第 1000 圈结果云图

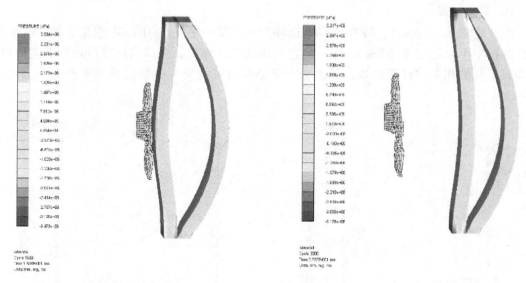

图 6-40　第 1500 圈结果云图　　　　图 6-41　第 3000 圈结果云图

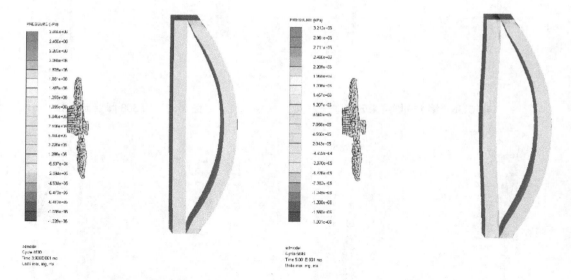

图 6-42　第 4500 圈结果云图　　　　图 6-43　第 5846 圈结果云图

19. 结果输出

（1）计算完毕后，在导航栏中单击【Plots】，在对应的对话框中的【Fill type】栏内选择【Material Location】，如图 6-44 所示。单击其后的 ，弹出图 6-45 所示的【Material Plot Settings】对话框，在【Material visibility】中选择 AL2O3CERA，单击 确定。之后在对话框中的【Fill type】栏内选择【Contour】，在【Contour variable】中单击【Change variable】，弹出如图 6-46 所示的对话框，在【Variable】中选择

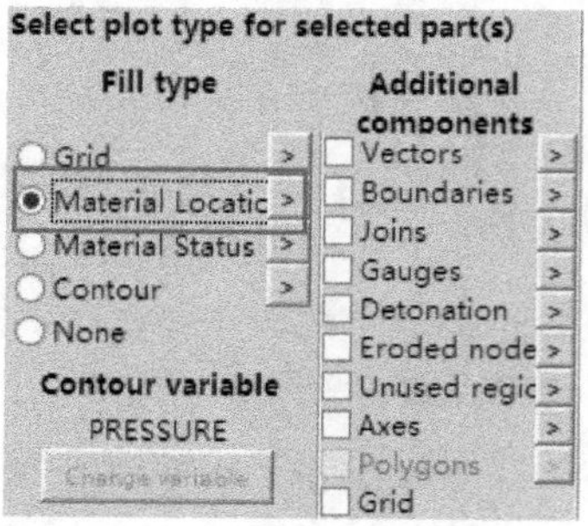

图 6-44　图像设置

【MIS. STRESS】，单击☑确定，可得到陶瓷在子弹冲击作用下的应力分布云图，如图6-47所示。

图6-45 陶瓷板显示设置

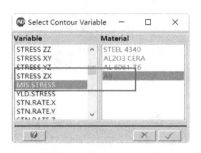

图6-46 陶瓷板应力云图设置

（2）采用同样的方法，在对应的对话框中的【Fill type】栏内选择【Material Location】，单击其后的▷，在弹出的【Material Plot Settings】对话框里的【Material visibility】中选择AL6065-T6，单击☑确定。之后在对话框中的【Fill type】栏内选择【Contour】，可得到铝板在子弹冲击作用下的应力分布云图，如图6-48所示。

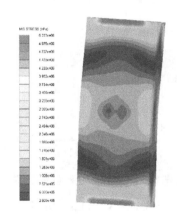

图6-47 陶瓷板应力分布云图

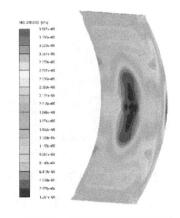

图6-48 铝板应力分布云图

（3）采用同样的方法，在对应的对话框中的【Fill type】栏内选择【Material Location】，单击其后的▷，在弹出的【Material Plot Settings】对话框里的【Material visibility】中选择STEEL-4340，单击☑确定。之后在对话框中的【Fill type】栏内选择【Contour】，可得到子弹冲击作用下的应力分布云图，如图6-49所示。

（4）采用同样的方法，在对应的对话框中的【Fill type】栏内选择【Material Location】，单击其后的▷，在弹出的【Material Plot Settings】对话框里的【Material visibility】中选择AL2O3CERA、AL6065-T6、STEEL-4340，单击☑确定。之后在对话框中的【Fill type】栏内选择【Contour】，可得到子弹冲击作用下的带铝板内衬陶瓷装甲应力分布云图，如图6-50所示。

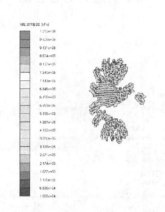

图 6-49 子弹应力分布云图

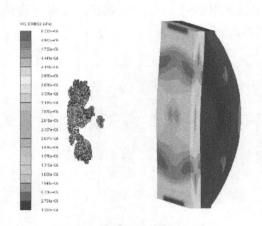

图 6-50 总体应力分布云图

（5）单击导航栏上的【History】，在【History Plots】对话框中选择【Gauge Points】，然后单击【Single Variable Plots】，弹出如图 6-51 所示的对话框。在对话框的左边选择 Gauge#1，在右边 Y Var 栏内选择 Y-VELOCITY，在 X Var 栏内选择 TIME，单击 ✓ 确定，得到弹头上的节点 1 在 Y 方向上的速度随时间的变化曲线，如图 6-52 所示。

图 6-51 节点 1 显示设置

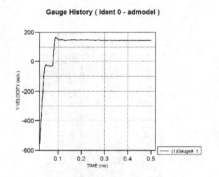

图 6-52 节点 1 显示设置效果

（6）按照同样的方法，在【History Plots】对话框中单击【Single Variable Plots】，在对话框的左边选择 Gauge#2，单击 ✓ 确定，得到弹头上的节点 2 在 Y 方向上的速度随时间的变化曲线，如图 6-53 所示。

（7）按照同样的方法，在【History Plots】对话框中单击【Single Variable Plots】，在对话框的左边选择 Gauge#3，单击 ✓ 确定，得到陶瓷上的节点 3 在 Y 方向上的速度随时间的变化曲线，如图 6-54 所示。

（8）按照同样的方法，在【History Plots】对话框中单击【Single Variable Plots】，在对话框的左边选择 Gauge#4，单击 ✓ 确定，得到陶瓷上的节点 4 在 Y 方向上的速度随时间的变化曲线，如图 6-55 所示

（9）按照同样的方法，在【History Plots】对话框中单击【Single Variable Plots】，在对话框的左边选择 Gauge#5，单击 ✓ 确定，得到铝板上的节点 5 在 Y 方向上的速度随时间的变化曲线，如图 6-56 所示。

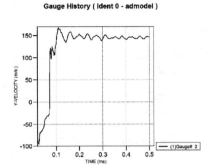
图 6-53 节点 2 显示设置效果

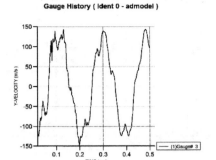
图 6-54 节点 3 显示设置效果

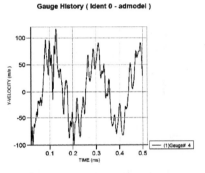
图 6-55 节点 4 显示设置效果

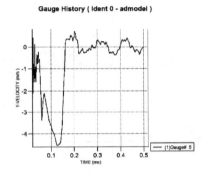
图 6-56 节点 5 显示设置效果

（10）按照同样的方法，在【History Plots】对话框中单击【Single Variable Plots】，在对话框的左边选择 Gauge# 6，单击 ✓ 确定，得到铝板上的节点 6 在 Y 方向上的速度随时间的变化曲线，如图 6-57 所示。

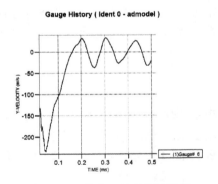
图 6-57 节点 6 显示设置效果

（11）在【History Plots】对话框中单击【Multiple Variable Plots】，弹出如图 6-58 所示的对话框。单击【Select】，从弹出的对话框中选中 Gauge# 1、Gauge# 2、Gauge# 3、Gauge# 4、Gauge# 5、Gauge# 6、Y－VELOCITY、TIME，单击 ✓ 确定，如图 6-59 所示；返回【Multiple Variable Plots】对话框，如图 6-60 所示；单击 ✓ 确定，得到所有节点在 Y 方向上的速度随

时间的变化曲线，如图 6-61 所示。

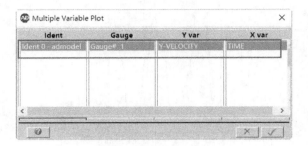

图 6-58　多变量绘图对话框

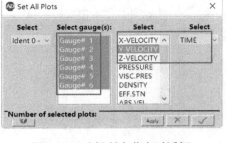

图 6-59　选择所有节点对话框

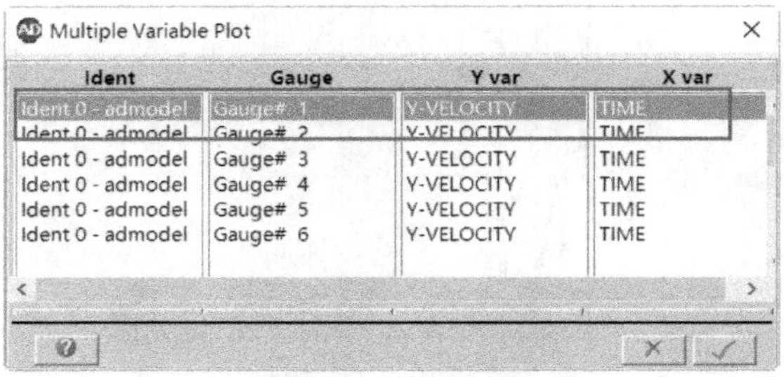

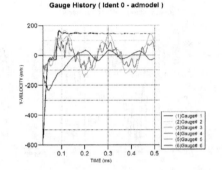

图 6-60　多变量绘图对话框

图 6-61　所有节点在 Y 方向上的速度随时间的变化曲线

20. 保存与退出

（1）退出显式动力分析环境：单击 Autodyn 主界面的菜单【File】→【Close Autodyn】退出环境，返回到 Workbench 主界面，此时主界面的分析流程图中显示的分析均已完成。

（2）单击 Workbench 主界面上的【Save】按钮，保存所有分析结果文件。

（3）退出 Workbench 环境：单击 Workbench 主界面的菜单【File】→【Exit】退出主界面，完成分析。

6.2.3　分析点评

本实例是子弹冲击带铝板内衬陶瓷装甲的显式动力学分析，为 Explicit Dynamics 与 Autodyn 联合分析。在 Explicit Dynamics 分析中进行了前处理设置，子弹冲击过程中，子弹和陶瓷层、铝板都会发生较大变形，Autodyn 分析中采用了能适应大变形物体计算的 SPH 算法。可以看出，Autodyn 前后处理丰富，求解效率高。

第7章 复合材料分析

7.1 圆柱螺旋弹簧管复合材料分析

7.1.1 问题描述

圆柱螺旋弹簧管直径为 33.02mm，中径为 66.04mm，自由长度为 381mm，如图 7-1 所示。弹簧管一端为约束端，另一端承受 1×10^6 N 压缩力。为使该弹簧更轻同时满足使用要求，弹簧管采用复合材料 Epoxy Carbon Woven（230GPa）Wet，试对该圆柱螺旋弹簧管进行复合材料分析。

图 7-1 圆柱螺旋弹簧管模型

7.1.2 实例分析过程

1. 启动 Workbench 18.0

在"开始"菜单中执行 ANSYS 18.0→Workbench 18.0 命令。

2. 创建复合材料分析

（1）在工具箱【Toolbox】的【Component Systems】中双击或拖动复合材料前处理【ACP (Pre)】到项目分析流程图，如图 7-2 所示。

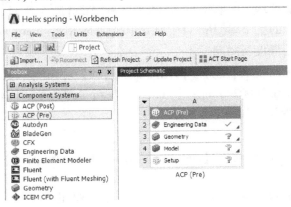

图 7-2 创建圆柱螺旋弹簧管复合材料分析

(2) 在 Workbench 的工具栏中单击【Save】,保存项目实例名为 Helix spring.wbpj。工程实例文件保存在 D:\AWB\Chapter07 文件夹中。

3. 创建材料参数

(1) 编辑工程数据单元:右键单击【Engineering Data】→【Edit】。

(2) 在工程数据属性中增加材料:在 Workbench 的工具栏中单击 工程材料源库,此时的主界面显示【Engineering Data Sources】和【Outline of Favorites】。选择 A10 栏【Composite Materials】,从【Outline of Composite Materials】里查找【Epoxy Carbon Woven (230GPa) Wet】材料,然后单击【Outline of Composite Materials】表中的添加按钮 ,此时在 C7 栏中显示标示 ,表明材料添加成功,如图 7-3 所示。

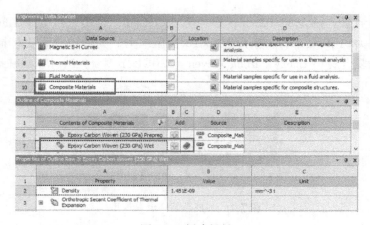

图 7-3 创建材料

(3) 单击工具栏中的【A2:Engineering Data】关闭按钮,返回到 Workbench 主界面,新材料创建完毕。

4. 导入几何模型

在复合材料前处理上,右键单击【Geometry】→【Import Geometry】→【Browse】→找到模型文件 Helix spring.agdb,打开导入几何模型。模型文件在 D:\AWB\Chapter07 文件夹中。

5. 进入 Mechanical 分析环境

(1) 在复合材料前处理上,右键单击【Model】→【Edit】进入 Mechanical 分析环境。

(2) 在 Mechanical 的主菜单【Units】中设置单位为 Metric (mm, kg, N, s, mV, mA)。

6. 为几何模型分配厚度及材料

在导航树里单击【Geometry】展开→【Helix spring】→【Details of "Helix spring"】→【Definition】→【Thickness】= 0.0000245mm;【Material】→【Assignment】= Epoxy Carbon Woven (230GPa) Wet,其他默认,如图 7-4 所示。

7. 划分网格

(1) 在导航树里单击【Mesh】→【Details of "Mesh"】→【Sizing】→【Size Function】= Curvature,其他均默认。

(2) 选择圆柱螺旋弹簧两个表面,右键单击导航树里【Mesh】→【Insert】→【Sizing】,【Face Sizing】→【Details of "Face Sizing"-Sizing】→【Definition】→【Element Size】= 4mm;

【Advanced】→【Size Function】= Curvature，其他默认。

（3）选择圆柱螺旋弹簧两个表面，右键单击导航树里【Mesh】→【Insert】→【Method】→【Face Meshing】，其他默认。

（4）生成网格：右键单击【Mesh】→【Generate Mesh】，图形区域显示程序生成的网格模型，如图 7-5 所示。

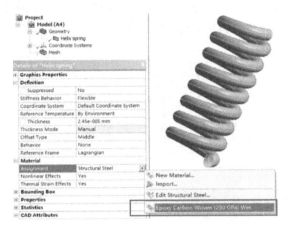

图 7-4　分配材料

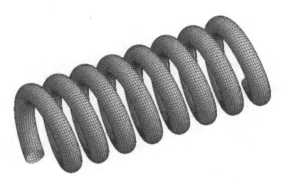

图 7-5　划分网格

（5）网格质量检查：在导航树里单击【Mesh】→【Details of "Mesh"】→【Quality】→【Mesh Metric】= Element Quality，显示 Element Quality 规则下网格质量详细信息，平均值处在好水平范围内，展开【Statistics】显示网格和节点数量。

（6）退出 Mechanical 分析环境：单击 Mechanical 主界面的菜单【File】→【Close Mechanical】退出环境。

8. 进行复合材料前处理环境

（1）进入 ACP 工作环境：返回到 Workbench 界面，右键单击 ACP（Pre）Model 单元，从弹出的快捷菜单中选择【Update】把网格数据导入 ACP（Pre）。

（2）右键单击 ACP（Pre）Setup 单元，从弹出的快捷菜单中选择【Edit…】进入 ACP（Pre）环境。

9. 材料数据

（1）单击并展开【Material Data】，右键单击【Fabrics】，从弹出的快捷菜单中选择【Create Fabric…】，弹出织物属性对话框，【Material】= Epoxy Carbon Woven（230GPa）Wet，【Thickness】= 0.127，其他默认，单击【OK】关闭对话框，如图 7-6 所示。

（2）在工具栏中单击 数据更新。

10. 创建参考坐标

（1）创建内边参考坐标：右键单击【Rosette】，从弹出的快捷菜单中选择【Create Rosette…】，弹出 Rosette 属性对话

图 7-6　织物属性对话框

框，如图7-7所示，【Type】= Edge Wise，【Edge Set】= Inner_edge，【Origin】=（0.0000，0.0000，0.0000），【Direction1】=（1.0000，0.0000，0.0000），【Direction2】=（0.0000，1.0000，0.0000），其他默认，单击【OK】关闭对话框。

（2）创建外边参考坐标：右键单击【Rosette】，从弹出的快捷菜单中选择【Create Rosette…】，弹出Rosette属性对话框，如图7-8所示，【Type】= Edge Wise，【Edge Set】= Out_edge，【Origin】=（0.0000，0.0000，0.0000），【Direction1】=（1.0000，0.0000，0.0000），【Direction2】=（0.0000，1.0000，0.0000），其他默认，单击【OK】关闭对话框。

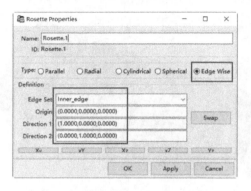 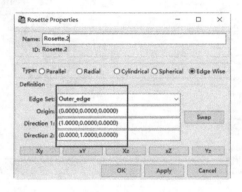

图7-7 创建Rosette（Inner_edge）　　　　图7-8 创建Rosette（Out_edge）

（3）在工具栏中单击 数据更新。

11. 创建方向选择集

（1）右键单击【Oriented Selection Sets】，从弹出的快捷菜单中选择【Create Oriented Selection Sets…】，弹出方向选择属性对话框，如图7-9所示，【Element Sets】= All_Elements，【Point】=（0.0819，0.3784，0.0075），【Direction】=（0.9929，0.1173，0.0188），【Rosettes】= Rosette.1，Rosette.2，其他默认，单击【OK】关闭对话框。

（2）在工具栏中单击 数据更新。

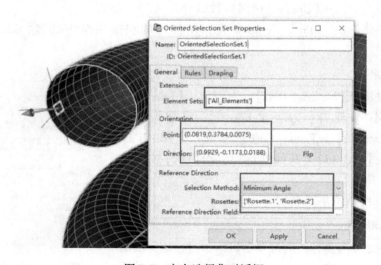

图7-9 方向选择集对话框

12. 创建铺层组【Modeling Groups】

（1）右键单击【Modeling Groups】，从弹出的快捷菜单中选择【Create Modeling Groups…】，弹出创建铺层组属性对话框，默认铺层组命名，单击【OK】关闭对话框。

（2）右键单击【Modeling Groups.1】，从弹出的快捷菜单中选择【Create Ply…】，弹出创建铺层属性对话框，如图7-10所示，【Oriented Selection Sets】= Oriented Selection Sets.1，【Ply Material】= Fabric.1，【Ply Angle】= 45，【Number of Layers】= 1，其他默认，单击【OK】关闭对话框。

（3）右键单击【Modeling Groups.1】，从弹出的快捷菜单中选择【Create Ply…】，弹出创建铺层属性对话框，如图7-11所示，【Oriented Selection Sets】= Oriented Selection Sets.1，【Ply Material】= Fabric.1，【Ply Angle】= 0，【Number of Layers】= 2，其他默认，单击【OK】关闭对话框。

图7-10 创建45°铺层角

图7-11 创建0°铺层角

（4）右键单击【Modeling Groups.1】，从弹出的快捷菜单中选择【Create Ply…】，弹出创建铺层属性对话框，如图7-12所示，【Oriented Selection Sets】= Oriented Selection Sets.1，【Ply Material】= Fabric.1，【Ply Angle】= -45，【Number of Layers】= 3，其他默认，单击【OK】关闭对话框。

（5）在工具栏中单击 数据更新。

（6）单击铺层显示工具，查看铺层信息，如图7-13所示。

图7-12 创建-45°铺层角

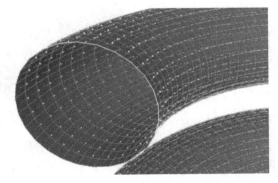

图7-13 铺层显示

(7) 退出 ACP – Pre 环境：单击【File】→【Exit】。

13. 进入结构静力分析环境

(1) 返回到 Workbench 主界面，在工具箱【Toolbox】的【Analysis Systems】中双击或拖动结构静力分析【Static Structural】到项目分析流程图。

(2) 单击复合材料前处理单元格【Setup】，并拖动到结构静力分析单元格【Model】并选择【Transfer Shell Composite Data】，如图 7-14 所示。

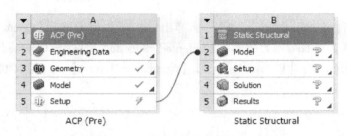

图 7-14　前处理数据导入结构静力环境

(3) 右键单击 ACP【Setup】→【Update】更新，并把数据传递结构静力分析单元格【Model】中。

(4) 右键单击结构静力分析单元格【Model】→【Edit…】，进入结构静力分析环境。

14. 施加边界

(1) 在导航树上单击【Static Structural（B3）】。

(2) 单击【Analysis Settings】→【Details of "Analysis Settings"】→【Solver Controls】→【Large Deflection】= On，其他默认。

(3) 施加约束：在标准工具栏中单击 ，然后选择圆柱螺旋弹簧端两个边线（参照图中坐标系），接着在环境工具栏中单击【Supports】→【Fixed Support】，如图 7-15 所示。

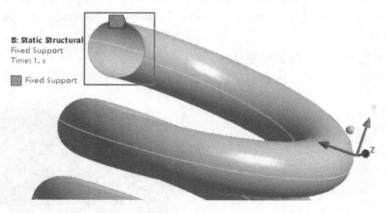

图 7-15　施加固定约束

(4) 施加力：在标准工具栏中单击 ，然后选择圆柱螺旋弹簧另一端两个边线（参照图中坐标系），接着在环境工具栏中单击【Loads】→【Force】→【Details of "Force"】→【Definition】→【Define By】= Components，【Y Component】= 1e + 6N，如图 7-16 所示。

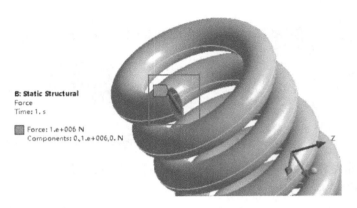

图 7-16　施加力载荷

15. 设置需要的结果、求解及显示

（1）在导航树上单击【Solution（B4）】。

（2）在求解工具栏中单击【Deformation】→【Total】。

（3）在 Mechanical 标准工具栏中单击 Solve 进行求解运算。

（4）运算结束后，单击【Solution（B4）】→【Total Deformation】，可以查看圆柱螺旋弹簧变形分布云图，如图 7-17 所示。

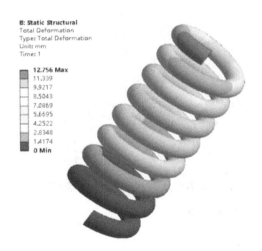

图 7-17　变形分布云图

（5）退出结构静力分析环境：单击 Mechanical 主界面的菜单【File】→【Close Mechanical】退出环境。

16. 进入 ACP - Post 环境

（1）返回到 Workbench 主界面，在工具箱【Toolbox】的【Component Systems】中拖动复合材料前处理【ACP（Post）】到项目分析流程图，并分别与【ACP（Pre）】的【Engineering Data】、【Geometry】、【Model】相连接。

（2）单击结构静力前处理单元格【Solution】，并拖动到复合材料后处理单元格【Results】，如图 7-18 所示。

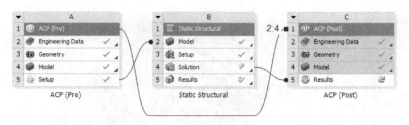

图7-18 复合材料后处理连接

（3）右键单击结构静力前处理单元格【Solution】→【Update】，更新并把数据传递到复合材料后处理单元格【Results】中。

（4）右键单击【ACP（Post）Results】→【Edit…】，进入复合材料后处理环境。

17. 定义失效准则

（1）右键单击【Definitions】，从弹出的快捷菜单中选择【Create Failure Criteria…】，弹出创建失效准则属性对话框，选择最大应力失效准则，其他默认，单击【OK】关闭对话框，如图7-19所示。

图7-19 失效准则定义对话框

（2）在工具栏中单击 数据更新。

18. 求解后处理

（1）单击并展开【Solutions】→【Solutions.1】，右键单击【Solutions.1】，从弹出的快捷菜单中选择【Create Deformation…】，弹出变形对话框，默认设置，单击【OK】关闭对话框。

（2）右键单击【Solutions.1】，从弹出的快捷菜单中选择【Create Failure…】，弹出失效对话框，选择【Failure Criteria Definition】=FailureCriteria.1，其他设置默认，单击【OK】关闭对话框。

（3）在工具栏中单击 数据更新。

（4）在特征树上，右键单击【Deformation.1】→【Show】，显示结果变形云图，如图7-20所示。

（5）在特征树上，右键单击【Failure.1】→【Show】，显示结果失效云图，如图7-21所示。

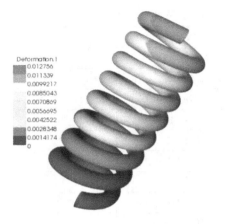 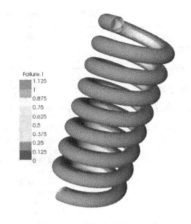

图 7-20　结果变形云图　　　　　　　图 7-21　结果失效云图

19. 保存与退出

（1）退出复合材料后处理环境：单击复合材料后处理主界面的菜单【File】→【Exit】退出环境，返回到 Workbench 主界面，此时主界面的分析流程图中显示的分析均已完成。

（2）单击 Workbench 主界面上的【Save】按钮，保存所有分析结果文件。

（3）退出 Workbench 环境：单击 Workbench 主界面的菜单【File】→【Exit】退出主界面，完成分析。

7.1.3　分析点评

本实例是圆柱螺旋弹簧管复合材料分析，包含了两个重要知识点：一方面是复合材料分析 ACP 前后处理，另一方面是线性静力分析。在本例中如何进行复合材料前处理、后处理是关键，这牵涉到铺层组创建、对应的边界条件设置、失效准则给定、求解及后处理。本例诠释了 ACP 复合材料分析的易用性，脉络清晰，过程完整。

7.2　储热管复合材料分析

7.2.1　问题描述

已知用于补偿储热管道的光滑弯管方形补偿管长为 1400mm，管截面半径为 30mm，如图 7-22 所示。该管采用复合材料 Epoxy Carbon Woven（235GPa）Wet，材料数据见表 7-1、表 7-2，试对储热管进行复合材料分析。

图 7-22　储热管模型

表 7-1 Epoxy Carbon Woven（235GPa）Wet 材料参数

类型	属性	数据	单位
密度		1.251e-9	t/mm³
线膨胀系数（参考温度20℃）	X 方向	2.2e-6	℃⁻¹
	Y 方向	2.2e-6	℃⁻¹
	Z 方向	1.0e-5	℃⁻¹
弹性参数	弹性模量 X 向	见表 7-2	
	弹性模量 Y 向	见表 7-2	
	弹性模量 Z 向	见表 7-2	
	泊松比 XY	见表 7-2	
	泊松比 YZ	见表 7-2	
	泊松比 XZ	见表 7-2	
	剪切模量 XY	见表 7-2	
	剪切模量 YZ	见表 7-2	
	剪切模量 XZ	见表 7-2	
应力极限	拉伸 X 向	510	
	拉伸 Y 向	510	
	拉伸 Z 向	50	
	压缩 X 向	-437	
	压缩 Y 向	-437	
	压缩 Z 向	-150	
	剪切 XY	120	
	剪切 YZ	55	
	剪切 XZ	55	
导热系数	导热系数 X	0.0003	W/(mm·℃)
	导热系数 Y	0.0003	W/(mm·℃)
	导热系数 Z	0.0002	W/(mm·℃)
层的类型		Woven	

表 7-2 Epoxy Carbon Woven（235GPa）Wet 材料参数

温度/℃	弹性模量 X 向/MPa	弹性模量 Y 向/MPa	弹性模量 Z 向/MPa	泊松比 XY	泊松比 YZ	泊松比 XZ	剪切模量 XY/MPa	剪切模量 YZ/MPa	剪切模量 XZ/MPa
20	59160	59160	7500	0.04	0.3	0.3	17500	2700	2700
40	39440	39440	5000	0.027	0.2	0.2	11667	1800	1800
60	29580	29580	3750	0.02	0.15	0.15	8750	1050	1050
80	23664	23664	3000	0.016	0.12	0.12	7000	1080	1080
100	19720	19720	2500	0.010	0.1	0.1	5833	900	900
120	16903	16903	2143	0.011	0.08	0.08	5000	771	771
140	14790	14790	1875	0.01	0.075	0.075	4375	675	675
160	10147	10147	1667	0.009	0.067	0.067	3888	600	600
180	11832	11832	1500	0.008	0.06	0.06	3500	540	540

7.2.2 实例分析过程

1. 启动 Workbench 18.0

在"开始"菜单中执行 ANSYS 18.0→Workbench 18.0 命令。

2. 创建复合材料分析

(1) 在工具箱【Toolbox】的【Component Systems】中双击或拖动复合材料前处理【ACP (Pre)】到项目分析流程图,如图7-23所示。

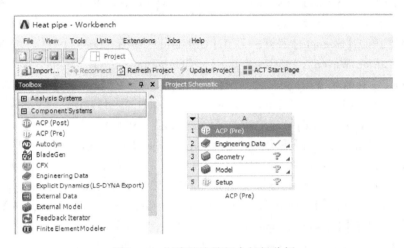

图 7-23 创建储热管复合材料分析

(2) 在 Workbench 的工具栏中单击【Save】,保存项目实例名为 Heat pipe.wbpj。工程实例文件保存在 D:\AWB\Chapter07 文件夹中。

3. 创建材料参数

(1) 编辑工程数据单元:右键单击【Engineering Data】→【Edit】。

(2) 在工程数据属性中增加新材料:【Outline of Schematic A2: Engineering Data】→【Click here to add a new material】输入新材料名称 Epoxy Carbon Woven (235GPa) Wet。

(3) 在左侧单击【Physical Properties】展开→双击【Density】→【Properties of Outline Row 4: Epoxy Carbon Woven (235GPa) Wet】→【Table of Properties Row 2: Density】→【Density】= $1.251e-09 t/mm^3$。

(4) 在左侧单击【Physical Properties】→双击【Orthotropic Secant Coefficient of Thermal Expansion】→【Properties of Outline Row 4: Epoxy Carbon Woven (235GPa) Wet】→【Coefficient of Thermal Expansion】→【Coefficient of Thermal Expansion X direction】= $2.2e-6℃^{-1}$,【Coefficient of Thermal Expansion Y direction】= $2.2e-6℃^{-1}$,【Coefficient of Thermal Expansion Z direction】= $1e-5℃^{-1}$,【Reference Temperature】= 20℃。

(5) 在左侧单击【Linear Elastic】展开→双击【Orthotropic Elasticity】→【Properties of Outline Row 4: Epoxy Carbon Woven (235GPa) Wet】→【Orthotropic Elasticity】→【Young's Modulus X direction】→【Table of Properties Row 10: Orthotropic Elasticity】输入表7-2对应的数据,【Young's Modulus Y direction: Scale】→【Table of Properties Row 12: Orthotropic Elasticity】输

入表7-2对应的数据,【Young's Modulus Z direction:Scale】→【Table of Properties Row 14:Orthotropic Elasticity】输入表7-2对应的数据;【Poisson's Ratio XY:Scale】→【Table of Properties Row 16:Orthotropic Elasticity】输入表7-2对应的数据,【Poisson's Ratio YZ:Scale】→【Table of Properties Row 18:Orthotropic Elasticity】输入表7-2对应的数据,【Poisson's Ratio XZ:Scale】→【Table of Properties Row 20:Orthotropic Elasticity】输入表7-2对应的数据;【Shear Modulus XY:Scale】→【Table of Properties Row 22:Orthotropic Elasticity】输入表7-2对应的数据,【Shear Modulus YZ:Scale】→【Table of Properties Row 24:Orthotropic Elasticity】输入表7-2对应的数据,【Shear Modulus XZ:Scale】→【Table of Properties Row 26:Orthotropic Elasticity】输入表7-2对应的数据。

(6) 在左侧单击【Strength】展开→双击【Orthotropic Stress Limits】→【Properties of Outline Row 4:Epoxy Carbon Woven (235GPa) Wet】→【Orthotropic Stress Limits】→【Tensile X direction】=510MPa,【Tensile Y direction】=510MPa,【Tensile Z direction】=50MPa;【Compressive X direction】=-437MPa,【Compressive Y direction】=-437MPa,【Compressive Z direction】=-150MPa;【Shear XY】=120MPa,【Shear YZ】=55MPa,【Shear XZ】=55MPa。

(7) 在左侧单击【Thermal】展开→双击【Orthotropic Thermal Conductivity】→【Properties of Outline Row 4:Epoxy Carbon Woven (235GPa) Wet】→【Orthotropic Thermal Conductivity】→【Thermal Conductivity X direction】=0.0003W/(mm·℃),【Thermal Conductivity X direction】=0.0003W/(mm·℃),【Thermal Conductivity X direction】=0.0002W/(mm·℃)。

(8) 在左侧单击【Physical Properties】→双击【Ply Type】→【Properties of Outline Row 4:Epoxy Carbon Woven (235GPa) Wet】→【Type】=Woven,如图7-24所示。

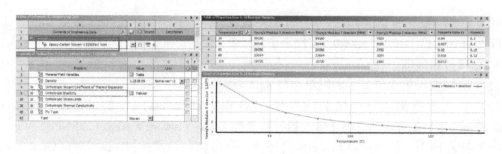

图7-24 创建材料

(9) 单击工具栏中的【A2:Engineering Data】关闭按钮,返回到Workbench主界面,新材料创建完毕。

4. 导入几何模型

在复合材料前处理上,右键单击【Geometry】→【Import Geometry】→【Browse】→找到模型文件Heat Pipe.x_t,打开导入几何模型。模型文件在D:\AWB\Chapter07文件夹中。

5. 进入Mechanical分析环境

(1) 在复合材料前处理上,右键单击【Model】→【Edit】进入Mechanical分析环境。

(2) 在Mechanical的主菜单【Units】中设置单位为Metric (mm, kg, N, s, mV, mA)。

6. 为几何模型分配厚度及材料

在导航树里单击【Geometry】展开→【Compensator】→【Details of "Compensator"】→【Definition】→【Thickness】= 0.0000254mm；【Material】→【Assignment】= Epoxy Carbon Woven (235GPa) Wet，其他默认，如图 7-25 所示。

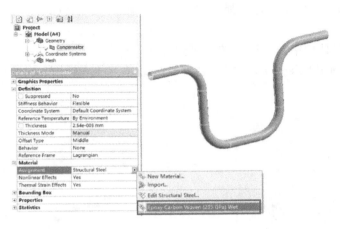

图 7-25　分配材料

7. 划分网格

（1）在导航树里单击【Mesh】→【Details of "Mesh"】→【Element Midside Nodes】= Kept；【Sizing】→【Size Function】= Curvature，其他均默认。

（2）在标准工具栏中单击 ▦，选择管 18 个表面，右键单击导航树里【Mesh】→【Insert】→【Sizing】,【Face Sizing】→【Details of "Face Sizing" – Sizing】→【Definition】→【Element Size】= 10mm；【Advanced】→【Size Function】= Curvature，其他默认。

（3）在标准工具栏中单击 ▦，选择管 18 个表面，右键单击导航树里【Mesh】→【Insert】→【Face Meshing】，其他默认。

（4）生成网格：右键单击【Mesh】→【Generate Mesh】，图形区域显示程序生成的网格模型，如图 7-26 所示。

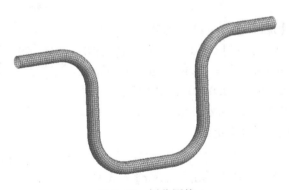

图 7-26　划分网格

（5）网格质量检查：在导航树里单击【Mesh】→【Details of "Mesh"】→【Quality】→【Mesh Metric】= Element Quality，显示 Element Quality 规则下网格质量详细信息，平均值处在好水平范围内，展开【Statistics】显示网格和节点数量。

8. 创建名称选择

（1）在标准工具栏中单击⬚，选择管外边线（9 条），单击右键，从弹出的快捷菜单中选择【Create Named Selection】，弹出名称选择，输入 Outer_edge，单击【OK】关闭菜单，如图 7-27 所示。

（2）在标准工具栏中单击⬚，选择管内边线（9 条），单击右键，从弹出的快捷菜单中选择【Create Named Selection】，弹出名称选择，输入 Inner_edge，单击【OK】关闭菜单，如图 7-28 所示。

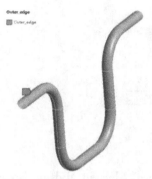
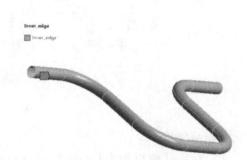

图 7-27　创建 Outer_edge 名称选择　　　　图 7-28　创建 Inner_edge 名称选择

（3）退出 Mechanical 分析环境：单击 Mechanical 主界面的菜单【File】→【Close Mechanical】退出环境。

9. 进行复合材料铺层处理

（1）进入 ACP 工作环境：返回到 Workbench 界面，右键单击 ACP（Pre）Model 单元，从弹出的快捷菜单中选择【Update】把网格数据导入 ACP（Pre）。

（2）右键单击 ACP（Pre）Setup 单元，从弹出的快捷菜单中选择【Edit…】进入 ACP（Pre）环境。

10. 材料数据

（1）单击并展开【Material Data】，右键单击【Fabrics】，从弹出的快捷菜单中选择【Create Fabric…】，弹出织物属性对话框，【Material】= Epoxy Carbon Woven（235GPa）Wet，【Thickness】= 0.00101，其他默认，单击【OK】关闭对话框，如图 7-29 所示。

（2）在工具栏中单击⚡数据更新。

图 7-29　织物属性对话框

11. 创建参考坐标

（1）创建内边参考坐标：右键单击【Rosette】，从弹出的快捷菜单中选择【Create Rosette…】，弹出 Rosette 属性对话框，如图 7-30 所示，【Type】= Edge Wise，【Edge Set】= Inner_edge，【Origin】=（0.0000，0.0000，0.0000），【Direction1】=（1.0000，0.0000，0.0000），【Direction2】=（0.0000，1.0000，0.0000），其他默认，单击【OK】关闭对话框。

（2）创建外边参考坐标：右键单击【Rosette】，从弹出的快捷菜单中选择【Create Rosette…】，弹出 Rosette 属性对话框，如图 7-31 所示，【Type】= Edge Wise，【Edge Set】= Out_edge，【Origin】=（0.0000，0.0000，0.0000），【Direction1】=（1.0000，0.0000，0.0000），【Direction2】=（0.0000，1.0000，0.0000），其他默认，单击【OK】关闭对话框。

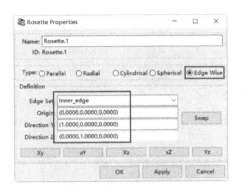

图 7-30　创建 Rosette（Inner_edge）

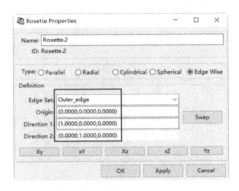

图 7-31　创建 Rosette（Out_edge）

（3）在工具栏中单击 ⚡ 数据更新。

12. 创建方向选择集

（1）右键单击【Oriented Selection Sets】，从弹出的快捷菜单中选择【Create Oriented Selection Sets…】，弹出方向选择属性对话框，如图 7-32 所示，【Element Sets】= All_Elements，【Origin】=（0.0191，-0.8100，0.0232），【Orientations Direction】=（0.4916，0.0000，0.8708），【Rosettes】= 3Rosette.1，Rosette.2，其他默认，单击【OK】关闭对话框。

（2）在工具栏中单击 ⚡ 数据更新。

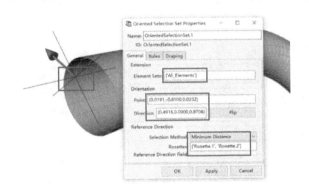

图 7-32　创建方向选择集对话框

13. 创建铺层组【Modeling Groups】

（1）右键单击【Modeling Groups】，从弹出的快捷菜单中选择【Create Modeling Groups…】，弹出创建铺层组属性对话框，默认铺层组命名，单击【OK】关闭对话框。

（2）右键单击【Modeling Groups.1】，从弹出的快捷菜单中选择【Create Ply…】，弹出创建铺层属性对话框，如图 7-33 所示，【Oriented Selection Sets】= Oriented Selection Sets.1，【Ply Material】= Fabric.1，【Ply Angle】= 0，【Number of Layers】= 1，其他默认，单击【OK】关闭对话框。

(3) 右键单击【Modeling Groups.1】，从弹出的快捷菜单中选择【Create Ply…】，弹出创建铺层属性对话框，如图7-34所示，【Oriented Selection Sets】= Oriented Selection Sets.1，【Ply Material】= Fabric.1，【Ply Angle】= -30.0，【Number of Layers】= 2，其他默认，单击【OK】关闭对话框。

图7-33 创建0°铺层角

图7-34 创建-30°铺层角

(4) 右键单击【Modeling Groups.1】，从弹出的快捷菜单中选择【Create Ply…】，弹出创建铺层属性对话框，如图7-35所示，【Oriented Selection Sets】= Oriented Selection Sets.1，【Ply Material】= Fabric.1，【Ply Angle】= 30.0，【Number of Layers】= 2，其他默认，单击【OK】关闭对话框。

(5) 右键单击【Modeling Groups.1】，从弹出的快捷菜单中选择【Create Ply…】，弹出创建铺层属性对话框，如图7-36所示，【Oriented Selection Sets】= Oriented Selection Sets.1，【Ply Material】= Fabric.1，【Ply Angle】= 0.0，【Number of Layers】= 1，其他默认，单击【OK】关闭对话框。

图7-35 创建30°铺层角

图7-36 创建0°铺层角

(6) 在工具栏中单击 数据更新。

(7) 单击铺层显示工具，查看铺层信息，如图7-37所示。

14. 创建实体模型

(1) 右键单击【Solid Models】，从弹出的快捷菜单中选择【Create Solid Models…】，弹出实体模型属性对话框，【Element Sets】= All_Elements，【Extrusion Method】= Monolithic，其他

默认，单击【OK】关闭对话框。

(2) 在工具栏中单击 数据更新。

(3) 更新完毕后，查看实体模型单元，如图 7-38 所示。

(4) 退出 ACP - Pre 环境：【File】→【Exit】。

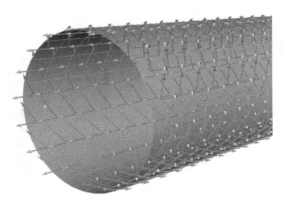
图 7-37　铺层显示

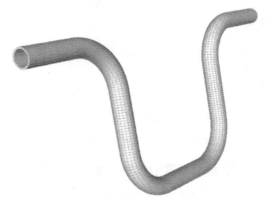
图 7-38　实体模型单元

15. 进入稳态热分析环境

(1) 返回到 Workbench 主界面，在工具箱【Toolbox】的【Analysis Systems】中双击或拖动稳态热分析【Steady-State Thermal】到项目分析流程图。

(2) 单击复合材料前处理单元格【Setup】，并拖动到稳态热分析单元格【Model】并选择【Transfer Solid Composite Data】，如图 7-39 所示。

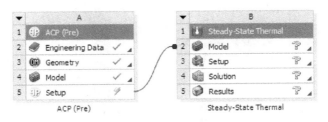
图 7-39　前处理数据导入稳态热分析环境

(3) 右键单击 ACP【Setup】→【Update】，更新并把数据传递稳态热分析单元格【Model】中。

(4) 右键单击稳态热分析单元格【Model】→【Edit…】，进入稳态热分析环境。

16. 稳态热分析环境边界设置

(1) 管一端施加热边界：在标准工具栏中单击 ，选择管一端的端面，在工具栏中单击【Temperature】，【Temperature】→【Details of "Temperature"】→【Definition】→【Magnitude】= 150，如图 7-40 所示。

(2) 管的另一端施加热边界：在标准工具栏中单击 ，选择管一端的端面，在工具栏中单击【Temperature】，【Temperature】→【Details of "Temperature"】→【Definition】→【Magnitude】= 180，如图 7-41 所示。

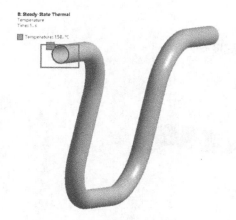
图 7-40　管一端施加热边界

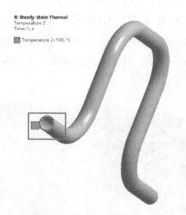
图 7-41　管的另一端施加热边界

17. 设置需要的结果、求解及显示

（1）在导航树上单击【Solution（B4）】。

（2）在求解工具栏中单击【Thermal】→【Temperature】。

（3）在 Mechanical 标准工具栏中单击 Solve 进行求解运算。

（4）运算结束后，单击【Solution（B4）】→【Temperature】，可以查看管的温度分布云图，如图 7-42 所示。

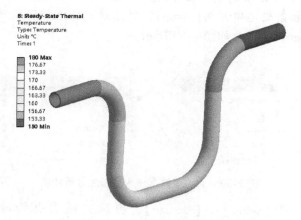
图 7-42　管的温度分布云图

18. 进入结构静力分析环境

（1）返回到 Workbench 主界面，右键单击稳态热分析单元格的【Solution】→【Transfer Data To New】→【Static Structural】。

（2）返回 Mechanical，【Static Structural（C3）】出现在导航树中。

19. 施加边界

（1）在导航树上单击【Static Structural（C3）】。

（2）施加标准地球重力：在环境工具栏中单击【Inertial】→【Standard Earth Gravity】→【Details of "Standard Earth Gravity"】→【Definition】→【Direction】= –Z Direction。

（3）施加管一端约束：在标准工具栏中单击🔲，然后选择管的端面，接着在环境工具栏中单击【Supports】→【Remote Displacement】，【Remote Displacement】→【Details of "Remote Displacement"】→【Definition】→【X Component】=0，【Y Component】=0，【Z Component】=0，【Rotation X】=0，【Rotation Y】=0，【Rotation Z】=0。

（4）施加管的另一端约束：在标准工具栏中单击🔲，然后选择管的端面，接着在环境工具栏中单击【Supports】→【Remote Displacement】，【Remote Displacement2】→【Details of "Remote Displacement2"】→【Definition】→【X Component】=0，【Y Component】=0，【Z Component】=0，【Rotation X】=0，【Rotation Y】=0，【Rotation Z】=0，如图7-43所示。

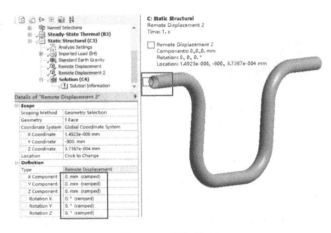

图 7-43　施加约束

20. 设置需要的结果、求解及显示

（1）在导航树上单击【Solution（C4）】。

（2）在求解工具栏中单击【Deformation】→【Total】。

（3）在 Mechanical 标准工具栏中单击 Solve 进行求解运算。

（4）运算结束后，单击【Solution（C4）】→【Total Deformation】，可以查看管的热变形分布云图，如图7-44所示。

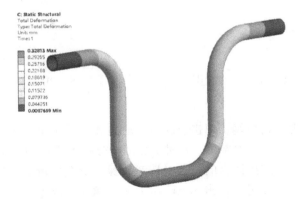

图 7-44　管的热变形分布云图

(5) 在导航树上右键单击【Imported Plies】→【Insert for Environment…】→【Static Structural (C3)】→【Stress】→【Intensity】。

(6) 右键单击【Solution (C4)】→【Evaluate All Results】。

(7) 单击【Solution (C4)】→【Results on Ply Set】→【Stress Intensity-P1L1_ModelingPly.1 (ACP (Pre))】、【Stress Intensity-P1L1_ModelingPly.2 (ACP (Pre))】、【Stress Intensity-P2L1_ModelingPly.2 (ACP (Pre))】、【Stress Intensity-P1L1_ModelingPly.3 (ACP (Pre))】、【Stress Intensity-P2L1_ModelingPly.3 (ACP (Pre))】、【Stress Intensity-P1L1_ModelingPly.4 (ACP (Pre))】，查看各铺层应力信息，如图7-45~图7-50所示。

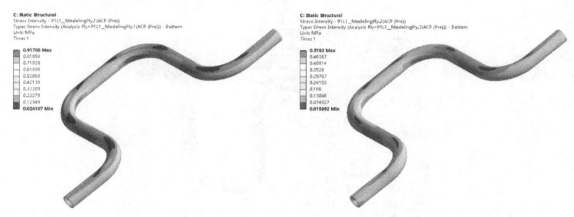

图 7-45　P1L1_ModelingPly.1 强度云图　　　　图 7-46　P1L1_ModelingPly.2 强度云图

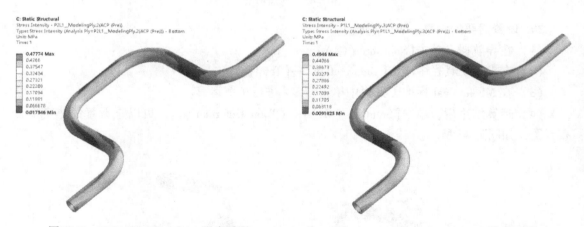

图 7-47　P2L1_ModelingPly.2 强度云图　　　　图 7-48　P1L1_ModelingPly.3 强度云图

21. 保存与退出

(1) 退出结构静力分析环境：单击 Mechanical 主界面的菜单【File】→【Close Mechanical】退出环境，返回到 Workbench 主界面，此时主界面的分析流程图中显示的分析均已完成。

(2) 单击 Workbench 主界面上的【Save】按钮，保存所有分析结果文件。

(3) 退出 Workbench 环境：单击 Workbench 主界面的菜单【File】→【Exit】退出主界面，完成分析。

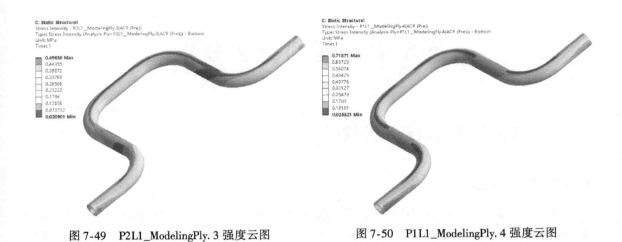

图 7-49　P2L1_ModelingPly.3 强度云图　　　图 7-50　P1L1_ModelingPly.4 强度云图

7.2.3　分析点评

本实例是储热管复合材料分析，实际上主要是关于热状态实体复合材料分析处理的问题，牵涉到复合材料数据创建、铺层组创建、对应的边界条件设置、实体复合材料模型处理、失效准则给定、求解及后处理。本实例相对复杂，诠释了 ACP 复合材料分析的易用性和全面性，脉络清晰，过程完整。新版本增强了精确仿真纤维的布局和固化过程，有兴趣的读者可扩展应用。

第8章 断裂力学分析

8.1 三通接头管表面缺陷裂纹断裂分析

8.1.1 问题描述

已知三通接头管表面有裂纹缺陷。三通接头管的材料为铝合金,其中两通路对称受无摩擦支撑,另一通路受 3MPa 压力,如图 8-1 所示。若裂纹为半椭圆形裂纹,试用应力强度因子法进行裂纹断裂分析。

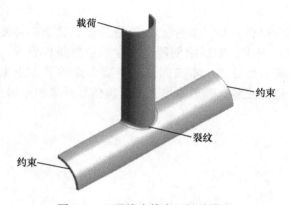

图 8-1 三通接头管表面缺陷模型

8.1.2 实例分析过程

1. 启动 Workbench 18.0

在"开始"菜单中执行 ANSYS 18.0→Workbench 18.0 命令。

2. 创建结构静力分析

(1) 在工具箱【Toolbox】的【Analysis Systems】中双击或拖动结构静力分析【Static Structural】到项目分析流程图,如图 8-2 所示。

(2) 在 Workbench 的工具栏中单击【Save】,保存项目实例名为 Three way pipe.wbpj,工程实例文件保存在 D:\AWB\Chapter08 文件夹中。

3. 创建材料参数

(1) 编辑工程数据单元:右键单击【Engineering Data】→【Edit】。

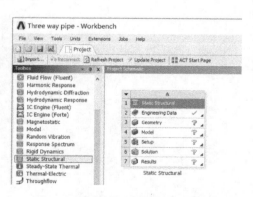

图 8-2 创建表面缺陷裂纹断裂分析

(2）在工程数据属性中增加材料：在 Workbench 的工具栏中单击▦工程材料源库，此时的主界面显示【Engineering Data Sources】和【Outline of Favorites】。选择 A3 栏【General materials】，从【Outline of General materials】里查找铜合金【Aluminum Alloy】材料，然后单击【Outline of General Material】表中的添加按钮▦，此时在 C4 栏中显示标示▦，表明材料添加成功，如图 8-3 所示。

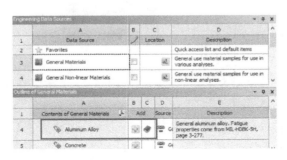

图 8-3 创建材料

（3）单击工具栏中的【A2：Engineering Data】关闭按钮，返回到 Workbench 主界面，新材料创建完毕。

4. 导入几何模型

在结构静力分析上，右键单击【Geometry】→【Import Geometry】→【Browse】→找到模型文件 Three way pipe. agdb，打开导入几何模型。模型文件在 D:\AWB\Chapter08 文件夹中。

5. 进入 Mechanical 分析环境

（1）在结构静力分析上，右键单击【Model】→【Edit…】进入 Mechanical 分析环境。

（2）在 Mechanical 的主菜单【Units】中设置单位为 Metric（mm, kg, N, s, mV, mA）。

6. 为几何模型分配材料

在导航树上单击【Geometry】展开→【Three way pipe】→【Details of "Three way pipe"】→【Material】→【Assignment】= Aluminum Alloy。

7. 定义局部坐标

（1）在 Mechanical 标准工具栏中单击▦，选择三通接头管圆角表面上点；在导航树上右键单击【Coordinate Systems】，从弹出的快捷菜单中选择【Insert】→【Coordinate Systems】，其他默认。

（2）单击【Coordinate Systems】→【Details of "Coordinate Systems"】→【Principal Axis】→【Axis】= X，【Define By】= Hit Point Normal，【Hit Point Normal】选择三通接头管圆角表面上点，然后单击【Apply】确定，如图 8-4 所示。

8. 划分网格

（1）在导航树里单击【Mesh】→【Details of "Mesh"】→【Defaults】→【Sizing】→【Relevance Center】= Fine，其他默认。

（2）在标准工具栏中单击▦，选择三通接头管模型，然后右键单击【Mesh】，从弹出的菜单中选择【Insert】→【Method】→【Details of "Automatic Method"】→【Definition】→【Method】= Tetrahedrons，【Algorithm】= Patch Conforming，其他默认。

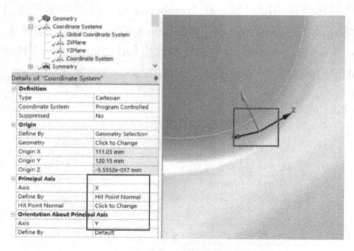

图 8-4　创建局部坐标

（3）在标准工具栏中单击▣，选择三通接头管圆角表面，右键单击【Mesh】→【Insert】→【Sizing】，【Face Sizing】→【Details of "Face Sizing" -Sizing】→【Definition】→【Element Size】=5mm。

（4）生成网格：选择【Mesh】→【Generate Mesh】，图形区域显示程序生成的网格模型，如图 8-5 所示。

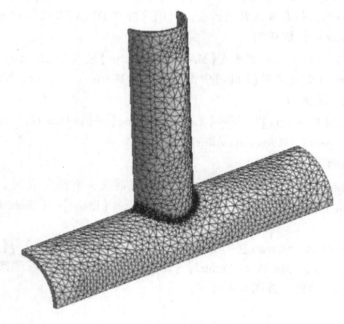

图 8-5　划分网格

（5）网格质量检查：在导航树里单击【Mesh】→【Details of "Mesh"】→【Quality】→【Mesh Metric】= Element Quality，显示 Element Quality 规则下网格质量详细信息，平均值处在好水平范围内，展开【Statistics】显示网格和节点数量。

9. 定义裂纹

（1）在导航树上，右键单击【Model（A4）】→【Insert】→【Fracture】插入断裂工具。

（2）选择三通接头管模型：右键单击【Fracture】→【Insert】→【Semi-Elliptical Crack】，单击【Semi-Elliptical Crack】→【Details of "Semi-Elliptical Crack"】→【Definition】→【Coordinate System】= Coordinate System，【Major Radius】=15，【Minor Radius】=6，【Largest Contour Radius】=2，【Crack Front Divisions】=30，其他默认，【Circumferential Divisions】=16，如图8-6所示。

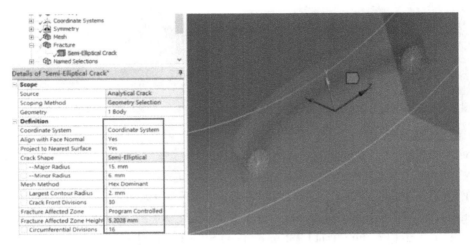

图8-6　定义裂纹

（3）生成裂纹：右键单击【Fracture】→【Generate All Crack Meshes】生成裂纹网格，如图8-7所示。

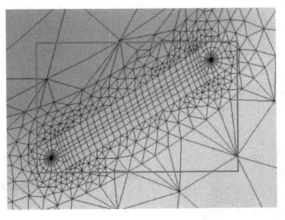

图8-7　裂纹网格

10. 施加边界条件

（1）在导航树上单击【Structural（A5）】。

（2）施加压力载荷：在标准工具栏中单击选择面图标，然后选择竖直管断面，接着在环境工具栏中单击【Loads】→【Pressure】→【Details of "Pressure"】→【Definition】→【Magnitude】= -3MPa，其他默认，如图8-8所示。

（3）施加约束：在标准工具栏中单击面图标🗔，选择横管两端面，然后在环境工具栏中单击【Supports】→【Frictionless Support】，如图8-9所示。

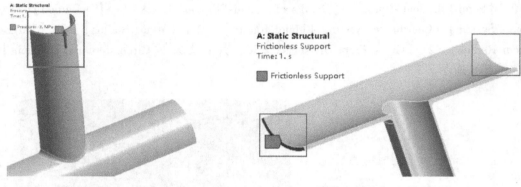

图8-8　施加裂纹上表面边的力载荷　　　　图8-9　施加固定约束

11. 设置需要的结果

（1）在导航树上单击【Solution（A6）】。

（2）在求解工具栏中单击【Deformation】→【Total】。

（3）在求解工具栏中单击【Tools】→【Fracture Tool】→【Details of "Fracture Tool"】→【Crack Selection】= Semi-Elliptical Crack。

（4）右键单击【Fracture Tool】→【Insert】→【SIFS Results】→【SIFS（K2）】；单击【SIFS（K2）】→【Details of "SIFS（K2）"】→【By】= Result Set；【SIFS（K1）】→【Details of "SIFS（K1）"】→【By】= Result Set，其他默认，如图8-10所示。

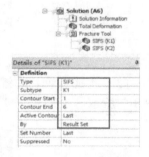

12. 求解与结果显示

（1）在Mechanical标准工具栏中单击 Solve 进行求解运算。

（2）运算结束后，单击【Solution（A6）】→【Total Deformation】，图形区域显示三通接头管变形分布云图，如图8-11所示；单击【Fracture Tool】→【SIFS（K1）】，如图8-12、图8-13所示；单击【Fracture Tool】→【SIFS（K2）】，如图8-14、图8-15所示。

图8-10　结果设置

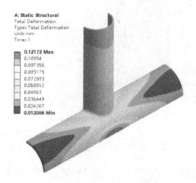
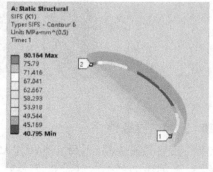

图8-11　变形分布云图　　　　图8-12　Ⅰ型应力强度因子结果云图

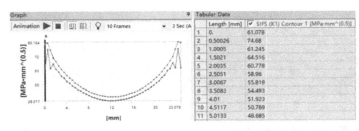
图 8-13 Ⅰ型应力强度因子结果视图与数据

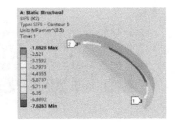
图 8-14 Ⅱ型应力强度因子结果云图

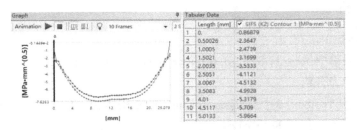
图 8-15 Ⅱ型应力强度因子结果视图与数据

13. 保存与退出

（1）退出 Mechanical 分析环境：单击 Mechanical 主界面的菜单【File】→【Close Mechanical】退出环境，返回到 Workbench 主界面，此时主界面的分析流程图中显示的分析已完成。

（2）单击 Workbench 主界面上的【Save】按钮，保存所有分析结果文件。

（3）退出 Workbench 环境：单击 Workbench 主界面的菜单【File】→【Exit】退出主界面，完成分析。

8.1.3 分析点评

本实例是三通接头管表面缺陷裂纹断裂分析，包含了两个重要知识点：预裂纹创建和断裂工具应用。在本例中如何创建预裂纹、采用何种裂纹扩展分析方法是关键，这牵涉到实例模型及裂纹创建、裂纹扩展方法选择、对应的边界条件设置、断裂裂纹求解及后处理。实际上，在裂纹扩展分析方法可选的情况下，裂纹扩展分析的主要任务是根据实际情况创建合适的裂纹。目前可以创建任意形状裂纹，这为裂纹创建带来了便利。

8.2 双悬臂梁接触区域接触粘结界面失效分析

8.2.1 问题描述

已知含有裂纹的薄板双悬臂梁，两个悬臂梁 Top 和 Bot 长度都为 1200mm，裂纹长为 200mm，裂纹起始张开位置两点分别有 5mm 的张开位移，如图 8-16 所示。材料在分析过程中定义，试对双悬臂梁接触区域的接触粘结行为进行接触界面失效分析，并求裂纹张开过程中 Top 端和 Bot 端顶点上的支反力。

图 8-16　双悬臂梁模型

8.2.2　实例分析过程

1. 启动 Workbench 18.0

在"开始"菜单中执行 ANSYS 18.0→Workbench 18.0 命令。

2. 创建结构静力分析

(1) 在工具箱【Toolbox】的【Analysis Systems】中双击或拖动结构静力分析【Static Structural】到项目分析流程图，如图 8-17 所示。

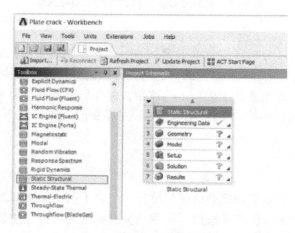

图 8-17　创建接触粘结界面失效分析

(2) 在 Workbench 的工具栏中单击【Save】，保存项目实例名为 Plate crack.wbpj，工程实例文件保存在 D:\AWB\Chapter08 文件夹中。

3. 创建材料参数

(1) 编辑工程数据单元：右键单击【Engineering Data】→【Edit】。

(2) 在工程数据属性中增加新内聚力法材料：【Outline of Schematic A2，B2：Engineering Data】→【Click here to add a new material】输入新材料名称 CZM Material。

(3) 在左侧单击【Cohesive Zone】展开→双击【Fracture-Energies based Debonding】→【Properties of Outline Row 4：CZM Material】→【Maximum Normal Contact Stress】= 1.12E + 06Pa，【Critical Fracture Energy for Normal Separation】= 280J/m^2，【Maximum Equivalent Tangential Contact Stress】= 1E − 30Pa，【Critical Fracture Energy for Tangential Slip】= 1E − 30J/m^2，【Artificial Damping Coefficient】= 1E − 8s，其他默认，如图 8-18 所示。

第 8 章 断裂力学分析

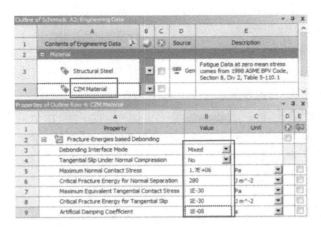

图 8-18 创建内聚力法材料

(4) 在工程数据属性中增加新界面梁材料：【Outline of Schematic A2：Engineering Data】→【Click here to add a new material】输入新材料名称 Interface Body。在左侧单击【Linear Elastic】展开→双击【Orthotropic Elasticity】→【Properties of Outline Row 5：Interface Body】→【Young's Modulus X direction】= 1.353E+11Pa，【Young's Modulus Y direction】= 9E+09Pa，【Young's Modulus Z direction】= 9E+09Pa，【Poisson's Ratio XY】= 0.24，【Poisson's Ratio YZ】= 0.46，【Poisson's Ratio XZ】= 0.24，【Shear Modulus XY】= 5.2E+09Pa，【Shear Modulus YZ】= 100Pa，【Shear Modulus XZ】= 100Pa，其他默认，如图 8-19 所示。

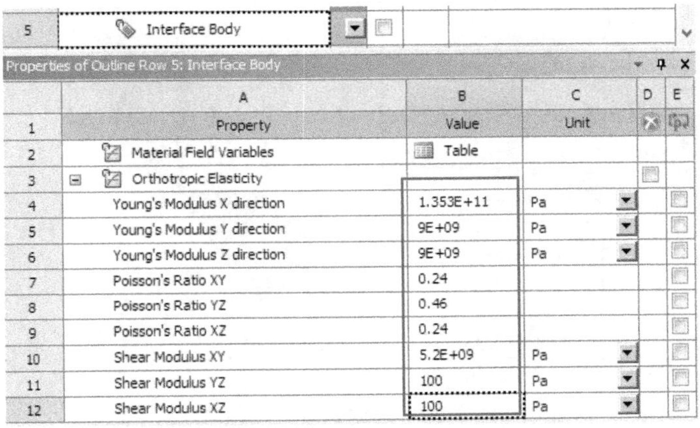

图 8-19 创建界面梁材料

(5) 单击工具栏中的【A2：Engineering Data】关闭按钮，返回到 Workbench 主界面，新材料创建完毕。

4. 导入几何模型

(1) 在结构静力分析上，右键单击【Geometry】→【Import Geometry】→【Browse】→找到模型文件 Plate crack.agdb，打开导入几何模型。模型文件在 D:\AWB\Chapter08 文件夹中。

(2) 右键单击【Geometry】→【Properties】→【Properties of SchematicA3：Geometry】→【Ad-

vanced Geometry Options】→【Analysis Type】= 2D,其他选项默认。

5. 进入 Mechanical 分析环境

(1) 在结构静力分析上,右键单击【Model】→【Edit…】进入 Mechanical 分析环境。

(2) 在 Mechanical 的主菜单【Units】中设置单位为 Metric(mm, kg, N, s, mV, mA)。

6. 为模型分配材料以及设置模型行为

(1) 为双悬臂梁分配材料:在导航树里单击【Geometry】展开→分别选择【Top 和 Bot】→【Details of "Multiple Selection"】→【Material】→【Assignment】= Interface Body。

(2) 在导航树上,单击【Geometry】→【Details of "Geometry"】→【Definition】→【2D Behavior】= Plane Strain,其他默认。

7. 创建连接

(1) 删除自动接触:导航树上展开【Connections】→【Contacts】,右键单击【Contact Region】→【Delete】,删除接触对。

(2) 在导航树上单击【Contacts】,【Contacts】→【Contact】→【Bonded】,在标准工具栏中单击边线图标 ,图形区域隐藏梁 Bot 一侧,在接触信息栏,接触区域选择 Top 区域长边。显示梁 Bot,隐藏梁 Top,目标区域选择 Bot 区域长边。在接触信息栏里单击【Advanced】→【Formulation】= Pure Penalty,其他选项默认,如图 8-20 所示。

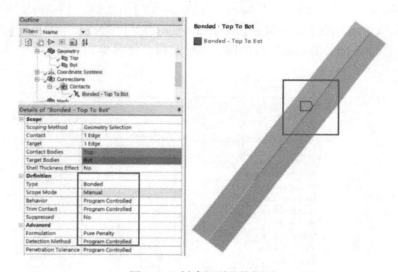

图 8-20 创建长裂纹接触对

8. 划分网格

(1) 在导航树里单击【Mesh】→【Details of "Mesh"】→【Defaults】→【Relevance】= 100,【Element Midside Nodes】= Kept;【Sizing】→【Size Function】= Adaptive,【Relevance Center】= Medium,【Element Size】= 4mm;其他默认。

(2) 在标准工具栏中单击 ,选择 Top 和 Bot 平面,右键单击【Mesh】→【Face Meshing】→【Method】= Quadrilaterals,其他默认。

(3) 生成网格:右键单击【Mesh】→【Generate Mesh】,图形区域显示程序生成的四边形网格模型,如图 8-21 所示。

图 8-21 划分网格

（4）网格质量检查：在导航树里单击【Mesh】→【Details of "Mesh"】→【Quality】→【Mesh Metric】= Element Quality，显示 Element Quality 规则下网格质量详细信息，平均值处在好水平范围内，展开【Statistics】显示网格和节点数量。

9. 定义裂纹

（1）在导航树上，右键单击【Model（A4）】→【Insert】→【Fracture】，插入断裂工具。

（2）右键单击【Fracture】→【Insert】→【Contact Debonding】，单击【Contact Debonding】→【Details of "Contact Debonding"】→【Material】= CZM Material；【Contact Region】= Bonded-Top To Bot，其他默认，如图 8-22 所示。

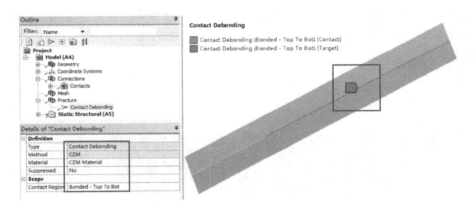

图 8-22 设置长裂纹 Contact Debonding

10. 施加边界条件

（1）单击【Static Structural（A5）】。

（2）施加双悬臂梁裂纹 Top 端顶点位移：在标准工具栏中单击点图标 ，然后选择梁裂纹 Top 端顶点，接着在环境工具栏中单击【Supports】→【Displacement】→【Details of "Displacement"】→【Definition】→【Y Component】= 5mm，如图 8-23 所示。

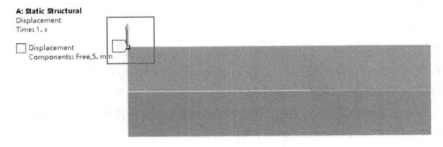

图 8-23 施加裂纹 Top 端顶点位移

（3）施加双悬臂梁裂纹 Bot 端顶点位移：在标准工具栏中单击点图标 ▣，然后选择梁裂纹 Bot 端顶点，接着在环境工具栏中单击【Supports】→【Displacement】，单击【Displacement2】→【Details of "Displacement2"】→【Definition】→【Y Component】= -5mm，如图 8-24 所示。

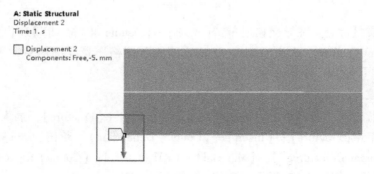

图 8-24　施加裂纹 Bot 端顶点位移

（4）施加约束：在标准工具栏中单击边线 ▣，分别选择梁 Top 面和 Bot 面的另一端边，然后在环境工具栏中单击【Supports】→【Fixed Support】，如图 8-25 所示。

图 8-25　施加固定约束

（5）分析设置：单击【Analysis Settings】→【Details of "Analysis Settings"】→【Step Controls】→【Auto Time Stepping】= On，【Define By】= Substeps，【Initial Substeps】= 50，【Minimum Substeps】= 50，【Maximum Substeps】=100，其他默认。

11. 设置需要的结果

（1）单击【Solution（A6）】。

（2）在求解工具栏中单击【Deformation】→【Directional】→【Details of "Directional Deformation"】→【Orientation】= Y Axis。

（3）在求解工具栏中单击【Stress】→【Maximum Principal】。

（4）在 Static Structural（A5）下，单击【Displacement】并拖动到【Solution（A6）】，出现小加号，松开，支反力【Force Reaction】项出现。

（5）在 Static Structural（A5）下，单击【Displacement2】并拖动到【Solution（A6）】，出现小加号，松开，支反力【Force Reaction2】项出现。

12. 求解与结果显示

(1) 在 Mechanical 标准工具栏中单击 Solve 进行求解运算。

(2) 运算结束后,单击【Solution (A6)】→【Directional Deformation】,图形区域显示双悬臂梁变形分布云图,如图 8-26 所示。单击【Solution (A6)】→【Maximum Principal Stress】,图形区域显示双悬臂梁应力分布云图,如图 8-27 所示。单击【Solution (A6)】→【Force Reaction】,显示梁 Top 端点上的支反力及数据,如图 8-28、图 8-29 所示。单击【Solution (A6)】→【Force Reaction2】,显示梁 Bot 端点上支反力及数据,如图 8-30 所示。

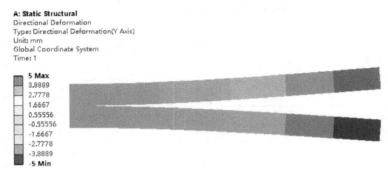

图 8-26 双悬臂梁变形分布云图

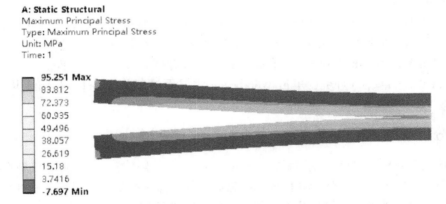

图 8-27 双悬臂梁应力发布云图

图 8-28 施加裂纹 Top 端顶点上的支反力

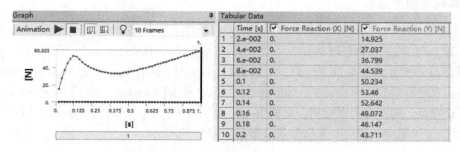

图 8-29　裂纹粘结失效结果曲线与数据

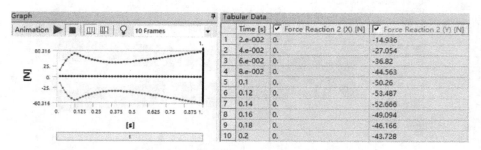

图 8-30　施加裂纹 Bot 裂纹粘结失效结果曲线与数据

13. 保存与退出

（1）退出 Mechanical 分析环境：单击 Mechanical 主界面的菜单【File】→【Close Mechanical】退出环境，返回到 Workbench 主界面，此时主界面的分析流程图中显示的分析已完成。

（2）单击 Workbench 主界面上的【Save】按钮，保存所有分析结果文件。

（3）退出 Workbench 环境：单击 Workbench 主界面的菜单【File】→【Exit】退出主界面，完成分析。

8.2.3　分析点评

本实例是双悬臂梁接触区域接触粘结界面失效分析，主要模拟裂纹接触区域在接触交界面初始分离时的情况。在本例中如何创建接触区域接触体间的材料和裂纹区域材料粘结失效模式是关键，这牵涉到实例模型及裂纹创建、接触间粘结接触选择、对应的边界条件设置、结果求解及后处理。实际上，接触区域接触料粘结失效分析还有一定局限性，这需要不断改进提高。

第9章 疲劳强度分析

9.1 压力容器疲劳分析

9.1.1 问题描述

某往复式压缩机的排气缓冲罐，容器结构参数：筒体内径 700mm，筒体壁厚 30mm，筒体长度 1500mm，接管内径 130mm，壁厚 30mm，接管外伸长度 150mm，焊缝外侧过渡圆角半径 3mm，不考虑温度影响，如图 9-1 所示。设计压力为 5.75MPa，工作压力为 5MPa，最低工作压力 2.5MPa，设计寿命 10 年，考虑检修等因素，选取每年工作 360 天，电动机转速为 250r/min，每转 2 次压缩波动。容器材料为 Q345R 钢，密度 7850kg/m³，弹性模量 2.0×10^{11}Pa，泊松比 0.3，屈服强度 325MPa，抗拉强度 510MPa，疲劳强度

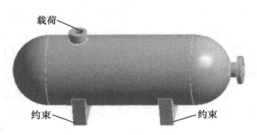

图 9-1 压力容器模型

因子为 0.8，$S-N$ 数据见表 9-1，试求容器的疲劳寿命、应力幅，以及在设计寿命内的安全系数、损伤、应力幅情况。

表 9-1 Q345R 材料的疲劳数据（$S-N$ 数据）

循环次数 N	1e1	2e1	5e1	1e2	2e2	5e2	1e3	2e3
交变应力 S/MPa	4000	2828	1897	1414	1069	724	572	441
循环次数 N	5e3	1e4	2e4	5e4	1e5	2e5	5e5	1e6
交变应力 S/MPa	331	262	214	159	138	114	93.1	86.2

9.1.2 实例分析过程

1. 启动 Workbench 18.0

在"开始"菜单中执行 ANSYS 18.0→Workbench 18.0 命令。

2. 创建结构静力分析

（1）在工具箱【Toolbox】的【Analysis Systems】中双击或拖动结构静力分析【Static Structural】到项目分析流程图，如图 9-2 所示。

（2）在 Workbench 的工具栏中单击【Save】，保存项

图 9-2 创建压力容器疲劳分析

目实例名为 Buffer tank.wbpj。工程实例文件保存在 D：\AWB\Chapter09 文件夹中。

3. 创建材料参数

（1）编辑工程数据单元：右键单击【Engineering Data】→【Edit】。

（2）在工程数据属性中增加新材料：【Outline of Schematic D2，E2：Engineering Data】→【Click here to add a new material】，输入新材料名称 Q345R。

（3）在左侧单击【Physical Properties】展开→双击【Density】→【Properties of Outline Row 4：Q345R】→【Density（kg/m³）】=7850kg/m³。

（4）在左侧单击【Linear Elastic】展开→双击【Isotropic Elasticity】→【Properties of Outline Row 4：Q345R】→【Young's Modulus（pa）】=2.1E+11Pa。

（5）单击【Properties of Outline Row 4：Q345R】→【Poisson's Ratio】=0.3。

（6）在左侧单击【Strength】展开→双击【Tensile Yield Strength】→【Properties of Outline Row 4：Q345R】→【Tensile Yield Strength】=3.25E8Pa；同理，双击【Compressive Yield Strength】→【Properties of Outline Row 4：Q345R】→【Compressive Yield Strength】=3.25E8Pa；同理，双击【Tensile Ultimate Strength】→【Properties of Outline Row 4：Q345R】→【Tensile Ultimate Strength】=5.1E8Pa。

（7）在左侧单击【Life】展开→双击【Alternating Stress Mean Stress】→【Properties of Outline Row 4：Q345R】→【Alternating Stress Mean Stress】→【Interpolation】=Log-Log；【Table of Properties Row 9：Alternating Stress Mean Stress】→【Mean Stress（pa）】=0，然后对应表把数据输入 B 列 Cycles 和 C 列 Alternating Stress（Pa）中，输入完毕后可得 Q345R 材料的 $S-N$ 曲线，如图 9-3 所示。

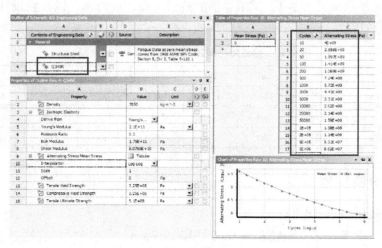

图 9-3 创建材料

（8）单击工具栏中的【A2：Engineering Data】关闭按钮，返回到 Workbench 主界面，新材料创建完毕。

4. 导入几何模型

在结构静力分析上，右键单击【Geometry】→【Import Geometry】→【Browse】→找到模型文件 Buffer tank.agdb，打开导入几何模型。模型文件在 D:\AWB\Chapter09 文件夹中。

5. 进入 Mechanical 分析环境

（1）在结构静力分析上，右键单击【Model】→【Edit】进入 Mechanical 分析环境。

（2）在 Mechanical 的主菜单【Units】中设置单位为 Metric（mm，kg，N，s，mV，mA）。

6. 为几何模型分配材料

在导航树里单击【Geometry】展开→【Part】→【Tank】→【Details of "Tank"】→【Material】→【Assignment】= Q345R；同理，选中【Saddle1，Saddle2】→【Details of "Multiple Selection"】→【Material】→【Assignment】= Q345R。

7. 接触处理

（1）导航树单击【Connection】→【Contacts】删除自动接触项，右键单击【Contacts】→【Insert】→【Manual Contact Region】。

（2）单击【Bonded-No Selection To No Selection】，在标准工具栏中单击 ⬚，然后选择两鞍座圆弧表面，在接触信息栏【Contact】选择确定，选择筒体外表面，在接触信息栏【Target】选择确定，如图 9-4 所示。

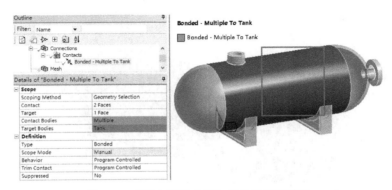

图 9-4　两鞍座圆弧表面与筒体外表面接触

8. 划分网格

（1）在导航树里单击【Mesh】→【Details of "Mesh"】→【Defaults】→【Relevance】= 80；【Sizing】→【Size Function】= Curvature，【Relevance Center】= Medium，其他均默认。

（2）选择所有体，右键单击【Mesh】→【Insert】→【Sizing】，【Body Sizing】→【Details of "Body Sizing" -Sizing】→【Element Size】= 10mm；右键单击【Mesh】→【Insert】→【Method】，【Automatic Method】→【Details of "Automatic Method" -Method】→【Method】= Hex Dominant。

（3）生成网格：右键单击【Mesh】→【Generate Mesh】，图形区域显示程序生成的六面体单元为主体的网格模型，如图 9-5 所示。

（4）网格质量检查：在导航树里单击【Mesh】→【Details of "Mesh"】→【Quality】→【Mesh Metric】= Element Quality，显示 Element Quality 规则下网格质量详细信息，平均值处在好水平范围内，展开【Statistics】显示网格和节点数量。

9. 施加边界条件

（1）单击【Static Structural（A5）】。

（2）施加内压力载荷：在标准工具栏中单击 ⬚，选择容器所有内径表面及接管内表面，

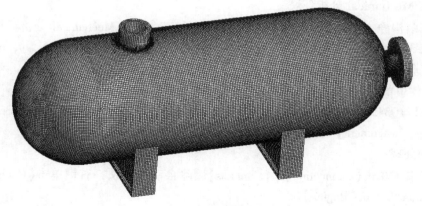

图 9-5　网格划分

接着在环境工具栏中单击【Loads】→【Pressure】→【Details of "Pressure"】→【Definition】→【Define By】= Normal To,【Magnitude】= 5MPa, 如图 9-6 所示。

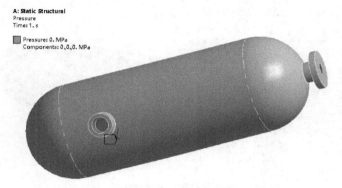

图 9-6　施加内压力载荷

（3）施加约束：在标准工具栏中单击 ⬚, 选择鞍座底面, 接着在环境工具栏中单击【Supports】→【Fixed Support】, 如图 9-7 所示。

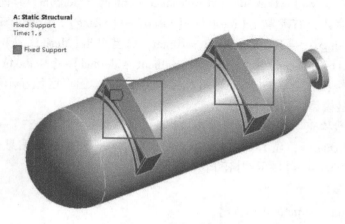

图 9-7　施加约束

10. 设置需要结果

（1）在导航树上单击【Solution（A6）】。

（2）在求解工具栏中单击【Deformation】→【Total】；【Stress】→【Equivalent Stress】；【Stress】→【Maximum Principal】。

（3）在 Mechanical 标准工具栏中单击 Solve 进行求解运算，求解结束后，如图 9-8 ~ 图 9-10 所示。

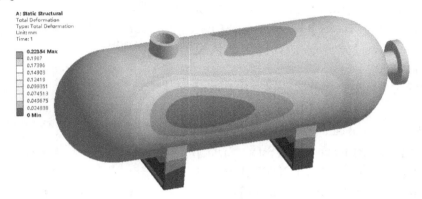

图 9-8　容器变形云图

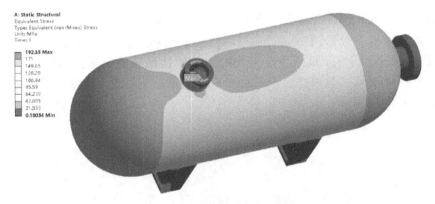

图 9-9　容器等效应力云图

图 9-10　容器最大主应力云图

11. 创建疲劳分析

（1）在导航树上单击【Solution（A6）】。

（2）在求解工具栏中单击【Tools】→【Fatigue Tool】。

（3）【Fatigue Tool】→【Fatigue Strength Factor（Kf）】= 0.8；【Loading】→【Type】=【Ratio】，【History Data Location】=0.5，【Scale Factor】=1；【Options】→【Analysis Type】= Stress Life，【Options】→【Mean Stress Theory】= Goodman，【Life Units】→【Units Name】= cycles；其他为默认设置，如图9-11所示。

Details of "Fatigue Tool"

Materials	
Fatigue Strength Factor (Kf)	0.8
Loading	
Type	Ratio
Loading Ratio	0.5
Scale Factor	1.
Definition	
Display Time	End Time
Options	
Analysis Type	Stress Life
Mean Stress Theory	Goodman
Stress Component	Equivalent (Von Mises)
Life Units	
Units Name	cycles
1 cycle is equal to	1. cycles

图9-11 创建疲劳分析设置

（4）设置所需结果：在疲劳求解工具上单击【Contour Results】→【Life】，【Damage】，【Safety Factor】，【Biaxiality Indication】，【Equivalent Alternating Stress】，其中【Damage】和【Safety Factor】详细设置选项【Design Life】= 2592000000 cycles；单击【Graph Results】→【Fatigue Sensitivity】。

12. 求解与结果显示

（1）在 Mechanical 标准工具栏中单击 Solve 进行求解。

（2）运算结束后，单击【Fatigue Tool】→【Life】，图形区域显示容器寿命分布云图，如图9-12所示。同样也可显示设计寿命为2592000000次循环的损伤，如图9-13所示；安全系数云图如图9-14所示；双轴指示云图如图9-15所示；交变应力云图如图9-16所示；疲劳敏感性图如图9-17所示。

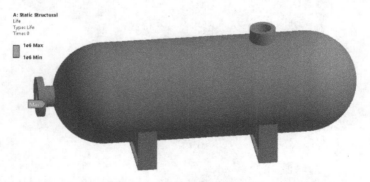

图9-12 容器寿命分布云图

13. 保存与退出

（1）退出 Mechanical 分析环境：单击 Mechanical 主界面的菜单【File】→【Close Mechanical】退出环境，返回到 Workbench 主界面，此时主界面的分析流程图中显示的分析已完成。

（2）单击 Workbench 主界面上的【Save】按钮，保存所有分析结果文件。

（3）退出 Workbench 环境：单击 Workbench 主界面的菜单【File】→【Exit】退出主界面，完成分析。

第 9 章 疲劳强度分析 | 153

图 9-13　容器损伤云图

图 9-14　容器安全系数云图

图 9-15　容器双轴指示云图

图 9-16　容器交变应力云图

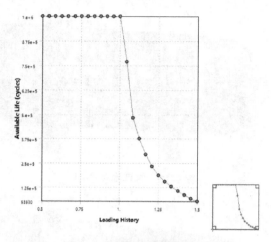

图 9-17　容器疲劳敏感性图

9.1.3　分析点评

本实例是具有缓冲功能的压力容器疲劳分析，包含了两个重要知识点：材料的 $S-N$ 曲线输入和疲劳工具应用。由于容器工作过程中不断受到恒定的疲劳载荷作用，缓冲罐工作循环次数 $N = 10 \times 360 \times 24 \times 60 \times 250 \times 2 = 2592000000$。根据容器材料 Q345R 的特性，循环次数大于 10^6 次，材料趋于疲劳强度极限，疲劳极限呈现水平段，即可认为应力幅低于 86.2MPa，材料可无限次循环。因此采用高周疲劳分析方法 Goodman 理论修正平均应力。

在本例中如何确定材料 $S-N$ 曲线、采用何种疲劳分析方法是关键，这牵涉到材料 $S-N$ 曲线、缓冲罐实际工作过程及疲劳载荷、疲劳平均应力修正选择、对应的边界条件设置、疲劳求解及后处理。本例由于容器工作过程中疲劳载荷恒定、循环次数可确定，整个过程相对简单，计算速度相对较快。实际上，本例疲劳分析可先不经应力分析，直接运用疲劳工具进行疲劳分析，然后进行静态应力分析。

9.2　机床弹簧夹头疲劳分析

9.2.1　问题描述

某机床弹簧夹头如图 9-18 所示。工作过程中始终有 0.5mm 的往复位移，疲劳破坏是强度破坏的主要失效形式。弹簧夹头的材料为 BS970。试运用 nCode Design Life 分析方法分析该部件的损伤分布、寿命及疲劳应力。

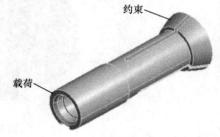

9.2.2　实例分析过程

1. 启动 Workbench 18.0

在"开始"菜单中执行 ANSYS 18.0→Workbench 18.0 命令。

图 9-18　机床弹簧夹头模型

2. 创建结构静力分析

（1）在工具箱【Toolbox】的【Analysis Systems】中双击或拖动结构静力分析【Static Structural】到项目分析流程图，如图 9-19 所示。

（2）在 Workbench 的工具栏中单击【Save】，保存项目实例名为 Collet chuck.wbpj。工程实例文件保存在 D:\AWB\Chapter09 文件夹中。

3. 创建材料参数

（1）编辑工程数据单元：右键单击【Engineering Data】→【Edit】。

（2）在工程数据属性中增加材料：在 Workbench 的工具栏中单击 ■ 工程材料源库，此时的主

图 9-19　创建机床弹簧夹头疲劳分析

界面显示【Engineering Data Sources】和【Outline of Favorites】。选择 A12 栏【nCode_matml】，从【Outline of nCode_matml】里查找奥氏体不锈钢【Austenitic Stainless Steel BS970 Grade 352S52】材料，然后单击【Outline of General Material】表中的添加按钮，此时在 C38 栏中显示标示，表明材料添加成功，如图 9-20 所示。注：若初次使用 nCode 材料库，则可通过 Click here to add a new library，找到 nCode Design Life 安装目录\GlyphWorks\mats，并选择 nCode_matml.xml，添加到工程数据。

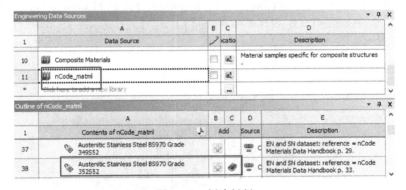

图 9-20　创建材料

（3）单击工具栏中的【A2：Engineering Data】关闭按钮，返回到 Workbench 主界面，新材料创建完毕。

4. 导入几何模型

在结构静力分析上，右键单击【Geometry】→【Import Geometry】→【Browse】→找到模型文件 Collet chuck.x_t，打开导入几何模型。模型文件在 D:\AWB\Chapter09 文件夹中。

5. 进入 Mechanical 分析环境

（1）在结构静力分析上，右键单击【Model】→【Edit】进入 Mechanical 分析环境。

（2）在 Mechanical 的主菜单【Units】中设置单位为 Metric（mm，kg，N，s，mV，mA）。

6. 为几何模型分配材料

在导航树上单击【Geometry】展开→【Chuck】→【Details of "Chuck"】→【Material】→【Assignment】= Austenitic Stainless Steel BS970 Grade 352S52。

7. 划分网格

（1）在导航树里单击【Mesh】→【Details of "Mesh"】→【Sizing】→【Size Function】= Adaptive，其他均默认。

（2）选择模型：右键单击【Mesh】→【Insert】→【Sizing】,【Body Sizing】→【Details of "Body Sizing"-Sizing】→【Element Size】= 0.4mm，其他均默认。

（3）生成网格：右键单击【Mesh】→【Generate Mesh】，图形区域显示程序生成的四面体网格模型，如图 9-21 所示。

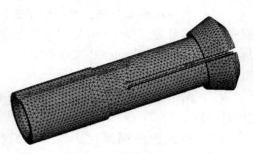

图 9-21 网格划分

（4）网格质量检查：在导航树里单击【Mesh】→【Details of "Mesh"】→【Quality】→【Mesh Metric】= Skewness，显示 Skewness 规则下网格质量详细信息，平均值处在好水平范围内，展开【Statistics】显示网格和节点数量。

8. 施加边界条件

（1）单击【Static Structural (A5)】。

（2）施加位移载荷：在标准工具栏中单击 ⓝ，选择弹簧夹头端面，接着在环境工具栏中单击【Support】→【Displacement】→【Details of "Displacement"】→【Definition】→【Define By】= Components，【X Component】= 0，【Y Component】= 0，【Z Component】= 0.5mm，如图 9-22 所示。

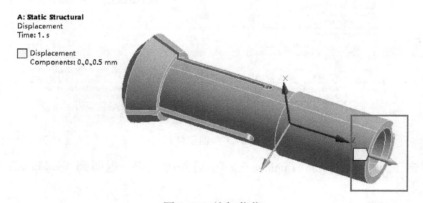

图 9-22 施加载荷

（3）施加约束：在标准工具栏中单击 ⓝ，选择弹簧夹头的锥形表面，接着在环境工具栏中单击【Supports】→【Compression Only Support】→【Details of "Compression Only Support"】→【Scope】→【Geometry】= 4 Face，如图 9-23 所示。

9. 设置需要结果

（1）在导航树上单击【Solution (A6)】。

（2）在求解工具栏中单击【Deformation】→【Total】；【Stress】→【Equivalent Stress】。

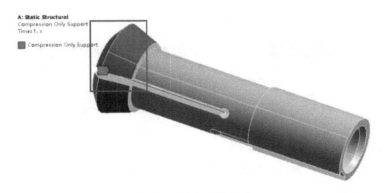

图 9-23　施加压缩约束

（3）在 Mechanical 标准工具栏中单击 Solve 进行求解运算，求解结束后的结果如图 9-24、图 9-25 所示。

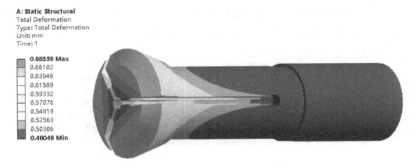

图 9-24　弹簧夹头变形云图

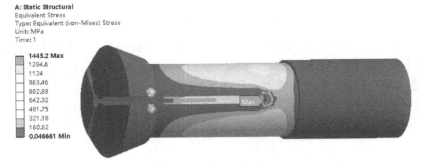

图 9-25　弹簧夹头等效应力云图

10. 创建疲劳分析项目

（1）单击主菜单【File】→【Close Mechanical】。

（2）返回 Workbench 主界面，然后右键单击结构静力分析【Solution】单元，从弹出的菜单中选择【Transfer Data To New】→【nCode EN Constant（Design Life）】，即创建疲劳分析，此时相关联的数据共享，如图 9-26 所示。

（3）右键单击结构静力项目【Solution】，从弹出的菜单中选择【Update】升级，把数据传递到下一单元中。

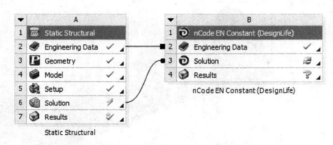

图 9-26 创建 nCode EN Constant（Design Life）分析

11. 疲劳分析设置

（1）在疲劳分析上右键单击【Solution】→【Edit】进入 nCode Design Life 分析环境。

（2）选择【Simulation_Input】模块上的【Display】显示输入模型。

（3）右键单击【StrainLife_Analysis】模块，从弹出的快捷菜单中选择【Edit Load Mapping】→【Yes】→【Available FE Load Cases】→选择【1-Collet chuck – Static Structural（A5）：Time 1】，然后选择《，选择》；选择【Load Cases Assignments】→【Min Factor】= 0，其他为默认设置，单击【OK】关闭对话框，如图 9-27 所示。

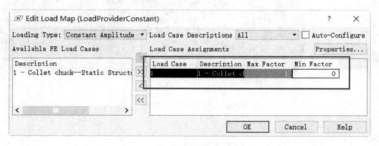

图 9-27 疲劳载荷因子设置

（4）右键单击【StrainLife_Analysis】模块，从弹出的快捷菜单中选择【Advanced Edit…】→【Yes】→【Analysis Runs】→【ENEngine_1】→【Elastic Plastic Correction】= Hoffmann Seeger，其他为默认设置，单击【OK】关闭对话框，如图 9-28 所示。

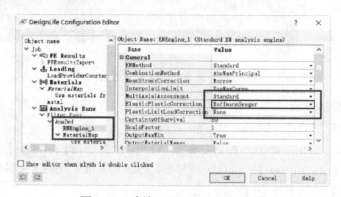

图 9-28 确认 Hoffmann Seeger 准则

12. 求解与结果显示

（1）在 nCode Design Life 标准工具栏中单击 ▶ 进行求解运算。

（2）运算结束后，单击【Fatigue_Result_Display】模块，图形区域显示弹簧夹头损伤分布云图，如图 9-29 所示。

图 9-29　弹簧夹头损伤分布云图

（3）右键单击【Fatigue_Result_Display】模块空白区域，从弹出的快捷菜单中选择【Properties…】，【FE Display Properties】→【FE Display】→【Results Legend】→【Result Type】= Life，其他为默认设置，单击【OK】关闭对话框，图形区域显示弹簧夹头寿命分布云图，如图 9-30 所示。

图 9-30　弹簧夹头寿命分布云图

（4）右键单击【Fatigue_Result_Display】模块空白区域，从弹出的快捷菜单中选择【Properties…】，【FE Display Properties】→【FE Display】→【Results Legend】→【Result Type】= Max Stress，其他为默认设置，单击【OK】关闭对话框，图形区域显示弹簧夹头应力分布云图，如图 9-31 所示。

（5）单击数据值显示窗口缩放，展开弹簧夹头疲劳分析结果数据表格，查看每个节点所对应的数值，如图 9-32 所示。

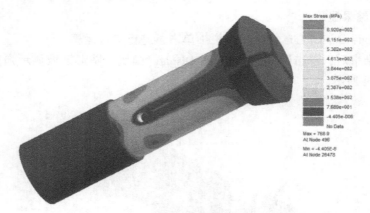

图 9-31 弹簧夹头应力分布云图

	1	2	3	4	5	6	7	8	9	10	11	12
Remove Sort	Node	Shell layer	Material Group	Property ID	Material ID	Damage	Mean biaxiality	Non-proportiona	Dominant stres	Max Stress	Min Stress	Max Strain
									degrees	MPa	MPa	strain
1	1	N/A	MAT_1	1	1	Beyond cutoff	-0.3578	0	26.91	-1.956e-07	-0.391	1.033e-12
2	7	N/A	MAT_1	1	1	Beyond cutoff	-0.378	0	3.851	-7.733e-07	-1.607	4.927e-12
3	6	N/A	MAT_1	1	1	Beyond cutoff	-0.5584	0	0.5424	-6.974e-07	-1.601	5.436e-12
4	3	N/A	MAT_1	1	1	Beyond cutoff	-0.4411	0	72.81	1.216	6.525e-07	7.939e-06
5	5	N/A	MAT_1	1	1	Beyond cutoff	-0.5942	0	-4.053	-6.543e-07	-1.541	5.376e-12
6	9	N/A	MAT_1	1	1	Beyond cutoff	-0.1723	0	1.608	-8.699e-07	-1.523	4.362e-12
7	10	N/A	MAT_1	1	1	Beyond cutoff	-0.2231	0	-1.089	-6.34e-07	-1.482	4.3e-12
8	2	N/A	MAT_1	1	1	Beyond cutoff	-0.5475	0	-17.22	-8.771e-08	-0.198	6.817e-13
9	4	N/A	MAT_1	1	1	Beyond cutoff	-0.9816	0	78.91	1.183	5.557e-07	8.624e-06
10	11	N/A	MAT_1	1	1	Beyond cutoff	-0.2433	0	-3.207	-7.312e-07	-1.55	5.131e-12
11	8	N/A	MAT_1	1	1	Beyond cutoff	-0.2498	0	4.044	-8.325e-07	-1.566	6.121e-12
12	12	N/A	MAT_1	1	1	Beyond cutoff	-0.3912	0	-3.066	-8.634e-07	-1.595	4.089e-12
13	18	N/A	MAT_1	1	1	Beyond cutoff	-0.03215	0	9.275	-2.346e-06	-4.734	1.285e-11
14	13	N/A	MAT_1	1	1	Beyond cutoff	-0.5067	0	-0.4011	-8.977e-07	-1.616	5.523e-12
15	15	N/A	MAT_1	1	1	Beyond cutoff	-0.8954	0	-79.24	1.262	5.807e-07	9.151e-06
16	14	N/A	MAT_1	1	1	Beyond cutoff	-0.7076	0	4.585	-8.022e-07	-1.477	4.452e-12
17	16	N/A	MAT_1	1	1	Beyond cutoff	-0.4663	0	-72.78	1.164	5.512e-07	7.645e-06
18	17	N/A	MAT_1	1	1	Beyond cutoff	-0.2146	0	61.99	-2.548e-06	-4.705	1.207e-11

图 9-32 疲劳结果表格数据

13. 保存与退出

（1）退出 nCode Design Life 分析环境：单击 nCode 主界面的菜单【File】→【Exit nCode】退出环境，返回到 Workbench 主界面。

（2）右键单击 nCode Design Life 的【Solution】，从弹出的菜单中选择【Update】升级，把数据传递到下一单元中。

（3）右键单击 nCode Design Life 项目【Results】，从弹出的菜单中选择【Refresh】刷新，此时主界面的分析流程图中显示的分析均已完成。也可右键单击【Results】→【View】查看结果。

（4）单击 Workbench 主界面上的【Save】按钮，保存所有分析结果文件。

（5）退出 Workbench 环境：单击 Workbench 主界面的菜单【File】→【Exit】退出主界面，完成分析。

9.2.3 分析点评

本实例是机床弹簧夹头疲劳分析，涉及 Workbench 静力分析和 nCode Design Life 疲劳寿命分析两大知识点。nCode Design Life 具有强大的疲劳寿命分析功能，可以 Workbench 联合分析，也可单独分析；包含有丰富的材料，如本例中使用的 Austenitic Stainless Steel BS970 Grade 352S52 材料。在本例中如何采用两者联合分析及在寿命分析中所采用的处理方法是关键，本例与前实例不同，采用的是应变疲劳寿命分析法和 Hoffmann Seeger 修正。本例是初次介绍 Workbench 和 nCode Design Life 联合应用，限于篇幅，过程相对简单。

第 10 章 稳态导电与静磁场分析

10.1 直流电电压分析

10.1.1 问题描述

某导电薄板长 100mm，宽 10mm，厚 2mm，材料在分析中体现，如图 10-1 所示。薄板一端激励源电压 0.005V，相位角 0°，试求导体薄板电压分布。

图 10-1 导电薄板模型

10.1.2 实例分析过程

1. 启动 Workbench 18.0

在"开始"菜单中执行 ANSYS 18.0→Workbench 18.0 命令。

2. 创建导电分析

（1）在工具箱【Toolbox】的【Analysis Systems】中双击或拖动导电分析【Electric】到项目分析流程图，如图 10-2 所示。

（2）在 Workbench 的工具栏中单击【Save】，保存项目实例名为 DC Electric.wbpj。工程实例文件保存在 D:\AWB\Chapter10 文件夹中。

3. 创建材料参数

（1）编辑工程数据单元：右键单击【Engineering Data】→【Edit】。

图 10-2 创建导电分析

（2）在工程数据属性中增加新材料：【Outline of Schematic A2：Engineering Data】→【Click here to add a new material】，输入新材料名称 Heating。

（3）在左侧单击【Electric】展开→双击【Isotropic Resistivity】→【Properties of Outline Row 4：Heating】→【Isotropic Resistivity】→【Table of Properties Row 2：Isotropic Resistivity】，在 A、B 列分别输入如下数据：0，0.0003；20，0.0004；100，0.0009，如图 10-3 所示。

（4）单击工具栏中的【A2：Engineering Data】关闭按钮，返回到 Workbench 主界面，新材料创建完毕。

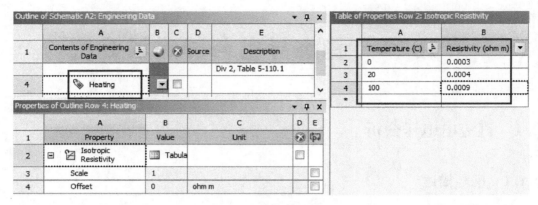

图 10-3　创建材料

4. 导入几何模型

在导电分析上，右键单击【Geometry】→【Import Geometry】→【Browse】→找到模型文件 DC Electric.agdb，打开导入几何模型。模型文件在 D:\AWB\Chapter10 文件夹中。

5. 进入 Mechanical 分析环境

（1）在导电分析上，右键单击【Model】→【Edit】进入 Electric-Mechanical 分析环境。

（2）在 Mechanical 的主菜单【Units】中设置单位为 Metric（m，kg，N，s，V，A）。

6. 为几何模型分配材料

在导航树里单击【Geometry】→【DC Electric】→【Details of "DC Electric"】→【Material】→【Assignment】= Heating。

7. 划分网格

（1）在导航树里单击【Mesh】→【Details of "Mesh"】→【Relevance】=100，其他均默认。

（2）生成网格：右键单击【Mesh】→【Generate Mesh】，图形区域显示程序生成的网格模型，如图 10-4 所示。

（3）网格质量检查：在导航树里单击【Mesh】→【Details of "Mesh"】→【Quality】→【Mesh Metric】= Element Quality，显示 Element Quality 规则下网格质量详细信息，平均值处在好水平范围内，展开【Statistics】显示网格和节点数量。

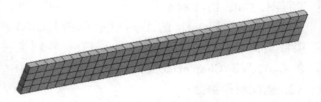

图 10-4　网格划分

8. 施加边界条件

（1）单击【Steady-State Electric Conduction（A5）】。

（2）施加电压：在标准工具栏中单击 ，然后参考坐标系选择模型端面，接着在环境工具栏中单击【Voltage】→【Details of "Voltage"】→【Definition】→【Magnitude】= 0.005V，【Phase Angle】= 0°，如图 10-5 所示。

（3）在导航树上，右键单击【Steady-State Electric Conduction（A5）】→【Insert】→【Commends】；单击【Commends（APDL）】，在右侧的命令窗口中输入命令如下，如图 10-6 所示。

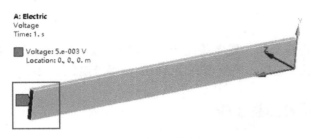

图 10-5　施加激励电压

```
nsel,all
nsel,r,loc,x,0
cp,2,volt,all
n_electrode = ndnext (0)
d, n_electrode, volt, 4
nsel, all
```

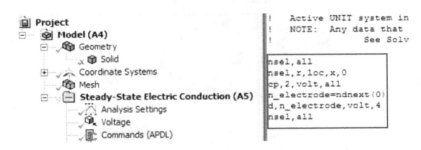

图 10-6　设置命令

9. 设置需要结果

（1）在导航树上单击【Solution（A6）】。

（2）在求解工具栏中单击【Electric】→【Electric Voltage】。

10. 求解与结果显示

（1）在 Mechanical 标准工具栏中单击 Solve 进行求解运算。

（2）运算结束后，单击【Solution（A6）】→【Electric Voltage】显示电压分布云图，如图 10-7 所示。

11. 保存与退出

（1）退出 Mechanical 分析环境：单击 Mechanical 主界面的菜单【File】→【Close Mechanical】退出环境，返回到 Workbench 主界面，此时主界面的分析流程图中显示的分析已完成。

（2）单击 Workbench 主界面上的【Save】按钮，保存所有分析结果文件。

（3）退出 Workbench 环境：单击 Workbench 主界面的菜单【File】→【Exit】退出主界面，完成分析。

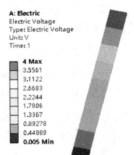

图 10-7　电压分布云图

10.1.3 分析点评

本实例是直流电电压分析，重点关注边界如何施加。本实例涉及 Workbench Mechanical 与 Mechanical APDL 联合应用，后处理利用 APDL 还可求阻抗和功率。

10.2 三相变压器电磁分析

10.2.1 问题描述

某三相变压器由铁心、线圈及包裹体组成，铁心材料为默认结构钢，线圈材料为铜合金，包裹体材料为空气，如图 10-8 所示。假设平衡磁通量为零，每组线圈激励导体源电流以正弦函数形式成 120°角，试求线圈在第 7 步的总磁通密度。

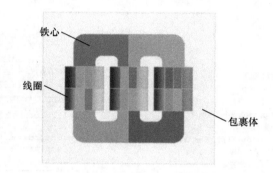

图 10-8 三相变压器模型

10.2.2 实例分析过程

1. 启动 Workbench 18.0

在"开始"菜单中执行 ANSYS 18.0→Workbench 18.0 命令。

2. 创建静磁场分析

（1）在工具箱【Toolbox】的【Analysis Systems】中双击或拖动静磁场分析【Magnetostatic】到项目分析流程图，如图 10-9 所示。

（2）在 Workbench 的工具栏中单击【Save】，保存项目实例名为 3Phase transformer.wbpj。工程实例文件保存在 D:\AWB\Chapter10 文件夹中。

3. 创建材料参数

（1）编辑工程数据单元：右键单击【Engineering Data】→【Edit】。

（2）在工程数据属性中增加材料：在 Workbench 的工具栏中单击 工程材料源库，此时的主界面显示【Engineering Data Sources】和【Outline of Favorites】。选择 A3 栏【General materials】，从【Outline of General materials】里查找铜合金【Copper Alloy】材料，然后单击【Outline of General Material】表中的添加按钮 ，此时在 C6 栏中显示标示 ，表明材料添加成功，如图 10-10 所示。

图 10-9　创建三相变压器电磁分析

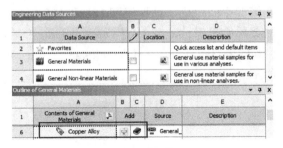

图 10-10　创建材料

（3）单击工具栏中的【A2：Engineering Data】关闭按钮，返回到 Workbench 主界面，新材料创建完毕。

4. 导入几何模型

在静磁场力分析上，右键单击【Geometry】→【Import Geometry】→【Browse】→找到模型文件 3Phase transformer. agdb，打开导入几何模型。模型文件在 D：\AWB\Chapter10 文件夹中。

5. 进入 Mechanical 分析环境

（1）在静磁场分析上，右键单击【Model】→【Edit】进入 Magnetostatic-Mechanical 分析环境。

（2）在 Mechanical 的主菜单【Units】中设置单位为 Metric（m，kg，N，s，V，A）。

6. 为几何模型分配材料

（1）在导航树里单击【Named Selections】展开→【Open Domain，Core】，并右键选择【Hide Bodies in Group】，隐藏【Open Domain，Core】。

（2）在图形区域，右键选择【Select All】或 Ctrl + A，选择所有线圈，再次单击右键从弹出的快捷菜单中选择【Go To】→【Corresponding Bodies in Tree】转移到导航树区域，单击【Details of "Multiple Selection"】→【Material】→【Assignment】= Copper Alloy，如图 10-11 所示。

（3）其他两零件材料默认，但需保证 Core 材料为 Structural Steel，Air 材料为 Air。

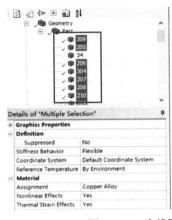

图 10-11　为线圈分配材料

7. 为线圈分配局部坐标

（1）在导航树里单击【Coordinate Systems】展开→【Corner1】，图像区域显示 Corner1 坐标在模型中的位置，选择线圈 102 和 108 模型，如图 10-12 所示。接着单击右键，从弹出的快捷菜单中选择【Go To】→【Corresponding Bodies in Tree】转移到导航树区域，单击【Details of "Multiple Selection"】→【Definition】→【Coordinate System】= Corner1，其他默认，如图 10-13 所示。

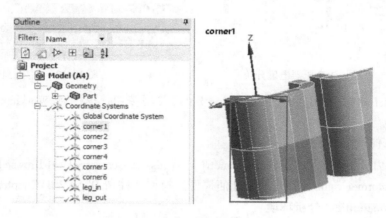

图 10-12　Corner1 及选中模型

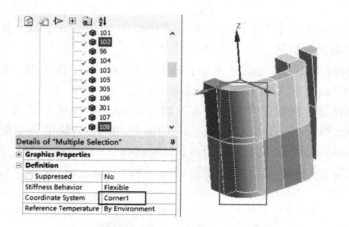

图 10-13　分配 Corner1 坐标系及选中模型

（2）在导航树里单击【Corner2】，图像区域显示 Corner2 坐标在模型中的位置，选择线圈 105 和 111 模型；接着单击右键，从弹出的快捷菜单中选择【Go To】→【Corresponding Bodies in Tree】转移到导航树区域，【Details of "Multiple Selection"】→【Definition】→【Coordinate System】= Corner2，其他默认，如图 10-14 所示。

（3）在导航树里单击【Corner3】，图像区域显示 Corner3 坐标在模型中的位置，选择线圈 202 和 208 模型；接着单击右键，从弹出的快捷菜单中选择【Go To】→【Corresponding Bodies in Tree】转移到导航树区域，【Details of "Multiple Selection"】→【Definition】→【Coordinate System】= Corner3，其他默认，如图 10-15 所示。

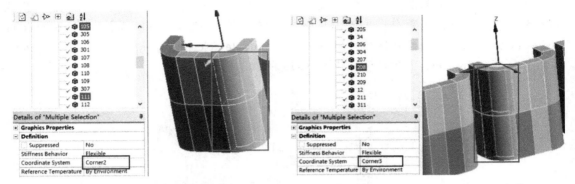

图 10-14　分配 Corner2 坐标系及选中模型　　　　图 10-15　分配 Corner3 坐标系及选中模型

(4) 在导航树里单击【Corner4】,图像区域显示 Corner4 坐标在模型中的位置,选择线圈 205 和 211 模型;接着单击右键,从弹出的快捷菜单中选择【Go To】→【Corresponding Bodies in Tree】转移到导航树区域,【Details of "Multiple Selection"】→【Definition】→【Coordinate System】= Corner4,其他默认,如图 10-16 所示。

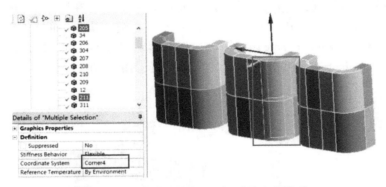

图 10-16　分配 Corner4 坐标系及选中模型

(5) 在导航树里单击【Corner5】,图像区域显示 Corner5 坐标在模型中的位置,选择线圈 302 和 308 模型;接着单击右键,从弹出的快捷菜单中选择【Go To】→【Corresponding Bodies in Tree】转移到导航树区域,【Details of "Multiple Selection"】→【Definition】→【Coordinate System】= Corner5,其他默认,如图 10-17 所示。

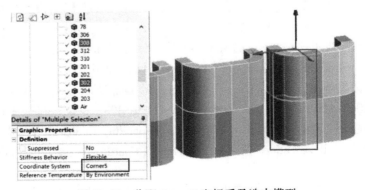

图 10-17　分配 Corner5 坐标系及选中模型

（6）在导航树里单击【Corner6】，图像区域显示 Corner6 坐标在模型中的位置，选择线圈 305 和 311 模型；接着单击右键，从弹出的快捷菜单中选择【Go To】→【Corresponding Bodies in Tree】转移到导航树区域，【Details of "Multiple Selection"】→【Definition】→【Coordinate System】= Corner6，其他默认，如图 10-18 所示。

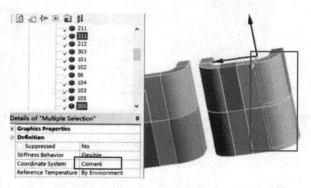

图 10-18　分配 Corner6 坐标系及选中模型

（7）在导航树里单击【Leg_in】，图像区域显示 Leg_in 坐标在模型中的位置，分别选择线圈 101、107、201、207、301、307 模型；接着单击右键，从弹出的快捷菜单中选择【Go To】→【Corresponding Bodies in Tree】转移到导航树区域，【Details of "Multiple Selection"】→【Definition】→【Coordinate System】= Leg_in，其他默认，如图 10-19 所示。

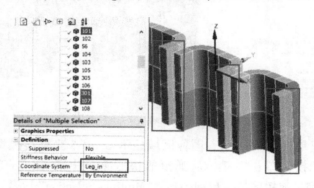

图 10-19　分配 Leg_in 坐标系及选中模型

（8）在导航树里单击【Leg_out】，图像区域显示 Leg_out 坐标在模型中的位置，分别选择线圈 106、112、206、212、306、312 模型；接着单击右键，从弹出的快捷菜单中选择【Go To】→【Corresponding Bodies in Tree】转移到导航树区域，【Details of "Multiple Selection"】→【Definition】→【Coordinate System】= Leg_out，其他默认，如图 10-20 所示。

（9）在导航树里单击【Leg_back】，图像区域显示 Leg_back 坐标在模型中的位置，分别选择线圈 103、104、109、110、203、204、209、210、303、304、309、310 模型；接着单击右键，从弹出的快捷菜单中选择【Go To】→【Corresponding Bodies in Tree】转移到导航树区域，【Details of "Multiple Selection"】→【Definition】→【Coordinate System】= Leg_back，其他默认，如图 10-21 所示。

（10）在图形区域单击右键，从弹出的快捷菜单中选择【Show All Bodies】。

第 10 章 稳态导电与静磁场分析 169

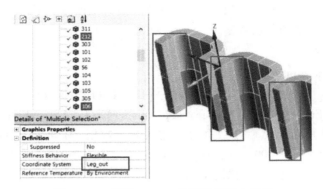

图 10-20 分配 Leg_out 坐标系及选中模型

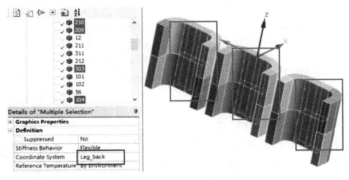

图 10-21 分配 Leg_back 坐标系及选中模型

8. 划分网格

(1) 在导航树里单击【Mesh】→【Details of "Mesh"】→【Relevance】= 80,【Quality】→【Smoothing】= High, 其他均默认。

(2) 选择包围空气, 然后在导航树图上右键单击【Mesh】, 从弹出的菜单中选择【Insert】→【Method】→【Sizing】;【Sizing】→【Details of "Body Sizing" -Sizing】→【Definition】→【Element Sizing】= 0.05m, 然后再次选择选择包围空气, 单击右键, 从弹出的菜单中选择【Hide Body】隐藏。

(3) 在图形区域单击右键, 选择【Select All】或 Ctrl + A, 共 40 个体, 然后在导航树图上右键单击【Mesh】, 从弹出的菜单中选择【Insert】→【Method】→【Sizing】;【Sizing】→【Details of "Body Sizing" -Sizing】→【Definition】→【Element Sizing】= 0.025m, 然后, 在图形区域单击右键, 从弹出的快捷菜单中选择【Show All Bodies】。

(4) 生成网格: 右键单击【Mesh】→【Generate Mesh】, 图形区域显示程序生成的网格模型, 如图 10-22 所示。

(5) 网格质量检查: 在导航树里单击【Mesh】→【Details of "Mesh"】→【Quality】→【Mesh Metric】=

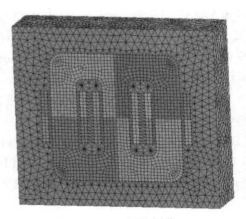

图 10-22 网格划分

Element Quality，显示 Element Quality 规则下网格质量详细信息，平均值处在好水平范围内，展开【Statistics】显示网格和节点数量。

9. 施加边界条件

（1）单击【Magnetostatic（A5）】。

（2）设置步数：单击【Analysis Settings】→【Details of "Analysis Settings"】→【Step Controls】→【Number Of Steps】= 20，【Current Step Number】= 1，【Step End Time】= 0.001s，其他默认，如图 10-23 所示。然后在数据表格输入如下数据：0.002、0.003、0.004、0.005、0.006、0.007、0.008、0.009、0.010、0.011、0.012、0.013、0.014、0.015、0.016、0.017、0.018、0.019、0.020，如图 10-24 所示。

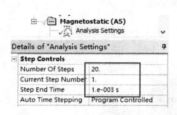

图 10-23　步数设置

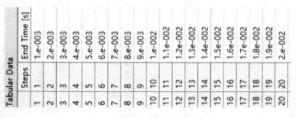

图 10-24　步数数据输入

（3）施加平行磁通量：首先在标准工具栏中单击选择面图标，然后选择 Enclosure 模型所有外表面（共 6 个），然后单击 Shift + F2，接着在环境工具栏中单击【Magnetic Flux Parallel】，如图 10-25 所示。

（4）在导航树里单击【Named Selections】展开→【Open Domain，Core】，并右键选择【Hide Bodies in Group】，隐藏【Open Domain，Core】。

（5）为铜线圈施加激励源导体：首先在标准工具栏中单击，然后选择第一组线圈的 101、102、103、104、105、106 模型，接着在

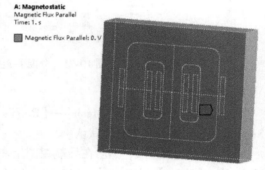

图 10-25　施加平行磁通量

环境工具栏中单击【Source Conductor】→【Details of "Source Conductor"】→【Definition】→【Conductor Type】= Stranded，【Number of Turns】输入 10，【Conducting Area】= 0.001。右键单击【Source Conductor】→【Insert】→【Current】→【Details of "Current"】→【Definition】→【Magnitude】= Function，继续输入函数 1 * sin（360 * 50 * time + 0），如图 10-26 所示。

（6）在标准工具栏中单击，然后选择第二组线圈的 201、202、203、204、205、206 模型，接着在环境工具栏中单击【Source Conductor】→【Details of "Source Conductor2"】→【Definition】→【Conductor Type】= Stranded，【Number of Turns】输入 10，【Conducting Area】= 0.001。右键单击【Source Conductor】→【Insert】→【Current】→【Details of "Current"】→【Definition】→【Magnitude】= Function，继续输入函数 1 * sin（360 * 50 * time + 120），如图 10-27 所示。

（7）在标准工具栏中单击，然后选择第三组线圈的 301、302、303、304、305、306

第 10 章 稳态导电与静磁场分析 | 171

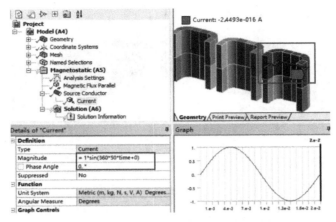

图 10-26 为第一组铜线圈施加激励源导体

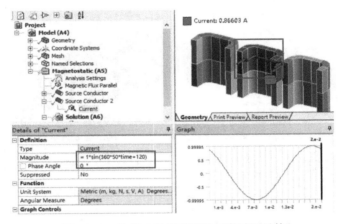

图 10-27 为第二组铜线圈施加激励源导体

模型，接着在环境工具栏中单击【Source Conductor】→【Details of "Source Conductor3"】→【Definition】→【Conductor Type】= Stranded，【Number of Turns】输入 10，【Conducting Area】= 0.001。右键单击【Source Conductor】→【Insert】→【Current】→【Details of "Current"】→【Definition】→【Magnitude】= Function，继续输入函数 1 * sin（360 * 50 * time + 240），如图 10-28 所示。

(8) 在标准工具栏中单击▣，然后选择第一组线圈的 107、108、109、110、111、112 模型，接着在环境工具栏中单击【Source Conductor】→【Details of "Source Conductor4"】→【Definition】→【Conductor Type】= Stranded，【Number of Turns】输入 5，【Conducting Area】= 0.001。右键单击【Source Conductor】→【Insert】→【Current】→【Details of "Current"】→【Definition】→【Magnitude】= Function，继续输入函数 -1 * sin（360 * 50 * time + 0），如图 10-29 所示。

(9) 在标准工具栏中单击▣，然后选择第二组线圈的 207、208、209、210、211、212 模型，接着在环境工具栏中单击【Source Conductor】→【Details of "Source Conductor5"】→【Definition】→【Conductor Type】= Stranded，【Number of Turns】输入 5，【Conducting Area】=

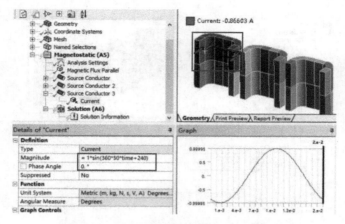

图 10-28　为第三组铜线圈施加激励源导体

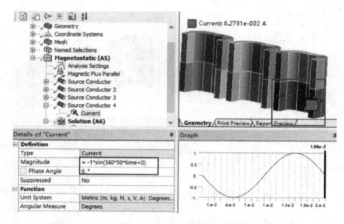

图 10-29　为第一组余下铜线圈施加激励源导体

0.001。右键单击【Source Conductor】→【Insert】→【Current】→【Details of "Current"】→【Definition】→【Magnitude】= Function，继续输入函数 $-1*\sin(360*50*time+120)$，如图 10-30 所示。

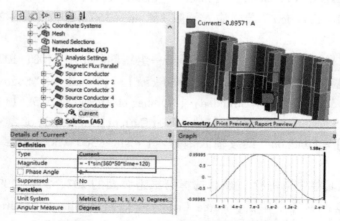

图 10-30　为第二组余下铜线圈施加激励源导体

(10) 在标准工具栏中单击 ▣，然后选择第三组线圈的 307、308、309、310、311、312 模型，接着在环境工具栏中单击【Source Conductor】→【Details of "Source Conductor6"】→【Definition】→【Conductor Type】= Stranded，【Number of Turns】输入 5，【Conducting Area】= 0.001。右键单击【Source Conductor】→【Insert】→【Current】→【Details of "Current"】→【Definition】→【Magnitude】= Function，继续输入函数 −1*sin（360*50*time+240），如图 10-31 所示。然后，在图形区域单击右键，从弹出的快捷菜单中选择【Show All Bodies】。

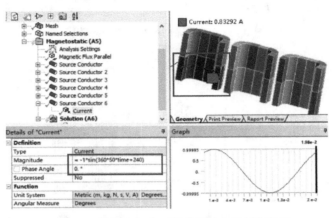

图 10-31 为第三组余下铜线圈施加激励源导体

10. 设置需要结果

（1）在导航树上单击【Solution（A6）】。

（2）在求解工具栏中单击【Electromagnetic】→【Total Magnetic Flux Density】→【Details of "Total Magnetic Flux Density"】→【Scope】→【Scoping Method】= Named Selection，【Named Selection】= Core，【Definition】→【By】= Result Set，【Set Number】= 7，其他默认。

11. 求解与结果显示

（1）在 Mechanical 标准工具栏中单击 Solve 进行求解运算。

（2）运算结束后，单击【Solution（A6）】→【Total Magnetic Flux Density】，总磁通密度在第 7 步的分布云图及数据如图 10-32、图 10-33 所示；也可在工具栏依次单击线框图标 Wireframe、矢量图图标 ，看总磁通密度矢量分布图，如图 10-34 所示。

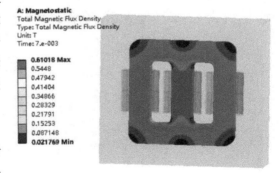

图 10-32 总磁通密度在第 7 步的分布云图

12. 保存与退出

（1）退出 Mechanical 分析环境：单击 Mechanical 主界面的菜单【File】→【Close Mechanical】退出环境，返回到 Workbench 主界面，此时主界面的分析流程图中显示的分析已完成。

（2）单击 Workbench 主界面上的【Save】按钮，保存所有分析结果文件。

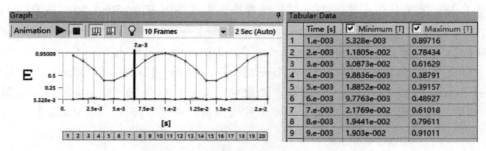

图 10-33　总磁通密度在第 7 步的数据

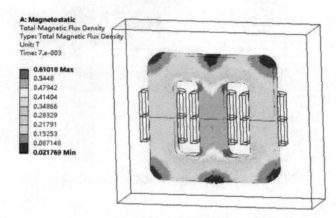

图 10-34　总磁通密度在第 7 步的矢量分布云图

（3）退出 Workbench 环境：单击 Workbench 主界面的菜单【File】→【Exit】退出主界面，完成分析。

10.2.3　分析点评

本实例是三相变压器电磁分析。电磁分析与结构分析不同，除了关注边界如何施加，在分析前，铜线圈包裹铁心体外围需包围空气域处理，这一步本实例未体现，可参看几何模型的做法。在后处理方面，更关注矢量分布图。

第 11 章 流体动力学分析

11.1 罐体充水过程分析

11.1.1 问题描述

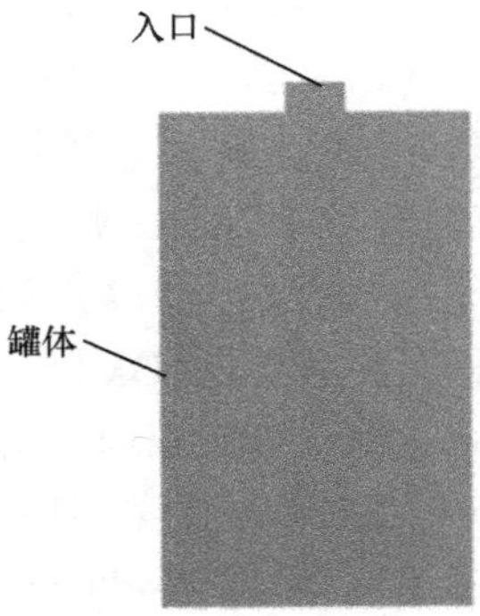

已知罐体直径 3m，高 5.3m，入口直径 0.6m，高 0.3m，如图 11-1 所示。如流速为 0.5m/s 的水充入罐体，水参数采用软件自带 water-liquid（h2o<1>）数据，试模拟罐体充水过程中流体的状态。

11.1.2 实例分析过程

1. 启动 Workbench 18.0

在 "开始" 菜单中执行 ANSYS 18.0→Workbench 18.0 命令。

图 11-1 充水罐体

2. 创建流体动力学分析 Fluent

（1）在工具箱【Toolbox】的【Analysis Systems】中双击或拖动流体动力学分析【Fluid Flow（Fluent）】到项目分析流程图，如图 11-2 所示。

（2）在 Workbench 的工具栏中单击【Save】，保存项目实例名为 Tank.wbpj。工程实例文件保存在 D:\AWB\Chapter11 文件夹中。

3. 导入几何模型

在流体动力学分析上，右键单击【Geometry】→【Import Geometry】→【Browse】→找到模型文件 Tank.agdb，打开导入几何模型。模型文件在 D:\AWB\Chapter11 文件夹中。

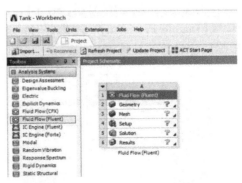

图 11-2 创建 Fluent 罐体充水过程分析

4. 进入 Meshing 网格划分环境

（1）在流体力学分析上，右键单击【Mesh】→【Edit】进入 Meshing 网格划分环境。

（2）在 Meshing 的主菜单【Units】中设置单位为 Metric（mm，kg，N，s，mV，mA）。

5. 划分网格

（1）在导航树里单击【Mesh】→【Details of "Mesh"】→【Defaults】→【Physics Preference】= CFD，【Solver Preference】= Fluent；【Sizing】→【Size Function】= Curvature，Min Size = 2mm，Max Face Size = 40mm，其他默认。

（2）生成网格：在导航树里右键单击【Mesh】→【Generate Mesh】，图形区域显示程序生成的网格模型,如图 11-3 所示。

(3) 网格质量检查:在导航树里单击【Mesh】→【Details of "Mesh"】→【Quality】→【Mesh Metric】= Jacobian Ratio (Gauss Points),显示 Jacobian Ratio (Gauss Points) 规则下网格质量详细信息,平均值处在好水平范围内,展开【Statistics】显示网格和节点数量。

6. 创建边界区域

(1) 设置入口边界:在标准工具栏中单击 ▣,然后选择长方形左端短边,右键选择【Create Named Selection】,从弹出对话框中命名,如设为入口"inlet",然后单击【OK】确定,一个边界区域被创建,在导航树中出现了一组【Named selections】项,如图 11-4 所示。

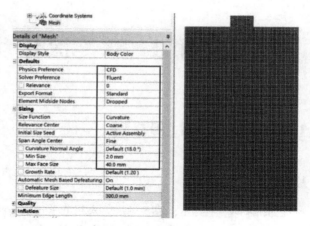

图 11-3 网格划分

(2) 单击主菜单【File】→【Close Meshing】。

(3) 返回 Workbench 主界面,右键单击流体动力学分析【Mesh】,从弹出的菜单中选择【Update】升级,把数据传递到下一单元中。

7. 进入 Fluent 环境

右键单击流体动力学分析【Setup】,从弹出的菜单中选择【Edit】,启动 Fluent 界面,设置双精度【Double Precision】,本地并行计算【Parallel (Local Machine) Solver】→【Processes】= 4 (根据用户计算机计算能力设置),如图 11-5 所示,然后单击【OK】进入 Fluent 环境。

图 11-4 入口区域设置

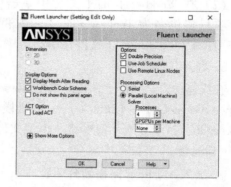

图 11-5 Fluent 启动界面

8. 网格检查

(1) 在控制面板中,单击【General】→【Mesh】→【Check】,命令窗口出现所检测的信息。

(2) 在控制面板中,单击【General】→【Mesh】→【Report Quality】,命令窗口出现所检测的信息,显示网格质量处于较好的水平。

(3) 单击 Ribbon 功能区【Setting Up Domain】→【Info】→【Size】,命令窗口出现所检测的信息,显示网格节点数量为 9704 个。

9. 指定求解类型

单击 Ribbon 功能区【Setting Up Physics】，选择时间为瞬态【Transient】，求解类型为压力基【Pressure-Based】，速度方程为绝对值【Absolute】，如图 11-6 所示。

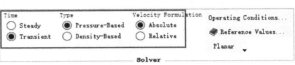

图 11-6 求解算法控制

10. 湍流模型

（1）单击 Ribbon 功能区【Setting Up Physics】→【Multiphase…】→【Multiphase Model】→【Volume of Fluid】→【Body Force Formulation】= Implicit Body Force，其他参数默认，单击【OK】退出窗口，如图 11-7 所示。

（2）单击 Ribbon 功能区【Setting Up Physics】→【Viscous…】→【Viscous Model】→【K-epsilon（2eqn）】，其他参数默认，单击【OK】退出窗口，如图 11-8 所示。

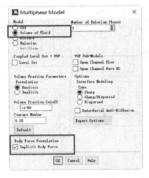

图 11-7 多相流模型

图 11-8 湍流模型

（3）单击 Ribbon 功能区【Setting Up Physics】→【Operating Conditions…】→【Gravity】→【Y（m/s2）】= -9.81，单击【OK】关闭窗口，如图 11-9 所示。

11. 设置材料属性

单击 Ribbon 功能区【Setting Up Physics】→【Materials】→【Create/Edit…】，从弹出的对话框中，单击【Fluent Database…】，从弹出的对话框中选择【water-liquid（h2o<1>）】，之后单击【Copy】→【Close】关闭窗口，如图 11-10 所示。单击【Close】关闭【Create/Edit Materials】对话框，如图 11-11 所示。

图 11-9 设置重力加速度

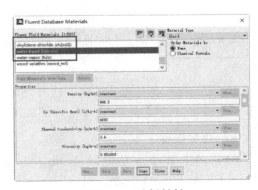

图 11-10 选择材料

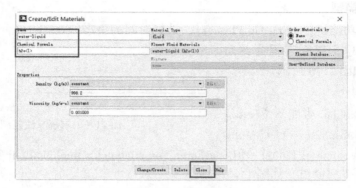

图 11-11　创建材料

12. 设置相

（1）单击 Ribbon 功能区【Setting Up Physics】→【List/Show All…】，弹出相对话框，双击【Phase-1-Primary Phase】→【Phase Material】= air，单击【OK】关闭，如图 11-12 所示；双击【Phase-2-Secondary Phase】→【Phase Material】= water-liquid，单击【OK】关闭，如图 11-13 所示。最后关闭【Phases】对话框。

图 11-12　Primary 相设置

图 11-13　Secondary 相设置

（2）单击【Interaction…】→【Surface Tension】→【Surface Tension Force Modeling】→【Surface Tension Coefficient（n/m）】→【Constant】= 0，单击【OK】关闭对话框，如图 11-14 所示。

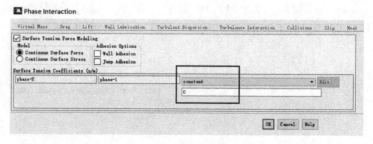

图 11-14　交接相面设置

13. 边界条件

（1）单击 Ribbon 功能区【Setting Up Physics】→【Zones】→【Boundaries…】→【inlet】→【Phase】= Mixture，【Type】→【velocity-inlet】→【Edit…】，从弹出的对话框中设置【Velocity Magnitude（m/s）】= 0.5，其他默认，单击【OK】关闭窗口，如图 11-15 所示。

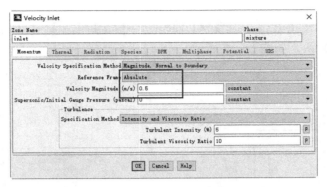

图 11-15 设置入口边界速度

（2）单击 Ribbon 功能区【Setting Up Physics】→【Zones】→【Boundaries…】→【inlet】→【Phase】=Phase-2，【Type】→【velocity-inlet】→【Edit…】，从弹出的对话框中设置【Multiphase】→【Volume Fraction】=1，其他默认，单击【OK】关闭窗口，如图 11-16 所示。

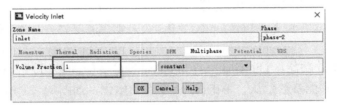

图 11-16 入口边界体积分数

（3）单击 Ribbon 功能区【Setting Up Physics】→【Zones】→【Boundaries…】→【wall-tank】→【Phase】=Mixture，【Type】→【wall】→【Edit…】，从弹出的对话框中设置【Wall Motion】=Stationary Wall，其他默认，单击【OK】关闭窗口，如图 11-17 所示。

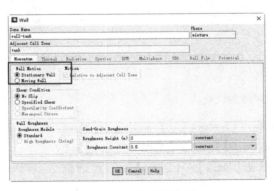

图 11-17 墙壁面边界

14. 参考值

（1）单击 Ribbon 功能区【Setting Up Physics】→【Reference Values…】，单击【Reference Values】，参数默认，如图 11-18 所示。

（2）在菜单栏中单击【File】→【Save Project】，保存项目。

15. 求解设置

（1）求解方法：单击 Ribbon 功能区【Solving】→【Methods…】→【Momentum】= First Order Upwind，其他设置默认，如图 11-19 所示。

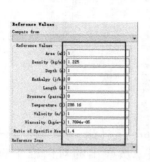

图 11-18　参考值

图 11-19　求解方法设置

（2）求解控制：单击 Ribbon 功能区【Solving】→【Controls…】→【Pressure】= 0.2，【Momentum】= 0.3，【Turbulent Kinetic Energy】= 0.5，其他设置默认，如图 11-20 所示。

16. 初始化

（1）单击 Ribbon 功能区【Solving】→【Initialization】→【Standard】→【Options…】→【Compute from】= inlet，其他参数默认，单击【Initialize】初始化，如图 11-21 所示。

图 11-20　求解控制参数设置

图 11-21　初始化

（2）单击 Ribbon 功能区【Setting Up Domain】→【Mark/Adapt Cell】→【Region…】→【Input Coordinates】→【X Max（m）】= 3，【Y Max（m）】= 5；单击【Adapt】→【Yes】，单击【Mark】→【Close】关闭对话框，如图 11-22 所示。

（3）单击 Ribbon 功能区【Solving】→【Initialization】→【Patch…】，从弹出的对话框中选择【Phase】= Phase-2，【Variable】= Volume Fraction，【Value】= 0，【Registers to Patch】= hexahedron-r0，单击【Patch】→【Close】关闭对话框，如图 11-23 所示。

图 11-22　设置流体区域

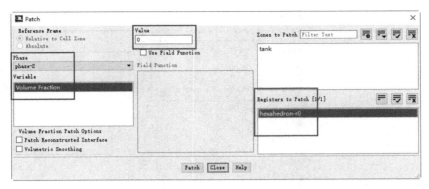

图 11-23　Patch

（4）单击 Ribbon 功能区【Solving】→【Autosave…】→【Save Data File Every（Time Steps）】= 5，其他默认，如图 11-24 所示。

17. 运行求解

单击 Ribbon 功能区【Solving】→【Advanced…】→【Time Step Size】= 0.01，【Number Of Time Steps】= 5000，【Max Iterations/Time Step】= 200，其他默认，设置完毕以后，单击【Calculate】进行求解，这需要一段时间，请耐心等待，如图 11-25 所示。

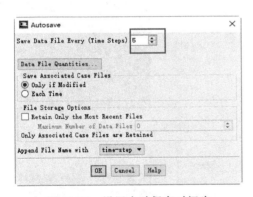

图 11-24　设置自动保存时间步

图 11-25　求解设置

18. 创建后处理

（1）在菜单栏中单击【File】→【Save Project】，保存项目。

（2）在菜单栏中单击【File】→【Close Fluent】，退出 Fluent 环境，然后回到 Workbench 主界面。

（3）右键单击流体动力学分析【Results】→【Edit…】进入后处理系统。

（4）插入云图：在工具栏中单击【Contour】并确定，其设置默认，在几何选项中的域【Domains】选择 All FFF Domains，位置【Locations】栏后单击…选项，在弹出的位置选择器里选择 Symmetry1 确定。在变量【Variable】栏后单击…选项，在弹出的变量选择器选择 Phase2. Volume Fraction 确定，其他为默认，单击【Apply】，如图 11-26 所示；可以看到结果云图，如图 11-27 ~ 图 11-34 所示。

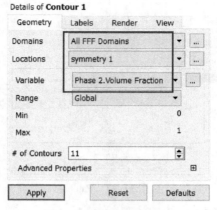

图 11-26 云图显示设置

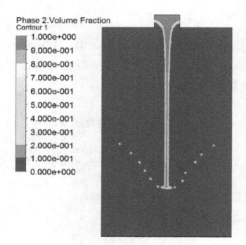

图 11-27 1s 时云图

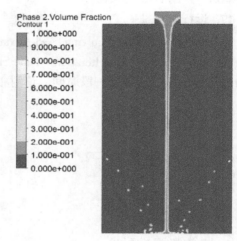

图 11-28 1.15s 时云图

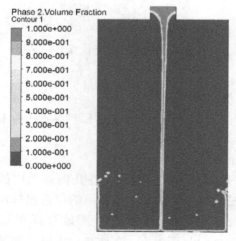

图 11-29 1.5s 时云图

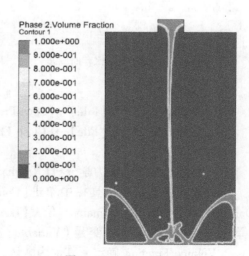

图 11-30 2.85s 时云图

第 11 章 流体动力学分析 183

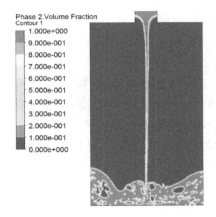

图 11-31 6s 时云图

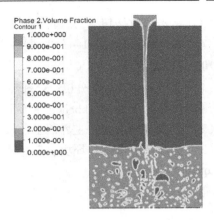

图 11-32 15s 时云图

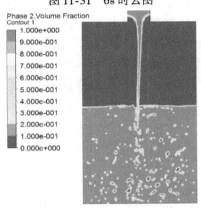

图 11-33 26s 时云图

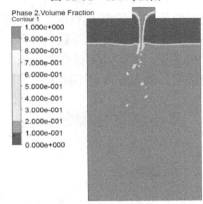

图 11-34 50s 时云图

19. 创建动画

（1）选择时间步：在工具栏中单击【Tools】→【Time Step Selector】，从弹出的对话框中选择第一个时间步，然后单击【Apply】，如图 11-35 所示。

（2）单击【Animate Timesteps】图标，选择【Timestep Animation】，选择【Save Movie】，选择文件夹 D:\AWB\Chapter14，然后选择文件格式为 .AVI。单击 Repeat 选项，设置重复 1 次，如图 11-36 所示。

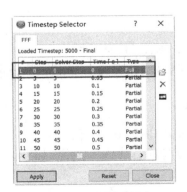

图 11-35 选择时间步

图 11-36 动画设置

（3）单击播放按钮▶，运行完成后，影片会保存在指定的目录。

（4）依次单击【Close】→【Close】，关闭【Timestep Selector】。

20. 保存与退出

（1）退出流体动力学分析后处理环境：单击 CFD-Post 主界面的菜单【File】→【Close CFD-Post】退出环境返回到 Workbench 主界面，此时主界面的分析流程图中显示的分析已完成。

（2）单击 Workbench 主界面上的【Save】按钮，保存所有分析结果文件。

（3）退出 Workbench 环境：单击 Workbench 主界面的菜单【File】→【Exit】退出主界面，完成分析。

11.1.3 分析点评

本实例是罐体充水过程分析。为方便运用二维模型替代三维模型，该分析涉及多相流的气液两相流问题，运用了 VOF 方法。现实中多相流广泛存在，现象复杂多变，涉及多相交融作用、自由液面捕捉等问题。实际上，本实例稍做修改就是工程中的晃动问题，如油罐车、飞机油箱。本实例模拟充水过程中，初期水流遇到罐底障碍物溅起水花，流态紊乱，湍流能量较强，随着充入量不断增加，流态紊乱现象逐渐减弱，这一现象符合实际过程。

11.2 离心泵空化现象分析

11.2.1 问题描述

某 5 叶片离心泵如图 11-37 所示。泵内叶轮以 2160r/min 的转速转动，叶片在旋转转动过程中会产生空化现象。假设泵内的流体稳定且不可压缩，试对离心泵空化现象进行流体力学分析。

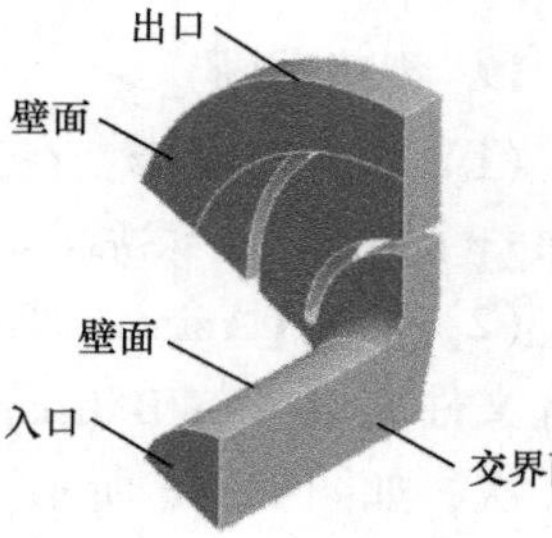

11.2.2 实例分析过程

1. 启动 Workbench18.0

在"开始"菜单中执行 ANSYS 18.0 → Workbench 18.0 命令。

2. 创建流体动力分析 CFX

（1）在工具箱【Toolbox】的【Analysis Systems】中双击或拖动流体动力学分析【Fluid Flow（CFX）】到项目分析流程图，如图 11-38 所示。

图 11-37 离心泵模型

（2）在 Workbench 的工具栏中单击【Save】，保存项目实例名为 Centrifugal pump.wbpj。工程实例文件保存在 D:\AWB\Chapter11 文件夹中。

3. 导入几何模型

在流体动力学分析上，右键单击【Geometry】→【Import Geometry】→【Browse】→找到模型文件 Centrifugal pump.agdb，打开导入几何模型。模型文件在 D:\AWB\Chapter11 文件夹中。

4. 进入 Meshing 网格划分环境

（1）在流体力学分析上，右键单击【Mesh】→【Edit】进入 Meshing 网格划分环境。

(2) 在 Meshing 的主菜单【Units】中设置单位为 Metric (mm, kg, N, s, mV, mA)。

5. 划分网格

(1) 在导航树里单击【Mesh】→【Details of "Mesh"】→【Defaults】→【Physics Preference】= CFD,【Solver Preference】= CFX;【Sizing】→【Size Function】= Adaptive,【Relevance Center】= Fine,其他默认。

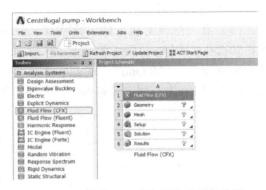

图 11-38 创建 CFX 离心泵空化现象分析

(2) 在标准工具栏中单击▣,选择几何模型,然后在导航树上右键单击【Mesh】,从弹出的菜单中选择【Insert】→【Sizing】→【Details of "Body Sizing" -Sizing】→【Definition】→【Element Size】= 3mm,其他默认。

(3) 在标准工具栏中单击▣,选择几何模型,然后在导航树上右键单击【Mesh】,从弹出的菜单中选择【Insert】→【Inflation】→【Details of "Inflation" -Inflation】→【Definition】→【Boundary】选择几何模型的 HUB、BLADE、SHROUD 和 STATIONARY 表面(参考 Named Selections),共 11 个面;【Inflation Option】= Total Thickness,【Number of Layers】= 6,【Growth Rate】= 1.2,【Maximum Thickness】= 3mm,其他默认,如图 11-39 所示。

(4) 生成网格:在导航树里右键单击【Mesh】→【Generate Mesh】,图形区域显示程序生成的网格模型,如图 11-40 所示。

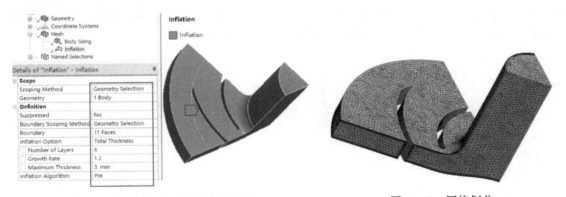

图 11-39 边界层表面选择与设置   图 11-40 网格划分

(5) 网格质量检查:在导航树里单击【Mesh】→【Details of "Mesh"】→【Quality】→【Mesh Metric】= Jacobian Ratio (Gauss Points),显示 Jacobian Ratio (Gauss Points) 规则下网格质量详细信息,平均值处在好水平范围内,展开【Statistics】显示网格和节点数量。

(6) 单击主菜单【File】→【Close Meshing】。

6. 进入 CFX 环境

(1) 返回 Workbench 主界面,右键单击流体动力学分析【Mesh】,从弹出的菜单中选择【Update】升级,把数据传递到下一单元中。

(2) 在流体动力学分析上,右键单击流体【Setup】,从弹出的菜单中单击【Edit…】,进入 CFX 工作环境。

7. 设置流体域

(1) 在导航树上双击默认域【Default Domain】进入域详细设置窗口（见图 11-41），在基本设置选项单击【Fluid and Particle Definitions】栏的【Fluid1】将其删除，然后创建一个新流体，并把名字命名为"Liquid"。在 Liquid 栏里，单击【Material】后面…选项，弹出【Material】对话框，在 Water Data 里选【Water】，单击【OK】确定，如图 11-42 所示。

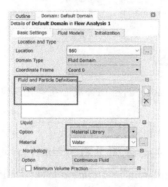

图 11-41 域详细设置窗口

图 11-42 【Material】对话框

(2) 创建另一个新的流体名称为"Vapour"，在【Material】后面单击…选项，然后单击打开库数据（在【Material】对话框右上方）弹出【Select Library Data to Import】对话框，如图 11-43 所示；在 Water Data 里选择【Water Vapour at 25 C】，单击【OK】确定，如图 11-43 所示；回到【Material】对话框，在【Water Data】中选择【Water Vapour at 25 C】，单击【OK】确定，如图 11-44 所示；在域模型框里定义参考压力为 0Pa，运动域【Domain Motion】为 Rotating，角速度【Angular Velocity】为 2160r/min，其他默认，如图 11-45 所示。

图 11-43 导入库数据

图 11-44 选择库数据

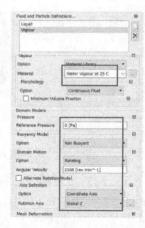

图 11-45 域物质基本窗口

(3) 选择流体模型【Fluid Models】，在多项【Multiphase】里选择均匀模型【Homogeneous Model】，在湍流栏里选择【Shear Stress Transport】模型，其他为默认，然后单击【OK】确定，如图 11-46 所示。

8. 添加物质属性

在导航树上单击展开物质【Materials】，双击【Water】进入水参数详细设置窗口，单击物质属性选项,在状态方程【Equation of State】栏里更改物质水的密度【Density】为1000kg/m³,单击展开输运特性【Transport Properties】栏,并改变水的动力黏度【Dynamic Viscosity】值为0.001kg/(m·s),其他为默认,单击【OK】确定,如图11-47所示。

图 11-46 域物质窗口

图 11-47 物质属性窗口

9. 入口边界条件设置

(1)在任务栏中单击边界条件按钮,在弹出的插入边界面板里输入名称为"Inlet"确定,在基本设定中选择边界类型为 Inlet,位置选择 INLET,然后指定【Frame Type】为 Stationary,如图 11-48 所示。

(2)在边界详细信息【Boundary Details】中的质量与动量【Mass and Momentum】栏里选择正常速度为 7.0455m/s,如图 11-49 所示。

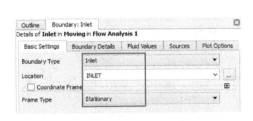

图 11-48 入口边界基本设置

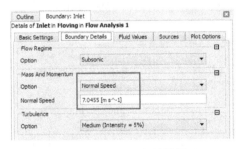

图 11-49 入口边界设置

(3)在流体值【Fluid Values】中的边界条件【Boundary Conditions】为水流体【Liquid】的溶剂比【Volume Fraction】为 1,水流体【Vapour】的溶剂比【Volume Fraction】为 0,其他为默认,单击【OK】确定,如图 11-50、图 11-51 所示,入口边界位置区域如图 11-52 所示。

图 11-50 入口边界 Liquid

图 11-51 入口边界 Vapour

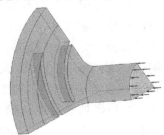

图 11-52 入口边界位置

10. 出口边界设定

(1) 在任务栏中单击边界条件按钮 ，在弹出的插入边界面板里输入名称为 "Outlet" 确定，在基本设定中选择边界类型为 Opening，位置选择 OUT，然后指定【Frame Type】为 Stationary，如图 11-53 所示。

(2) 在边界详细信息选项中的质量与动量【Mass and Momentum】栏里选项为 Entrainment，相对压强【Relative Pressure】为 600000Pa；选择 Pressure Option，选择 Opening Pressure；Turbulence 项选择 Zero Gradient，如图 11-54 所示。

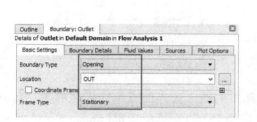

图 11-53　出口基本设置选项

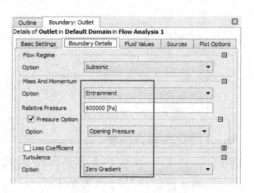

图 11-54　出口边界选项

(3) 在流体值【Fluid Values】选项，水流体【liquid】的溶剂比【Volume Fraction】为 1，水流体【Vapour】的溶剂比【Volume Fraction】为 0，其他为默认，单击【OK】确定，如图 11-55、图 11-56 所示，出口位置区域如图 11-57 所示。

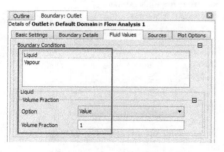

图 11-55　Liquid 设置

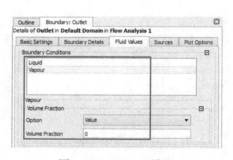

图 11-56　Vapour 设置

11. 交界面设置

在任务栏中单击交界面按钮 ，在弹出的插入交界面面板里输入名称为 "Periodic" 确定，在基本设定中设置交界面类型为 Fluid Fluid，在第一交界面处选择默认交界域【Default Domain】，在域的列表里选择 DOMAIN_INTERFACE_1_SIDE_1 和 DOMAIN_INTERFACE_2_SIDE_1，在第二交界面处选择默认交界域【Default Domain】，在域的列表选择 DOMAIN_INTERFACE_1_SIDE_2 和 DOMAIN_INTERFACE_2_SIDE_2，在交界面模型【Interface Models】

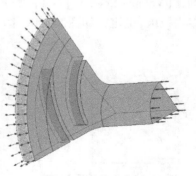

图 11-57　出口位置

栏里选择 Rotational Periodicity，如图 11-58 所示。交界面位置如图 11-59 所示。

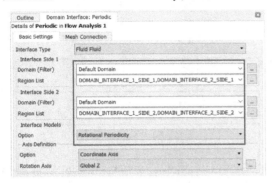

图 11-58 交界面设置

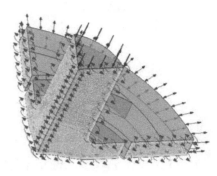

图 11-59 交界面位置

12. 墙设置

（1）在任务栏中单击边界条件按钮，在弹出的插入边界条件面板里输入名称为"Stationary"确定，在基本设定中设置边界条件类型为 Wall，位置选择 STATIONARY，然后指定【Frame Type】为 Rotating，如图 11-60 所示。

（2）在边界详细信息中的质量与动量【Mass and Momentum】栏里选择墙的速度【Wall Velocity】为"Counter Rotating Wall"，其他为默认，单击【OK】确定，如图 11-61 所示；墙边界所在位置如图 11-62 所示。

图 11-60 墙基本设置

图 11-61 墙边界设置

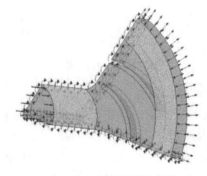

图 11-62 墙边界所在位置

13. 设置初始时间

在任务栏中单击初始时间按钮，在流体设置【Fluid Settings】选项选择特定流体初始化【Fluid Specific Initialization】表格中水流体【Liquid】，在初始化条件【Initial Condition】选项中选择【Automatic with Value】，溶剂比【Volume Fraction】为 1，水流体【Vapour】的溶剂比【Volume Fraction】为 0，其他为默认，单击【OK】确定，如图 11-63、图 11-64 所示。

14. 求解控制

（1）在导航树里，双击【Solver Control】，在时间比例控制【Timescale Control】选项设为 Physical timescale，输入 Physical timescale 表达式为：1/（pi＊2160［min^-1］）；在求解控制基本设置中选择收敛标准【Convergence Criteria】栏，选择残余类型为 RMS，残余值为 1e-5，其他项为默认，如图 11-65 所示。

图 11-63　Liquid 设置

图 11-64　Vapour 设置

（2）在高级设置选项里，选择控制【Multiphase Control】栏中的【Volume Fraction Coupling】为 Coupled，其他为默认设置，单击【OK】确定，如图 11-66 所示。

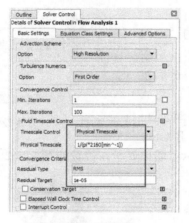
图 11-65　控制窗口

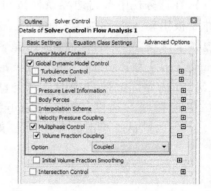
图 11-66　高级控制窗口设置

15. 输出控制

在导航树里，双击【Output Control】，在监控【Monitor】选项里选择监控目标【Monitor Objects】并展开，在【Monitor Points and Expressions】栏里，创建一个新目标 InletPTotalAbs，在 InletPTotalAbs 栏选项里选择 Expression，并指定表达式为：massFlowAve（Total Pressure in Stn Frame）@Inlet；创建另一个新目标 InletPStatic，并指定表达式为：areaAve（Pressure）@Inlet；其他为默认，单击【OK】确定，如图 11-67、图 11-68 所示。

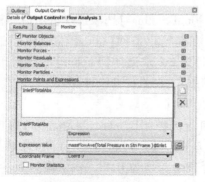
图 11-67　输出控制窗口

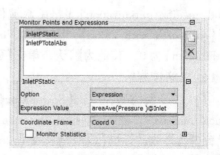
图 11-68　输入表达式

第 11 章 流体动力学分析 | 191

16. 运行求解

（1）单击【File】→【Close CFX-Pre】退出环境，然后回到 Workbench 主界面。

（2）右键单击【Solution】→【Edit】，当【Solver Manager】弹出时，依次选择【Parallel Environment】→【Run Mode】= Platform MPI Local Parallel，Partitions 为 8（根据计算机 CPU 核数定），其他设置默认，在【Define Run】面板上单击【Start Run】运行求解。

（3）当求解结束后，系统会自动弹出提示窗，单击【OK】。

（4）查看收敛曲线：在 CFX-Solver Manager 环境界面中看到收敛曲线和求解运行信息，如图 11-69 所示。

（5）单击【File】→【Close CFX-Solver Manager】退出环境，然后回到 Workbench 主界面，单击保存图标保存。

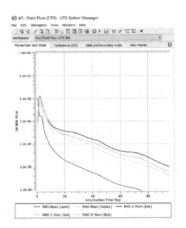

图 11-69　残差收敛曲线

17. 后处理

（1）在流体动力学分析上，右键单击【Results】→【Edit…】，进入【CFX-CFD-Post】环境。

（2）插入云图：在工具栏中单击【Contour】并确定，其设置默认，在几何选项中的域【Domains】选择 All Domains，位置【Locations】栏后单击…选项，在弹出的位置选择器里选择 Default Domains Default、Inlet、Outlet、Periodic Side1、Periodic Side2、Stationary 确定。在变量【Variable】栏后单击…选项，在弹出的变量选择器选择 Absolute Pressure 确定，其他为默认，单击【Apply】，如图 11-70 所示；可以看到结果云图，如图 11-71 所示。

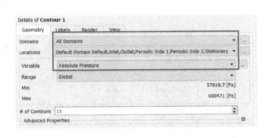

图 11-70　后处理位置设置

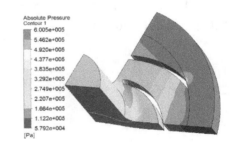

图 11-71　整体结果云图

（3）插入云图：在工具栏中单击【Contour】并确定，其设置默认，在几何选项中的位置【Locations】栏后单击…选项，在弹出的位置选择器里单击展开【Mesh Regions】，并选择 BLADE 确定。在变量【Variable】栏后单击…选项，在弹出的变量选择器选择 Absolute Pressure，确定，其他为默认，单击【Apply】，如图 11-72 所示；可以看到结果云图，如图 11-73 所示。注意去掉导航树 Coutour1 前面的对号。

18. 扩展分析

（1）单击【File】→【Close CFD-Post】退出环境，然后回到 Workbench 主界面，单击保存图标保存。

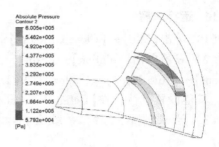

图 11-72 显示叶片设置　　　　　图 11-73 叶片云图

（2）在流体动力学分析 A 单元上右键单击【Fluid Flow（CFX）】标签，在弹出的菜单中选择【Duplicate】，即一个新的 CFX 分析被创建，同时把流体动力学分析 B 单元命名为"Cavitation"，原来流体动力学分析 A 单元命名为"No Cavitation"，如图 11-74 所示。

图 11-74 建立扩展分析

（3）在流体动力学分析 B 上，右键单击【Setup】→【Edit…】，进入 Cavitation 的前处理环境。在导航树上右键单击【Default Domain】→【Edit】，在【Fluid Pair Models】选项中的传质【Mass Transfer】栏的选项里选择 Cavitation，在 Cavitation 栏里选择 Rayleigh Plesset；选择饱和压力【Saturation Pressure】栏，输入饱和压力为 2650Pa，其他为默认，单击【OK】确定，如图 11-75 所示。

（4）在导航树上右键单击【Outlet】→【Edit】，在边界详细信息选项中的质量与动量【Mass and Momentum】栏里相对压强【Relative Pressure】为 300000Pa，其他为默认，单击【OK】确定，如图 11-76 所示。

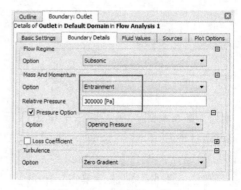

图 11-75 Cavitation 域设置　　　　　图 11-76 编辑出口设置

（5）在导航树上，右键单击【Solver Control】→【Edit】，在基本设置选项窗口的收敛控制【Convergence Control】中选择最大迭代次数为 150，选择残余类型为 RMS，残余值为 $1e-4$，其他为默认，单击【OK】确定。

(6) 单击【File】→【Close CFX-Pre】退出环境，然后回到 Workbench 主界面。单击 A 单元的【Solution】拖曳到 B 单元的【Solution】使其连接共享，如图 11-77 所示。

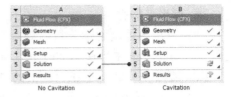

图 11-77　分析系统连接

(7) 在流体动力学分析 B 上，右键单击【Solution】→【Edit】，当【Solver Manager】弹出时，其设置默认，在【Define Run】面板上单击【Start Run】运行求解。求解结束后，系统会自动弹出提示窗。

(8) 查看收敛曲线：在 CFX-Solver Manager 窗口中看到收敛曲线和求解运行信息。

(9) 单击【File】→【Close CFX-Solver Manager】退出环境，然后回到 Workbench 主界面。

19. 后处理

(1) 在流体动力学分析 B 上，右键单击【Results】→【Edit】，进入【CFX-CFD-Post】环境。

(2) 查看云图：在导航树上，单击【Contour1】，如图 11-78 所示；单击【Contour2】，如图 11-79 所示。注意去掉导航树 Coutour1 前面的对号。

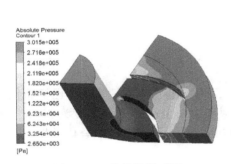

图 11-78　整体结果云图

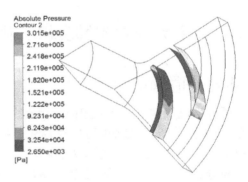

图 11-79　叶片云图

(3) 插入三维迹线云图：在工具栏中单击【Streamline】并确定，其设置默认，【Domains】= All Domains，【Start From】= Inlet，【Sampling】= Vertex，【Max Points】= 200，【Variable】= Liquid.Velocity，其他为默认，单击【Apply】，如图 11-80 所示。速度三维迹线云图如图 11-81 所示。

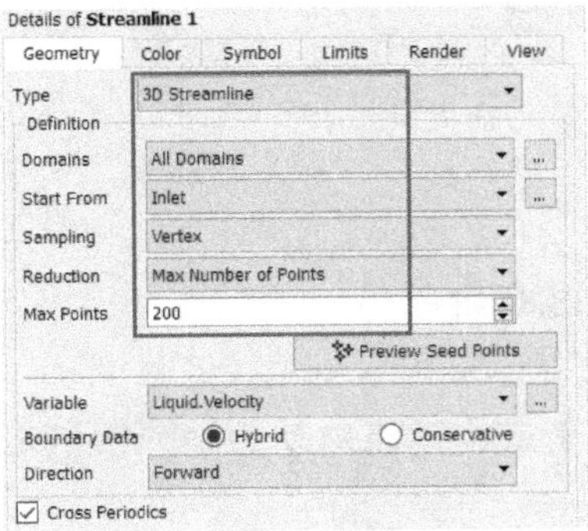

图 11-80　三维迹线设置

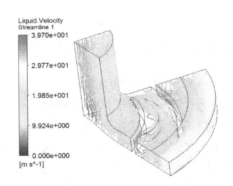

图 11-81　速度三维迹线分布云图

20. 退出与保存

(1) 退出流体动力学分析后处理环境：单击菜单【File】→【Close CFD-Post】退出环境，返回到 Workbench 主界面，此时主界面的分析流程图中显示的分析均已完成。

(2) 单击 Workbench 主界面上的【Save】按钮，保存所有分析结果文件。

(3) 退出 Workbench 环境：单击 Workbench 主界面的菜单【File】→【Exit】退出主界面，完成分析。

11.2.3 分析点评

本实例是离心泵空化现象流体力学分析，涉及旋转机械旋转流域和空化现象的流体力学分析问题。离心泵叶轮模型为 5 叶片模型，为方便采用了单叶片通道模型，应用 Cavitation 模型分为两步进行分析。在本例中，第二个残差收敛窗口残差曲线出现了突变，一方面是由于出口压力不同，另一方面是由于引起空化现象的足够低的绝对压力。空化现象主要出现在叶片的吸力面和罩之间，仅出现在叶片压力面的前缘后面。本例中输出控制采用表达式语句，也值得借鉴。

11.3 圆柱形燃烧室燃烧和辐射分析

11.3.1 问题描述

圆柱形燃烧室是广泛应用的一种紧凑型燃烧室，对燃烧过程有重要影响。已知简化的圆柱形燃烧室 1：36 模型如图 11-82 所示，空气入口速度为 0.5m/s，入口温度为 300K，燃料入口速度为 80m/s，入口温度为 300K，出口压力为 0Pa。假设燃烧室内混合化学物质和气体燃料充分燃烧，试分析圆柱形燃烧室燃烧和辐射情况。

图 11-82 圆柱形燃烧室模型

11.3.2 实例分析过程

1. 启动 Workbench 18.0

在"开始"菜单中执行 ANSYS 18.0→Workbench 18.0 命令。

2. 创建流体动力学分析

(1) 在工具箱【Toolbox】的【Analysis Systems】中双击或拖动流体动力学分析【Fluid Flow (CFX)】到项目分析流程图，如图 11-83 所示。

(2) 在 Workbench 的工具栏中单击【Save】，保存项目实例名为 Combustor.wbpj。工程实例文件保存在 D:\AWB\Chapter11 文件夹中。

3. 导入几何模型

在流体分析上，右键单击【Geometry】→【Import Geometry】→【Browse】→找到模型文件 Combustor.agdb，打开导入几何模型。模型文件在 D:\AWB\Chapter11 文件夹中。

4. 进入 Meshing 网格划分环境

（1）在流体力学分析上，右键单击【Mesh】→【Edit】进入 Meshing 网格划分环境。

（2）在 Meshing 的主菜单【Units】中设置单位为 Metric（mm，kg，N，s，mV，mA）。

5. 划分网格

（1）在导航树里单击【Mesh】→【Details of "Mesh"】→【Sizing】→【Size Function】= Curvature，【Relevance Center】= Fine；【Quality】→【Smoothing】= High，其他默认。

（2）在标准工具栏中单击 📐，选择圆柱外表面与两端面交线，然后右键单击【Mesh】→【Insert】→【Sizing】，【Edge Sizing】→【Details of "Edge Sizing" -Sizing】→【Definition】→【Type】= Number of Divisions，【Number of Divisions】= 5；【Advanced】→【Size Function】= Uniform，【Behavior】= Hard，【Bias Type】= No Bias，其他默认，如图 11-84 所示。

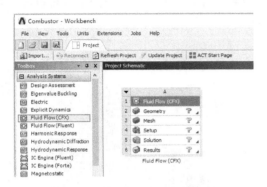

图 11-83 创建 CFX 燃烧室燃烧和辐射分析

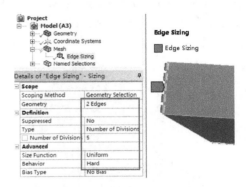

图 11-84 定义圆柱外表面与两端面交线处尺寸

（3）在标准工具栏中单击 📐，选择圆柱外表面分别与两侧面交线，然后右键单击【Mesh】→【Insert】→【Sizing】，【Edge Sizing】→【Details of "Edge Sizing" -Sizing】→【Definition】→【Type】= Number of Divisions，【Number of Divisions】= 40；【Advanced】→【Size Function】= Uniform，【Behavior】= Hard，【Bias Type】= —— — - -，【Bias Factor】= 4，其他默认，如图 11-85 所示。

（4）在标准工具栏中单击 📐，选择圆柱两侧面交线，然后右键单击【Mesh】→【Insert】→【Sizing】，【Edge Sizing】→【Details of "Edge Sizing" -Sizing】→【Definition】→【Type】= Number of Divisions，【Number of Divisions】= 40；【Advanced】→【Size Function】= Uniform，【Behavior】= Hard，【Bias Type】= - - — ——，【Bias Factor】= 4，其他默认，如图 11-86 所示。

（5）在标准工具栏中单击 📐，选择圆柱两端面与两侧面交线，共 8 条线，然后右键单击【Mesh】→【Insert】→【Sizing】，【Edge Sizing】→【Details of "Edge Sizing" -Sizing】→【Definition】→【Type】= Number of Divisions，【Number of Divisions】= 40；【Advanced】→【Size Function】= Uniform，【Behavior】= Hard，【Bias Type】= —— — - -，【Bias Factor】= 4，其他默认，如图 11-87 所示。

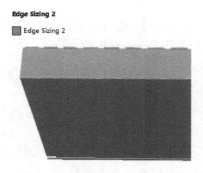
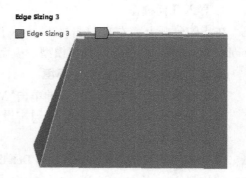

图11-85 定义圆柱外表面分别与两侧面交线处尺寸

图11-86 定义圆柱两侧面交线处尺寸

(6) 在标准工具栏中单击🔲，选择喷口端面与两侧面交线，然后右键单击【Mesh】→【Insert】→【Sizing】，【Edge Sizing】→【Details of "Edge Sizing" -Sizing】→【Definition】→【Type】= Number of Divisions，【Number of Divisions】= 5；【Advanced】→【Size Function】= Uniform，【Behavior】= Hard，【Bias Type】= No Bias，其他默认，如图11-88所示。

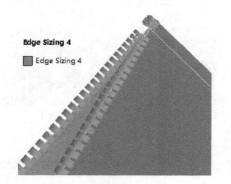
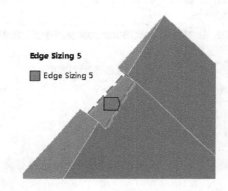

图11-87 定义圆柱两端面与两侧面交线处尺寸

图11-88 定义喷口端面与两侧面交线处尺寸

(7) 在标准工具栏中单击🔲，选择模型，右键单击【Mesh】→【Insert】→【Method】，单击【Automatic Method】→【Details of "Automatic Method" -Method】→【Definition】→【Method】= MultiZone，其他选项默认。

(8) 生成网格：右键单击【Mesh】→【Generate Mesh】，图形区域显示程序生成的单元网格模型，如图11-89所示。

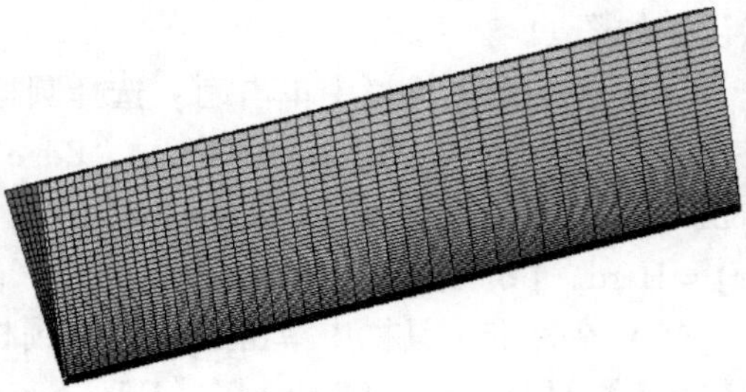

(9) 网格质量检查：在导航树里单击【Mesh】→【Details of "Mesh"】→【Quality】→【Mesh Metric】= Jacobian Ratio (Gauss Points)，显示Jacobian Ratio (Gauss Points) 规则下网格质量详细信息，平均值处在好水平范围内，展开【Statistics】显示网格和节点数量。

图11-89 网格划分

(10) 单击主菜单【File】→【Close Meshing】。

6. 进入 CFX 环境

（1）返回 Workbench 主界面，单击保存，右键单击流体动力学分析【Mesh】，从弹出的菜单中选择【Update】升级，把数据传递到下一单元中。

（2）在流体动力学分析上，右键单击流体【Setup】，从弹出的菜单中单击【Edit…】，进入 CFX 工作环境。

7. 创建材料

（1）在导航树上右键单击【Materials】→【Insert】→【Material】，弹出材料命名菜单，输入 air mixture，确定；在 air mixture 信息栏里【Basic Settings】标签下【Option】= Reacting Mixture，【Material Group】= Gas Phase Combustion，【Reactions List】= Methane Air WD1 NO PDF。

（2）单击 ... 弹出【Reactions List】对话框，单击打开库数据（在【Reactions List】对话框右上方）弹出【Select Library Data to Import】对话框，然后选择【Methane Air WD1 NO PDF】→【OK】，再次选择【Methane Air WD1 NO PDF】→【OK】，如图 11-90 所示。最后单击【OK】，关闭 air mixture 信息栏。

图 11-90　创建材料

8. 创建域

（1）在导航树上双击默认域【Default Domain】进入域详细设置窗口，在基本设置选项【Location】= DEFAULTDOMAIN，【Material】= air mixture，【Morphology option】→【Options】= Continuous Fluid，【Reference Pressure】= 1atm，其他默认。

（2）转到【Fluid Models】→【Combustion】= Eddy Dissipation.，选择【Eddy Dissipation Model Coefficient B】→【EDM Coeff】= 0.5，【Components models】→【Component】= N2，【Option】= Constraint，其他默认。

（3）转到【Initialization】，选择【Domain Initialization】，【Turbulence】→【Option】= Intensity and Length Scale，【Components models】→【Component】= CO2，【Option】= Automatic with value，【Mass Fraction】= 0.01；【Components models】→【Component】= H20，【Option】= Automatic with value，【Mass Fraction】= 0.01；【Components models】→【Component】= NO，【Option】= Automatic with value，【Mass Fraction】= 0.01；【Components models】→【Component】= O2，【Option】= Automatic with value，【Mass Fraction】= 0.23，单击【OK】确定，如图 11-91 所示。

9. 边界条件设置

（1）在工具栏中单击边界条件 ，从弹出的【Insert Boundary】中，输入名称为"VEL_IN_AIR"确定，【Basic Setting】→【Boundary Type】= Inlet，【Location】= VEL_IN_AIR；【Boundary Details】→【Mass And Momentum】→

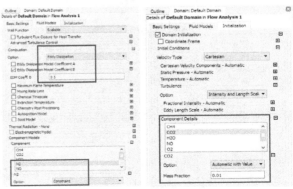

图 11-91　设置流体区域

【Option】= Normal Speed,【Normal Speed】= 0.5m/s,【Turbulence】→【Option】= Intensity and Length Scale,【Fractional Intensity】= 0.1,【EddyLength Scale】= 0.44m,【Static Temperature】= 300K,【Components models】→【Component】= O2,【Option】= Mass Fraction,【Mass Fraction】= 0.23,其他默认,单击【OK】关闭任务窗口,如图11-92、图11-93所示。

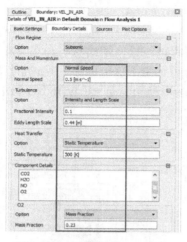

图11-92 设置空气入口边界

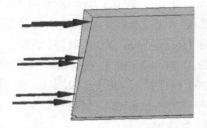

图11-93 空气入口边界设置效果

(2) 在工具栏中单击边界条件 ，从弹出的【Insert Boundary】中，输入名称为"VEL_IN_METHANE"确定,【Basic Setting】→【Boundary Type】= Inlet,【Location】= VEL_IN_METHANE;【Boundary Details】→【Mass And Momentum】→【Option】= Normal Speed,【Normal Speed】= 80m/s,【Turbulence】→【Option】= Intensity and Length Scale,【Fractional Intensity】= 0.1,【Eddy Length Scale】= 0.01m,【Static Temperature】= 300K,【Components models】→【Component】= CH4,【Option】= Mass Fraction,【Mass Fraction】= 1,其他默认,单击【OK】关闭任务窗口,如图11-94、图11-95所示。

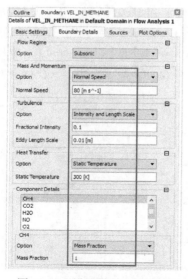

图11-94 设置燃料入口边界

图11-95 燃料入口边界设置效果

(3) 在工具栏中单击边界条件 ，从弹出的【Insert Boundary】中，输入名称为 "PRESSURE OUTLET" 确定，【Basic Setting】→【Boundary Type】= Outlet，【Location】= PRESSURE_OUTLET；【Boundary Details】→【Mass And Momentum】→【Option】= Average Static Pressure，【Relative Pressure】= 0，其他默认，单击【OK】关闭任务窗口，如图 11-96、图 11-97 所示。

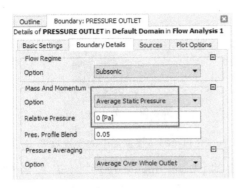

图 11-96　设置出口边界

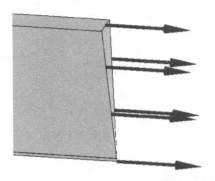

图 11-97　出口边界设置效果

(4) 在工具栏中单击边界条件 ，从弹出的【Insert Boundary】中，输入名称为 "SYM1" 确定，【Basic Setting】→【Boundary Type】= Symmetry，【Location】= SYM1，其他默认，单击【OK】关闭任务窗口，如图 11-98、图 11-99 所示。

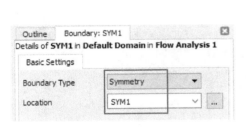

图 11-98　设置对称边界 1

图 11-99　对称边界 1 设置效果

(5) 在工具栏中单击边界条件 ，从弹出的【Insert Boundary】中，输入名称为 "SYM2" 确定，【Basic Setting】→【Boundary Type】= Symmetry，【Location】= SYM2，其他默认，单击【OK】关闭任务窗口，如图 11-100、图 11-101 所示。

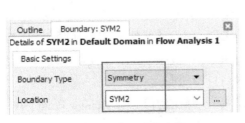

图 11-100　设置对称边界 2

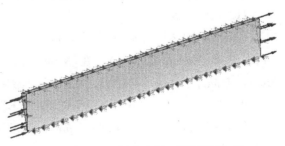

图 11-101　对称边界 2 设置效果

(6) 在工具栏中单击边界条件 ，从弹出的【Insert Boundary】中，输入名称为"WALL1"确定，【Basic Setting】→【Boundary Type】= Wall，【Location】= WALL1，【Boundary Details】→【Mass And Momentum】→【Option】= No Slip Wall，【Heat Transfer】→【Option】= Adiabatic，其他默认，单击【OK】关闭任务窗口，如图 11-102、图 11-103 所示。

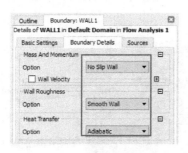

图 11-102　墙壁面 1 设置

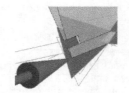

图 11-103　墙壁面 1 的设置效果

(7) 在工具栏中单击边界条件 ，从弹出的【Insert Boundary】中，输入名称为"WALL2"确定，【Basic Setting】→【Boundary Type】= Wall，【Location】= WALL2，【Boundary Details】→【Mass And Momentum】→【Option】= No Slip Wall，【Heat Transfer】→【Option】= Adiabatic，其他默认，单击【OK】关闭任务窗口，如图 11-104、图 11-105 所示。

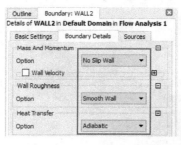

图 11-104　墙壁面 1 设置

图 11-105　墙壁面 1 的设置效果

10. 求解控制

在导航树里，右键单击【Solver Control】→【Edit】进入求解控制窗口，【Max. Iterations】= 300，【Timescale Control】= Local Timescale Factor，【Timescale Factor】= 500，【Residual Type】= RMS，【Residual Target】= 0.001，选择【Conservation Target】→【Value】= 0.01，其他设置默认，单击【OK】关闭任务窗口，如图 11-106 所示。

11. 输出控制

(1) 在导航树里，右键单击【Output Control】→【Edit】进入输出控制窗口，转到【Monitor】，选择【Monitor Objects】，在【Monitor Points and Expressions】下单击 ，从弹出的【Insert Monitor Point】中，输入名称为"co2_out"确定，【Option】= Expression，【Expression Value】= massFlowAve（CO2.mf）@PRESSURE OUTLET，如图 11-107 所示。

(2) 在【Monitor Points and Expressions】下单击 ，从弹出的【Insert Monitor Point】中，输入名称为"h2o_out"确定，【Option】= Expression，【Expression Value】= massFlowAve（H2O.mf）@PRESSURE OUTLET，如图 11-108 所示。

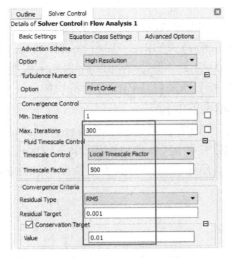

图 11-106 求解设置

图 11-107 CO$_2$ 监测点求解设置

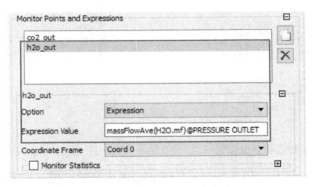

图 11-108 H$_2$O 监测点求解设置

(3) 在【Monitor Points and Expressions】下单击 ，从弹出的【Insert Monitor Point】中，输入名称为 "no_out" 确定，【Option】= Expression，【Expression Value】= massFlowAve (NO.mf) @ PRESSURE OUTLET，如图 11-109 所示，单击【OK】关闭任务窗口。

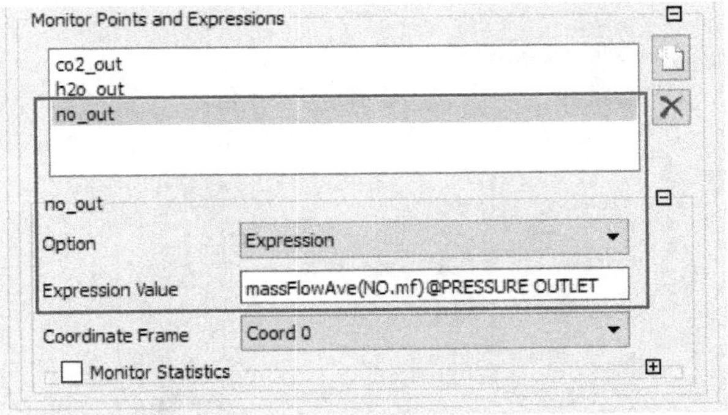

图 11-109 NO 监测点求解设置

12. 运行求解

（1）单击【File】→【Close CFX-Pre】退出环境，然后回到 Workbench 主界面。

（2）右键单击【Solution】→【Edit】，当【Solver Manager】弹出时，选择【Double Precision】，【Parallel Environment】→【Run Mode】= Platform MPI Local Parallel，Partitions 为 8（根据计算机 CPU 核数定），其他设置默认，在【Define Run】面板上单击【Start Run】运行求解。

（3）当求解结束后，系统会自动弹出提示窗，单击【OK】。

（4）查看监控曲线：在 CFX-Solver Manager 环境界面中，单击【Workspace】→【New Monitor】，名称默认，单击【OK】，在监控属性对话框中单击【IMBALANCE】→【Default Domain】，然后选择所有，单击【OK】确定，如图 11-110 所示。可以看到不平衡残差收敛曲线，如图 11-111 所示。

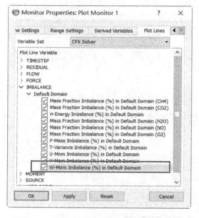
图 11-110 不平衡监测属性设置

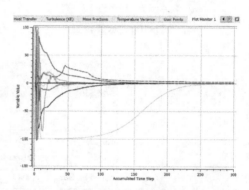
图 11-111 不平衡残差收敛曲线

（5）单击【File】→【Close CFX-Solver Manager】退出环境，然后回到 Workbench 主界面。

13. 后处理

（1）在流体动力学分析上，右键单击【Results】→【Edit…】，进入【CFX-CFD-Post】环境。

（2）插入云图：在工具栏中单击【Contour】并确定，其设置默认，【Domains】= Default Domain，【Location】= SYM1，【Variable】= CO2. Mass fraction，【Range】= Local，其他为默认，单击【Apply】，可以看到 CO_2 质量分数分布云图，如图 11-112、图 11-113 所示。

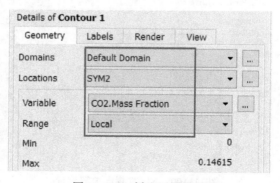
图 11-112 插入云图设置

图 11-113　CO_2 质量分数分布云图

（3）插入云图：在工具栏中单击【Contour】并确定，其设置默认，【Domains】= Domain1，【Location】= SYM1，【Variable】= H2O.Mass fraction，【Range】= Local，其他为默认，单击【Apply】，可以看到 H_2O 质量分数分布云图，图 11-114 所示。

图 11-114　H_2O 质量分数分布云图

14. 保存与退出

（1）退出流体动力学分析后处理环境：单击菜单【File】→【Close CFD-Post】退出环境，返回到 Workbench 主界面，此时主界面的分析流程图中显示的分析已完成。

（2）单击 Workbench 主界面上的【Save】按钮，保存所有分析结果文件。

（3）退出 Workbench 环境：单击 Workbench 主界面的菜单【File】→【Exit】退出主界面，完成分析。

11.3.3　分析点评

本实例是某圆柱形燃烧室燃烧和辐射分析，使用涡耗散模型进行研究。本例中使用了对称模型和对称边界，可有效增加计算效率，采用的输出监控等处理方法，值得借鉴。

11.4　水龙头冷热水混合耦合分析

11.4.1　问题描述

两种状态的水流经某一水龙头，如图 11-115 所示。其中 100℃ 的热水以 0.5m/s 的速度从管头左侧流入，并与以 0.4m/s 的速度从管头右侧流入的 26.85℃ 冷水混合，其他相关参数在分析过程中体现。为了设计合理的水龙头过渡连接，试分析流经水龙头的流体对管壁的影响。

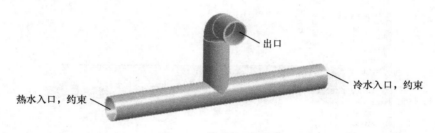

图 11-115　水龙头模型

11.4.2　实例分析过程

1. 启动 Workbench 18.0

在"开始"菜单中执行 ANSYS 18.0→Workbench 18.0 命令。

2. 创建耦合分析

（1）在工具箱【Toolbox】的【Analysis Systems】中双击或拖动流体动力学分析【Fluid Flow (Fluent)】到项目分析流程图。

（2）在工具箱【Toolbox】的【Analysis Systems】中双击或拖动结构静力分析【Static Structural】到项目分析流程图。

（3）创建关联：按住流体动力学分析 Geometry 与结构静力分析 Geometry 关联，然后流体动力学分析 Solution 与结构静力分析 Setup 关联，如图 11-116 所示。

（4）在 Workbench 的工具栏中单击【Save】，保存项目实例名为 Faucet.wbpj。工程实例文件保存在 D:\AWB\Chapter11 文件夹中。

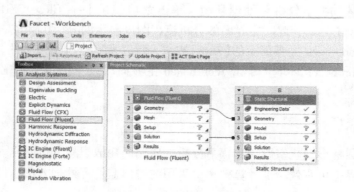

图 11-116　创建冷热水混合耦合分析

3. 导入几何模型

在流体动力学分析上，右键单击【Geometry】→【Import Geometry】→【Browse】→找到模型文件 Faucet.agdb，打开导入几何模型。模型文件在 D:\AWB\Chapter11 文件夹中。

4. 创建材料参数

（1）编辑工程数据单元：右键单击结构静力分析【Engineering Data】→【Edit】。

（2）在工程数据属性中增加材料：在 Workbench 的工具栏中单击■工程材料源库，此时的主界面显示【Engineering Data Sources】和【Outline of Favorites】。选择 A3 栏【General materials】，从【Outline of General materials】里查找铝合金【Aluminum Alloy】材料，然后单击【Outline of General Material】表中的添加按钮，此时在 C4 栏中显示标示，表明材料添加成功，如图 11-117 所示。

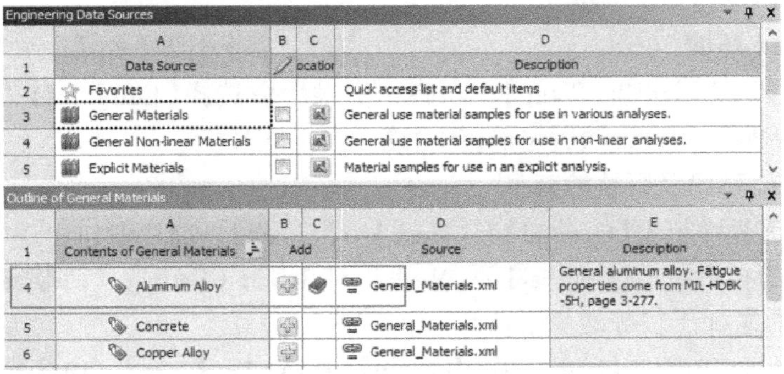

图 11-117　材料属性

（3）单击工具栏中的【B2：Engineering Data】关闭按钮，返回到 Workbench 主界面，新材料创建完毕。

5. 进入 Meshing 网格划分环境

（1）在流体动力学分析上，右键单击【Mesh】→【Edit】进入 Meshing 网格划分环境。

（2）在 Meshing 的主菜单【Units】中设置单位为 Metric（mm，kg，N，s，mV，mA）。

6. 抑制水龙头模型

在导航树里单击【Geometry】展开，右键单击【Faucet】→【Suppress Body】。

7. 划分网格

（1）在导航树里单击【Mesh】→【Details of "Mesh"】→【Sizing】→【Size Function】= Curvature，【Relevance Center】= Medium，其他默认。

（2）在标准工具栏中单击，选择流体模型，然后在导航树上右键单击【Mesh】，从弹出的菜单中选择【Insert】→【Sizing】→【Details of "Body Sizing" -Sizing】→【Definition】→【Element Size】= 2mm，【Advanced】→【Size Function】= Curvature，其他默认。

（3）在标准工具栏中单击，选择流体模型，然后在导航树上右键单击【Mesh】，从弹出的菜单中选择【Insert】→【Inflation】→【Details of "Inflation" -Inflation】→【Definition】→【Boundary】选择流体模型外表面，进出口端面不选，共 4 个面。

（4）生成网格：右键单击【Mesh】→【Generate Mesh】，图形区域显示程序生成的四面体网格模型，如图 11-118 所示。

（5）网格质量检查：在导航树里单击【Mesh】→【Details of "Mesh"】→【Quality】→【Mesh Metric】= Jacobian Ratio（Gauss Points），显示 Jacobian Ratio（Gauss Points）规则下网格质量详细信息，平均值处在好水平范围内，展

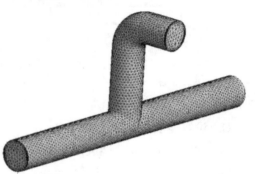

图 11-118　划分网格

开【Statistics】显示网格和节点数量。

(6) 单击主菜单【File】→【Close Meshing】

(7) 返回 Workbench 主界面，右键单击流体系统【Mesh】，从弹出的菜单中选择【Update】升级，把数据传递到下一单元中。

8. 进入 Fluent 环境

右键单击流体动力学分析【Setup】，从弹出的菜单中选择【Edit】，启动 Fluent 界面，设置双精度【Double Precision】，然后单击【OK】进入 Fluent 环境。

9. 进入 Fluent 环境及网格检查

(1) 在控制面板中单击【General】→【Mesh】→【Check】，命令窗口出现所检测的信息。

(2) 在控制面板中单击【General】→【Mesh】→【Report Quality】，命令窗口出现所检测的信息，显示网格质量处于较好的水平。

(3) 单击 Ribbon 功能区【Setting Up Domain】→【Info】→【Size】，命令窗口出现所检测的信息，显示网格节点数量为 40356 个。

10. 指定求解类型

(1) 单击 Ribbon 功能区【Setting Up Physics】，选择时间为稳态【Steady】，求解类型为压力基【Pressure-Based】，速度方程为绝对值【Absolute】，如图 11-119 所示。

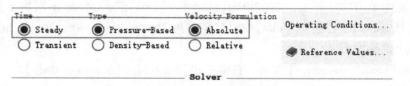

图 11-119　求解算法控制

(2) 单击 Ribbon 功能区【Setting Up Domain】→【Units…】→【Set Units】→【Quantities】→【Length】= mm，【temperature】= c，单击【Close】退出窗口，如图 11-120 所示。

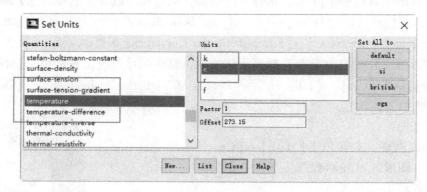

图 11-120　单位设置

11. 设置能量方程及湍流模型

(1) 单击 Ribbon 功能区【Setting Up Physics】→选择【Energy】。

(2) 单击 Ribbon 功能区【Setting Up Physics】→【Viscous…】→【Viscous Model】→【K-epsilon (2eqn)】→【Near-Wall Treatment】→选择【Enhanced Wall Treatment】，参数默认，单击

【OK】退出窗口，如图 11-121 所示。

12. 指定材料属性

单击 Ribbon 功能区【Setting Up Physics】→【Materials】→【Create/Edit…】，从弹出的对话框中，单击【Fluent Database…】，从弹出的对话框中选择【water-liquid（h2o＜1＞）】，之后单击【Copy】→【Close】关闭窗口，如图 11-122 所示。单击【Close】关闭【Create/Edit Materials】对话框，如图 11-123 所示。

图 11-121　湍流模型设置

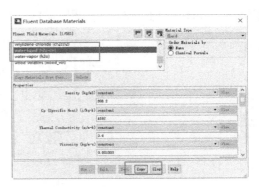

图 11-122　选择材料

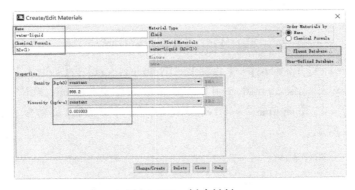

图 11-123　创建材料

13. 分配流体域材料

单击 Ribbon 功能区【Setting Up Physics】→【Cell Zones】，任务面板选择【Zone】→【fluid】→【Type】= fluid，单击【Edit…】→【Fluid】→【Material Name】= water-liquid，其他默认，单击【OK】关闭窗口，如图 11-124 所示。

14. 边界条件

（1）单击 Ribbon 功能区【Setting Up Physics】→【Boundaries…】→【Zone】→【inlet-cold】→【Type】→【velocity-inlet】→【Edit…】，从弹出的对话框中依次设置【Velocity Specification Method】= Components，Z-Velocity（m/s）= -0.4，【Turbulent Viscosity Ratio】= 4，【Thermal】→

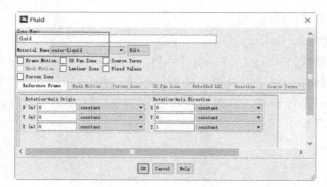

图 11-124　分配流体域材料

【Temperature（c）】=26.85，其他默认，单击【OK】关闭窗口，如图 11-125 所示。

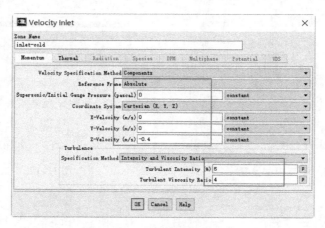

图 11-125　设置冷水入口边界

（2）单击【Zone】→【inlet-hot】→【Type】→【velocity-inlet】→【Edit…】，从弹出的对话框中依次设置【Velocity Specification Method】= Components，Z-Velocity（m/s）= 0.5，【Turbulent Viscosity Ratio】=4，【Thermal】→【Temperature（c）】=100，其他默认，单击【OK】关闭窗口，如图 11-126 所示。

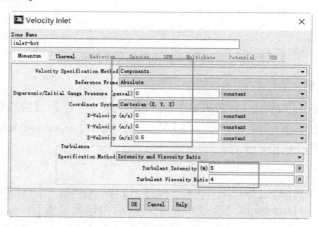

图 11-126　设置热水入口边界

(3) 单击【Zone】→【out-mixed】→【Type】→【pressure-outlet】→【Edit…】,从弹出的对话框中依次设置【Gauge Pressure(pascal)】=0,【Turbulent Viscosity Ratio】=4,其他默认,单击【OK】关闭窗口,如图 11-127 所示。

15. 参考值

(1) 单击 Ribbon 功能区【Setting Up Physics】→【Reference Values…】,单击【Reference Values】,参数默认,如图 11-128 所示。

(2) 在菜单栏中单击【File】→【Save Project】,保存项目。

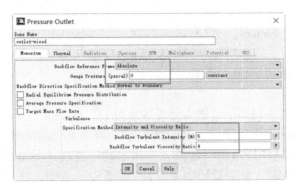

图 11-127　设置混合出口边界

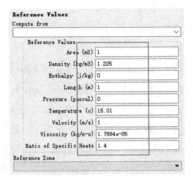

图 11-128　参考值

16. 求解方法设置

单击 Ribbon 功能区【Solving】→【Methods…】→【Scheme】= Coupled,【Gradient】= Green-Gauss Node Based,其他设置默认,如图 11-129 所示。

17. 监控

单击 Ribbon 功能区【Solving】→【Definitions】→【New】→【Surface Report】→【Facet Maximum…】,从弹出的对话框中,设置【Name】= f-1,选择 Report File,Report Plot,【Field Variable】= Temperature,Static Temperature,【Surface】= outlet-mixed,其他默认,单击【OK】关闭窗口,如图 11-130 所示。

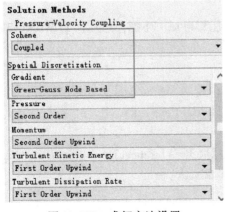

图 11-129　求解方法设置

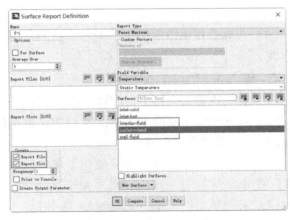

图 11-130　壁面报告监控

18. 初始化

单击 Ribbon 功能区【Solving】→【Initialization】→【Initialize】初始化。

19. 运行求解

单击 Ribbon 功能区【Solving】→【Run Calculation】→【Number Of Iterations】=100，其他默认，设置完毕以后，单击【Calculate】进行求解，这需要一段时间，请耐心等待，如图 11-131 所示。

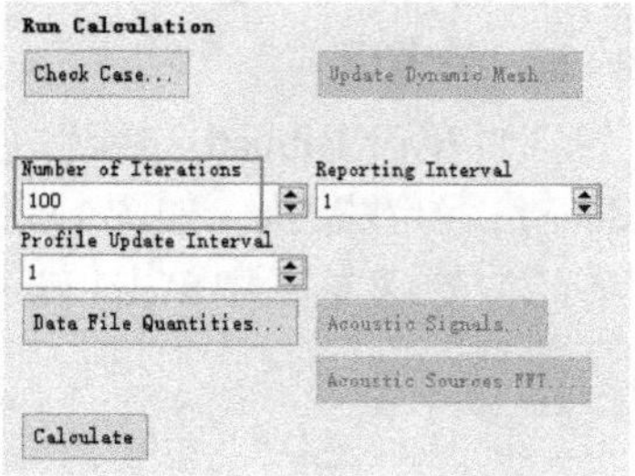

图 11-131 求解设置

20. 创建后处理

（1）在菜单栏中单击【File】→【Save Project】，保存项目。

（2）在菜单栏中单击【File】→【Close Fluent】，退出 Fluent 环境，然后回到 Workbench 主界面。

（3）右键单击流体动力学分析【Results】→【Edit…】进入后处理系统。

（4）插入云图：在工具栏中单击【Contour】并确定，其设置默认，在几何选项中的域【Domains】选择 All Domains，位置【Locations】栏后单击…选项，在弹出的位置选择器里选择 inlet-cold、inlet-hot、out-mixed、wall fluid 确定。在变量【Variable】栏后单击…选项，在弹出的变量选择器选择 Temperature 确定，其他为默认，单击【Apply】，可以看到结果云图，如图 11-132 所示。

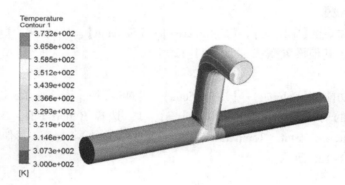

图 11-132 云图显示

（5）在菜单栏中单击【File】→【Close CFD-Post】，退出 Fluent 环境，然后回到 Workbench 主界面。

21. 进入 Mechanical 分析环境

（1）在结构静力分析上，右键单击【Model】→【Edit】进入 Mechanical 分析环境。

（2）在 Mechanical 的主菜单【Units】中设置单位为 Metric（mm, kg, N, s, mV, mA）。

22. 为几何模型分配材料

（1）水龙头分配材料：在导航树里单击【Geometry】展开→【Faucet】→【Details of "Faucet"】→【Material】→【Assignment】= Aluminum Alloy，其他默认。

（2）右键单击【Fluid】→【Suppress Body】。

23. 划分网格

（1）在导航树里单击【Mesh】→【Details of "Mesh"】→【Sizing】→【Size Function】= Curvature，【Relevance Center】= Medium，其他默认。

（2）在标准工具栏中单击🗔，选择水龙头模型，然后在导航树上右键单击【Mesh】，从弹出的菜单中选择【Insert】→【Sizing】→【Details of "Body Sizing" -Sizing】→【Definition】→【Element Size】= 2mm，【Advanced】→【Size Function】= Curvature，其他默认。

（3）生成网格：右键单击【Mesh】→【Generate Mesh】，图形区域显示程序生成的四面体网格模型，如图 11-133 所示。

图 11-133　划分网格

（4）网格质量检查：在导航树里单击【Mesh】→【Details of "Mesh"】→【Quality】→【Mesh Metric】= Skewness，显示 Skewness 规则下网格质量详细信息，平均值处在好水平范围内，展开【Statistics】显示网格和节点数量。

24. 施加边界条件

（1）在导航树上单击【Structural（B5）】。

（2）设置流体载荷：右键单击【Imported Load（A5）】→【Body Temperature】，【Imported Body Temperature】→【Details of "Imported Body Temperature"】→【Geometry】选择水龙头模型，然后单击【Apply】确定。【Transfer Definition】→【CFD Domain】= fluid。

（3）右键单击【Imported Body Temperature】→【Import Load】。

（4）施加约束，在标准工具栏中单击🗔，然后分别选择冷水进口端面和热水进口端面，然后在环境工具栏中单击【Supports】→【Fixed Support】，如图 11-134 所示。

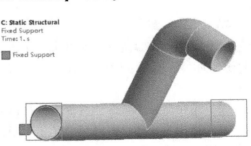

图 11-134　施加固定约束

25. 设置需要的结果

（1）在导航树上单击【Solution（B6）】。

（2）在求解工具栏中单击【Deformation】→【Total】。

（3）在求解工具栏中单击【Stress】→【Equivalent（von-Mises）】。

26. 求解与结果显示

（1）在 Mechanical 标准工具栏中单击 ⌇Solve 进行求解运算。

（2）运算结束后，单击【Solution（B6）】→【Total Deformation】，图形区域显示得到的水龙头总变形分布云图，如图 11-135 所示；单击【Solution（B6）】→【Equivalent Stress】，显示水龙头等效应力分布云图，如图 11-136 所示。

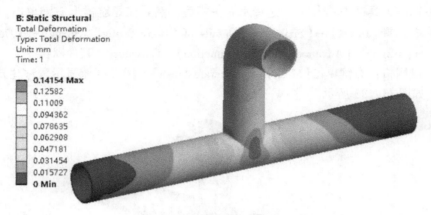

图 11-135　水龙头总变形分布云图

图 11-136　水龙头等效应力分布云图

27. 保存与退出

（1）退出 Mechanical 分析环境：单击 Mechanical 主界面的菜单【File】→【Close Mechanical】退出环境，返回到 Workbench 主界面，此时主界面的分析流程图中显示的分析均已完成。

（2）单击 Workbench 主界面上的【Save】按钮，保存所有分析结果文件。

（3）退出 Workbench 环境：单击 Workbench 主界面的菜单【File】→【Exit】退出主界面，完成分析。

11.4.3　分析点评

本实例是水龙头冷热水混合耦合分析，属于内部流动的单向顺序流固耦合问题，模拟冷热水混合流流动对管壁的影响。从结果上看，冷热水交汇处温度变化大，对管壁影响大，现实中水龙头也易在此处破坏。实际上，本实例还是一个三维三通管应用实例。

11.5 水管管壁耦合分析

11.5.1 问题描述

已知供水管路,水平粗管端口为入水口,水速为 0.4m/s,也是约束端,出水口分别为水平细管和竖直管,出口压力为 0Pa,其中水平细管端口为约束端,如图 11-137 所示。水管材料为铝合金,其他相关参数在分析过程中体现,试求流经管路的流体对管壁的影响。

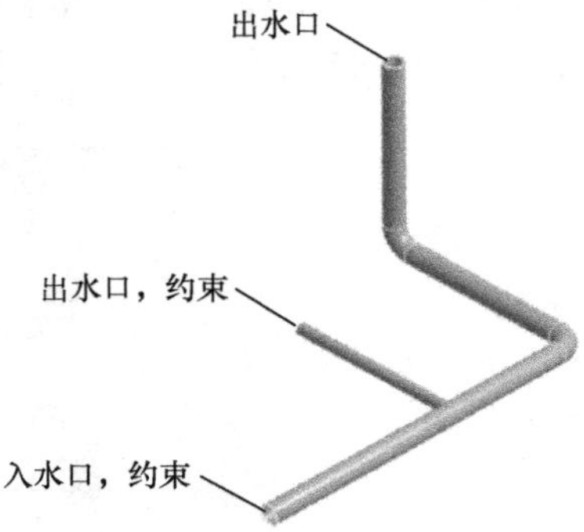

11.5.2 实例分析过程

1. 启动 Workbench 18.0

在"开始"菜单中执行 ANSYS 18.0→Workbench 18.0 命令。

2. 创建耦合分析

(1) 在工具箱【Toolbox】的【Analysis Systems】中双击或拖动流体动力学分析【Fluid Flow (Fluent)】到项目分析流程图。

(2) 在工具箱【Toolbox】的【Analysis Systems】中双击或拖动结构静力分析【Static Structural】到项目分析流程图。

(3) 创建关联:按住流体动力学分析 Geometry 与结构静力分析 Geometry 关联,然后流体动力学分析 Solution 与结构静力分析 Setup 关联,如图 11-138 所示。

图 11-137 水管模型

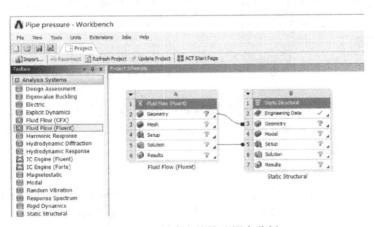

图 11-138 创建水管管壁耦合分析

(4) 在 Workbench 的工具栏中单击【Save】,保存项目实例名为 Pipe pressure.wbpj。工程实例文件保存在 D:\AWB\Chapter11 文件夹中。

3. 导入几何模型

在流体动力学分析上,右键单击【Geometry】→【Import Geometry】→【Browse】→找到模型

文件 Pipe pressure.agdb，打开导入几何模型。模型文件在 D:\AWB\Chapter11 文件夹中。

4. 创建材料参数

（1）编辑工程数据单元：右键单击结构静力分析【Engineering Data】→【Edit】。

（2）在工程数据属性中增加材料：在 Workbench 的工具栏中单击 工程材料源库，此时的主界面显示【Engineering Data Sources】和【Outline of Favorites】。选择 A3 栏【General materials】，从【Outline of General materials】里查找铝合金【Aluminum Alloy】材料，然后单击【Outline of General Material】表中的添加按钮 ，此时在 C4 栏中显示标示 ，表明材料添加成功，如图 11-139 所示。

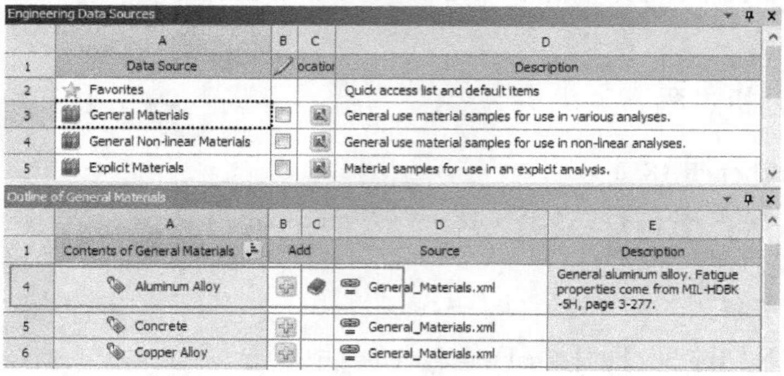

图 11-139　材料属性

（3）单击工具栏中的【B2：Engineering Data】关闭按钮，返回到 Workbench 主界面，新材料创建完毕。

5. 进入 Meshing 网格划分环境

（1）在流体动力学分析上，右键单击【Mesh】→【Edit】进入 Meshing 网格划分环境。

（2）在 Meshing 的主菜单【Units】中设置单位为 Metric（mm, kg, N, s, mV, mA）。

6. 抑制管模型

在导航树里单击【Geometry】展开，右键单击【Pipe】→【Suppress Body】。

7. 划分网格

（1）在导航树里单击【Mesh】→【Details of "Mesh"】→【Defaults】→【Relevance】=100，【Sizing】→【Size Function】=Proximity and Curvature，【Relevance Center】=Fine，【Quality】→【Mesh Smoothing】=High，其他默认。

（2）在标准工具栏中单击 ，选择流体模型，然后在导航树上右键单击【Mesh】，从弹出的菜单中选择【Insert】→【Inflation】→【Details of "Inflation"-Inflation】→【Definition】→【Boundary】选择流体模型外表面，进出口端面不选，共 6 个面。【Inflation Option】= Total Thickness，【Maximum Thickness】=5，其他默认。

（3）生成网格：右键单击【Mesh】→【Generate Mesh】，图形区域显示程序生成的四面体单元网格模型，如图 11-140 所示。

（4）网格质量检查：在导航树里单击【Mesh】→【Details of "Mesh"】→【Quality】→【Mesh Metric】=

图 11-140　划分网格

Jacobian Ratio（Gauss Points），显示 Jacobian Ratio（Gauss Points）规则下网格质量详细信息，平均值处在好水平范围内，展开【Statistics】显示网格和节点数量。

（5）单击主菜单【File】→【Close Meshing】。

（6）返回 Workbench 主界面，右键单击流体系统【Mesh】，从弹出的菜单中选择【Update】升级，把数据传递到下一单元中。

8. 进入 Fluent 环境

右键单击流体动力学分析【Setup】，从弹出的菜单中选择【Edit】，启动 Fluent 界面，设置双精度【Double Precision】，然后单击【OK】进入 Fluent 环境。

9. 进入 Fluent 环境及网格检查

（1）在控制面板中依次单击【General】→【Mesh】→【Check】，命令窗口出现所检测的信息。

（2）在控制面板中依次单击【General】→【Mesh】→【Report Quality】，命令窗口出现所检测的信息，显示网格质量处于较好的水平。

（3）单击 Ribbon 功能区【Setting Up Domain】→【Info】→【Size】，命令窗口出现所检测的信息，显示网格节点数量为 69150 个。

10. 指定求解类型

单击 Ribbon 功能区【Setting Up Physics】，选择时间为稳态【Steady】，求解类型为压力基【Pressure-Based】，速度方程为绝对值【Absolute】，如图 11-141 所示。

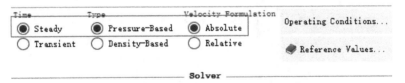

图 11-141　求解算法控制

11. 设置能量方程及湍流模型

单击 Ribbon 功能区【Setting Up Physics】→【Viscous…】→【Viscous Model】→【K-epsilon（2eqn）】，其他参数默认，单击【OK】退出窗口，如图 11-142 所示。

12. 指定材料属性

单击 Ribbon 功能区【Setting Up Physics】→【Materials】→【Create/Edit…】，从弹出的对话框中，单击【Fluent Database…】，从弹出的对话框中选择【water-liquid（h2o<1>）】，之后单击【Copy】→【Close】关闭窗口，如图 11-143 所示。单击【Close】关闭【Create/Edit Materials】对话框，如图 11-144 所示。

13. 分配流体域材料

单击 Ribbon 功能区【Setting Up Physics】→【Cell Zones】，任务面板选择【Zone】→【fluid_domain】→【Type】=fluid，单击【Edit…】→【Fluid】→【Material

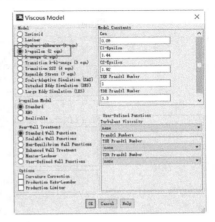

图 11-142　湍流模型设置

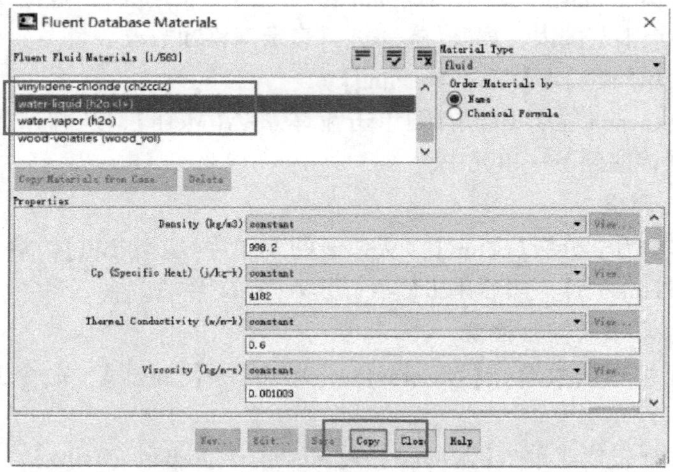

图 11-143 选择材料

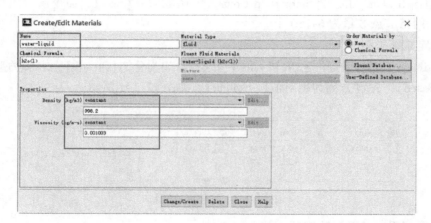

图 11-144 创建材料

Name】= water-liquid,其他默认,单击【OK】关闭窗口,如图 11-145 所示。

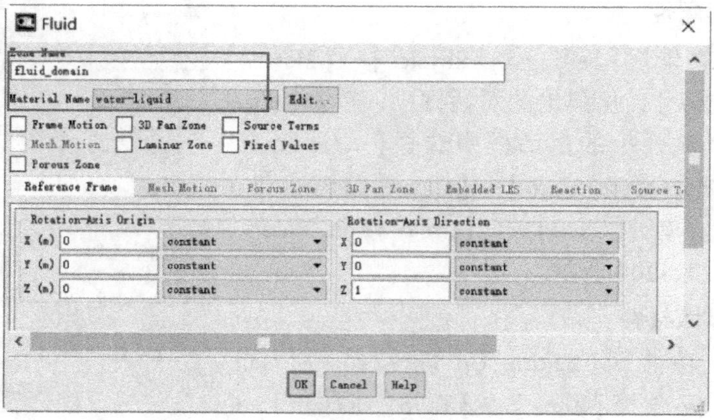

图 11-145 分配流体域材料

14. 边界条件

(1) 单击 Ribbon 功能区【Setting Up Physics】→【Boundaries…】→【Zone】→【inlet】→【Type】→【velocity-inlet】→【Edit…】，从弹出的对话框中【Velocity Magnitude（m/s）】= 0.4，【Turbulence】→【Specification Method】= K and Epsilon，其他默认，单击【OK】关闭窗口，如图 11-146 所示。

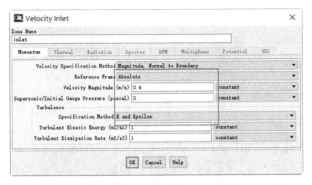

图 11-146　设置冷水入口边界

(2) 单击【Zone】→【outlet1】→【Type】→【pressure-outlet】→【Edit…】，从弹出的对话框中，【Gauge Pressure（pascal）】= 0，【Turbulence】→【Specification Method】= K and Epsilon，其他默认，单击【OK】关闭窗口，如图 11-147 所示。

(3) 单击【Zone】→【outlet2】→【Type】→【pressure-outlet】→【Edit…】，从弹出的对话框中，【Gauge Pressure（pascal）】= 0，【Turbulence】→【Specification Method】= K and Epsilon，其他默认，单击【OK】关闭窗口，如图 11-148 所示。

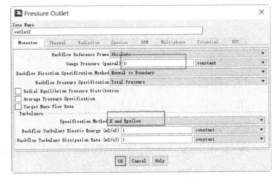

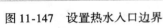

图 11-147　设置热水入口边界　　　　　图 11-148　设置混合出口边界

15. 参考值

(1) 单击 Ribbon 功能区【Setting Up Physics】→【Reference Values…】，单击【Reference Values】→【Compute from】= inlet，参数默认，如图 11-149 所示。

(2) 在菜单栏中单击【File】→【Save Project】，保存项目。

16. 求解方法设置

单击 Ribbon 功能区【Solving】→【Methods…】→【Turbulent Dissipation Rate】= Second Order Upwind，其他设置默认，如图 11-150 所示。

图 11-149 参考值

图 11-150 求解方法设置

17. 监控

单击 Ribbon 功能区【Solving】→【Definitions】→【Residuals…】→【Residual Monitors】→【Axes…】，从弹出的对话框中，设置【Axis】= Y，【Options】选择 Major Rules，其他默认，单击【Apply】→【Close】→【OK】关闭对话框，如图 11-151 所示。

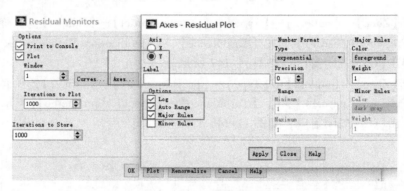

图 11-151 壁面报告监控

18. 初始化

单击 Ribbon 功能区【Solving】→【Initialization】→【Initialize】初始化。

19. 运行求解

单击 Ribbon 功能区【Solving】→【Run Calculation】→【Number Of Iterations】= 500，其他默认，设置完毕以后，单击【Calculate】进行求解，这需要一段时间，请耐心等待，如图 11-152 所示。

20. 创建后处理

（1）在菜单栏中单击【File】→【Save Project】，保存项目。

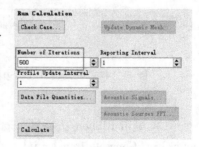

图 11-152 求解设置

（2）在菜单栏中单击【File】→【Close Fluent】，退出 Fluent 环境，然后回到 Workbench 主界面。

（3）右键单击流体动力学分析【Results】→【Edit…】进入后处理系统。

（4）插入云图：在工具栏中单击【Contour】并确定，其设置默认，在几何选项中的域【Domains】选择 All Domains，位置【Locations】栏后单击…选项，在弹出的位置选择器里选择 inlet、out1、out2、wall fluid_domain 确定。在变量【Variable】栏后单击…选项，在弹出的变量选择器选择 Pressure 确定，其他为默认，单击【Apply】，可以看到结果云图，如图 11-153 所示。

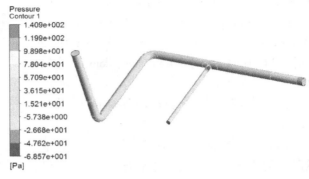

图 11-153　云图显示

（5）在菜单栏中单击【File】→【Close CFD-Post】，退出 Fluent 环境，然后回到 Workbench 主界面。

21. 进入 Mechanical 分析环境

（1）在结构静力分析上，右键单击【Model】→【Edit】进入 Mechanical 分析环境。

（2）在 Mechanical 的主菜单【Units】中设置单位为 Metric（mm，kg，N，s，mV，mA）。

22. 为几何模型分配材料

（1）为管分配材料：在导航树里单击【Geometry】展开→【Pipe】→【Details of "Pipe"】→【Material】→【Assignment】= Aluminum Alloy，其他默认。

（2）右键单击【Fluid domain】→【Suppress Body】。

23. 划分网格

（1）在导航树里单击【Mesh】→【Details of "Mesh"】→【Sizing】→【Size Function】= Curvature，【Relevance Center】= Fine，【Quality】→【Mesh Smoothing】= High，其他默认。

（2）生成网格：右键单击【Mesh】→【Generate Mesh】，图形区域显示程序生成的四面体网格模型，如图 11-154 所示。

（3）网格质量检查：在导航树里单击【Mesh】→【Details of "Mesh"】→【Quality】→【Mesh Metric】= Skewness，显示 Skewness 规则下网格质量详细信息，平均值处在好水平范围内，展开【Statistics】显示网格和节点数量。

图 11-154　划分网格

24. 施加边界条件

（1）在导航树上单击【Structural（B5）】。

（2）设置流体载荷：右键单击【Imported Load（A5）】→【Insert】→【Pressure】，【Imported

Pressure】→【Details of "Imported Pressure"】→【Scope】→【Scoping Method】= Named Selection，【Named Selection】= Pipe inner；【Transfer Definition】→【CFD Domain】= wall fluid_domain，其他默认。

(3) 右键单击【Imported Pressure】→【Import Load】。

(4) 施加约束：在标准工具栏中单击 ，然后分别选择入口端面和细管出口端面，然后分别在环境工具栏中单击【Supports】→【Fixed Support】，如图 11-155 所示。

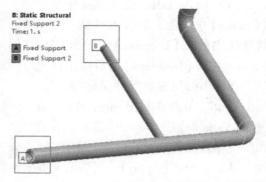

图 11-155　施加固定约束

25. 设置需要的结果

(1) 在导航树上单击【Solution（B6）】。

(2) 在求解工具栏中单击【Deformation】→【Total】。

(3) 在求解工具栏中单击【Stress】→【Equivalent（von-Mises）】。

26. 求解与结果显示

(1) 在 Mechanical 标准工具栏中单击 Solve 进行求解运算。

(2) 运算结束后，单击【Solution（B6）】→【Total Deformation】，图形区域显示得到的水管总变形分布云图，如图 11-156 所示；单击【Solution（B6）】→【Equivalent Stress】，显示水管等效应力分布云图，如图 11-157 所示。

图 11-156　水管总变形分布云图

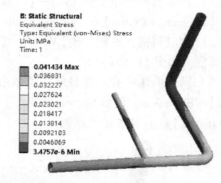

图 11-157　水管等效应力分布云图

27. 保存与退出

(1) 退出 Mechanical 分析环境：单击 Mechanical 主界面的菜单【File】→【Close Mechanical】退出环境，返回到 Workbench 主界面，此时主界面的分析流程图中显示的分析均已完成。

(2) 单击 Workbench 主界面上的【Save】按钮，保存所有分析结果文件。

(3) 退出 Workbench 环境：单击 Workbench 主界面的菜单【File】→【Exit】退出主界面，完成分析。

11.5.3 分析点评

本实例是水管管壁耦合分析，属于内部流动的单向顺序流固耦合问题，模拟流体流动对管壁的影响。与前一实例不同的是，本实例考虑水压对管壁的影响。从结果上看，与约束端近的水管弯头处应力较大，对管使用寿命影响大，现实中水管也易在此处破坏。而无约束的出口处水流畅通，变形大，实现了充分变形而应力较小，不易破坏。

11.6 振动片双向流固耦合分析

11.6.1 问题描述

某材料为聚乙烯的振动片如图 11-158 所示。振动片大端面受约束，小端面自由，平面受到力载荷，载荷数据在分析中体现。除此之外，振动片还受到 6m/s 的黏性水流冲击。试求振动片在外力载荷及流体作用下所受到的应力。

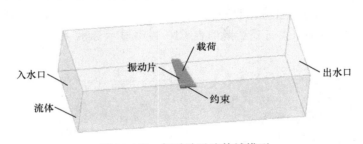

图 11-158 振动片及流体域模型

11.6.2 实例分析过程

1. 启动 Workbench 18.0

在"开始"菜单中执行 ANSYS 18.0→Workbench 18.0 命令。

2. 创建耦合分析

（1）在工具箱【Toolbox】的【Analysis Systems】中双击或拖动结构瞬态分析【Transient Structural】到项目分析流程图。

（2）在工具箱【Toolbox】的【Analysis Systems】中双击或拖动流体动力学分析【Fluid Flow (Fluent)】到项目分析流程图。

（3）在工具箱【Toolbox】的【Component Systems】中双击或拖动耦合分析【System Coupling】到项目分析流程图。

（4）创建关联：按住结构瞬态分析 Geometry 与流体动力学分析 Geometry 关联，然后结构瞬态分析 Setup 和流体动力学分析 Setup 都与耦合分析 Setup 关联，如图 11-159 所示。

（5）在 Workbench 的工具栏中单击【Save】，保存项目实例名为 Vibrating plate.wbpj。工程实例文件保存在 D：\AWB\Chapter11 文件夹中。

3. 创建材料参数

（1）编辑工程数据单元：右键单击结构瞬态分析【Engineering Data】→【Edit】。

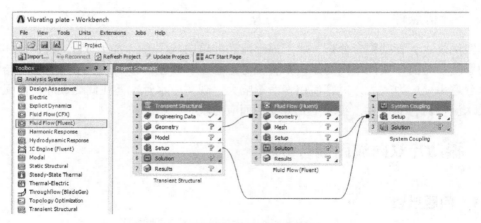

图 11-159　创建振动片双向流固耦合分析

（2）在工程数据属性中增加材料：在 Workbench 的工具栏中单击▣工程材料源库，此时的主界面显示【Engineering Data Sources】和【Outline of Favorites】。选择 A3 栏【General materials】，从【Outline of General materials】里查找聚乙烯【Polyethylene】材料，然后单击【Outline of General Material】表中的添加按钮✚，此时在 C10 栏中显示标示✎，表明材料添加成功，如图 11-160 所示。

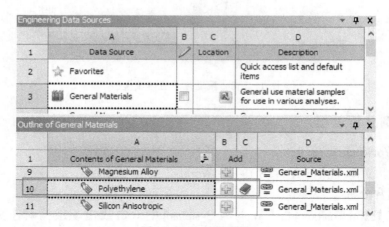

图 11-160　材料属性

（3）单击工具栏中的【A2：Engineering Data】关闭按钮，返回到 Workbench 主界面，新材料创建完毕。

4. 导入几何模型

在结构瞬态分析上，右键单击【Geometry】→【Import Geometry】→【Browse】→找到模型文件 Vibrating plate.agdb，打开导入几何模型。模型文件在 D：\AWB\Chapter11 文件夹中。

5. 进入 Mechanical 分析环境

（1）在结构瞬态分析上，右键单击【Model】→【Edit】进入 Mechanical 分析环境。

（2）在 Mechanical 的主菜单【Units】中设置单位为 Metric（mm，kg，N，s，mV，mA）。

6. 为几何模型分配材料

(1) 为平板分配材料：在导航树里单击【Geometry】展开→【Plate】→【Details of "Plate"】→【Material】→【Assignment】= Polyethylene，其他默认。

(2) 右键单击【Fluid domain】→【Suppress Body】。

7. 划分网格

(1) 在导航树里单击【Mesh】→【Details of "Mesh"】→【Sizing】→【Size Function】= Adaptive，【Relevance Center】= Fine，【Span Angle Center】= Fine；【Quality】→【Smoothing】= High，其他默认。

(2) 生成网格：右键单击【Mesh】→【Generate Mesh】，图形区域显示程序生成的网格模型，如图 11-161 所示。

(3) 网格质量检查：在导航树里单击【Mesh】→【Details of "Mesh"】→【Quality】→【Mesh Metric】= Skewness，显示 Skewness 规则下网格质量详细信息，平均值处在好水平范围内，展开【Statistics】显示网格和节点数量。

8. 施加边界条件

(1) 在导航树上单击【Transient（A5）】。

(2) 单击【Analysis Settings】→【Details of "Analysis Settings"】→【Step Controls】→【Step End Time】= 10，【Auto Time Stepping】= Off，【Define By】= Substeps，【Number Substeps】= 10，其他默认。

(3) 施加约束：在标准工具栏中单击▣，然后分别选择平板侧边大端面，然后在环境工具栏中单击【Supports】→【Fixed Support】，如图 11-162 所示。

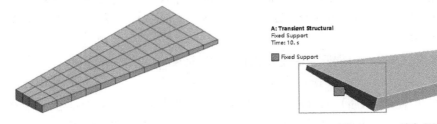

图 11-161 划分网格　　　　图 11-162 施加固定约束

(4) 施加面力：在标准工具栏中单击▣，然后选择平板表面，接着在环境工具栏中单击【Loads】→【Force】→【Details of "Force"】→【Definition】→【Define By】= Vector，设置【Direction】方向为箭头指向表面沿 Y 轴方向（参考视图坐标系），如图 11-163 所示；【Magnitude】= Tabular，然后输入表格数据，如图 11-164 所示。

(5) 设置流固耦合结合面：在环境工具栏中单击【Loads】→【Fluid Solid Interface】→【Details of "Fluid Solid Interface"】→【Scope】→【Scoping Method】= Named Selection，【Named Selection】= Solid Fluid Interface。

9. 设置需要的结果及退出 Mechanical

(1) 在导航树上单击【Solution（A6）】。

(2) 在求解工具栏中单击【Stress】→【Equivalent Stress】。

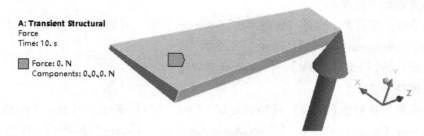

图 11-163　施加力载荷参考方向

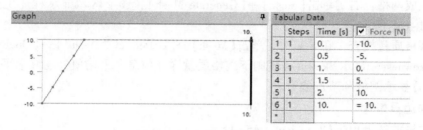

图 11-164　施加力载荷数据

（3）退出 Mechanical 分析环境：单击 Mechanical 主界面的菜单【File】→【Close Mechanical】退出环境。

（4）单击 Workbench 主界面上的【Save】按钮，保存设置文件。

10. 进入 Meshing 网格划分环境

（1）在流体动力学分析上，右键单击【Mesh】→【Edit】进入 Meshing 网格划分环境。

（2）在 Meshing 的主菜单【Units】中设置单位为 Metric（mm，kg，N，s，mV，mA）。

11. 抑制平板模型

在导航树里单击【Geometry】展开，右键单击【Plate】→【Suppress Body】。

12. 划分网格

（1）在导航树里单击【Mesh】→【Details of "Mesh"】→【Sizing】→【Size Function】= Curvature，【Relevance Center】= Fine，【Span Angle Center】= Fine；【Quality】→【Smoothing】= High，其他默认。

（2）生成网格：右键单击【Mesh】→【Generate Mesh】，图形区域显示程序生成的四面体网格模型，如图 11-165 所示。

（3）网格质量检查：在导航树里单击【Mesh】→【Details of "Mesh"】→【Quality】→【Mesh Metric】= Jacobian Ratio（Gauss Points），显示 Jacobian Ratio（Gauss Points）规则下网格质量详细信息，平均值处在好水平范围内，展开【Statistics】显示网格和节点数量。

（4）单击主菜单【File】→【Close Meshing】。

（5）返回 Workbench 主界面：右键单击流体动力学分析【Mesh】，从弹出的菜单中选择【Up-

图 11-165　划分网格

date】升级，把数据传递到下一单元中。

13. 进入 Fluent 环境

右键单击流体动力学分析【Setup】，从弹出的菜单中选择【Edit】，启动 Fluent 界面，设置双精度【Double Precision】，然后单击【OK】进入 Fluent 环境。

14. 进入 Fluent 环境及网格检查

（1）在控制面板中依次单击【General】→【Mesh】→【Check】，命令窗口出现所检测的信息。

（2）在控制面板中依次单击【General】→【Mesh】→【Report Quality】，命令窗口出现所检测的信息，显示网格质量处于较好的水平。

（3）单击 Ribbon 功能区【Setting Up Domain】→【Info】→【Size】，命令窗口出现所检测的信息，显示网格节点数量为 20633 个。

15. 指定求解类型

单击 Ribbon 功能区【Setting Up Physics】，选择时间为瞬态【Transient】，求解类型为压力基【Pressure-Based】，速度方程为绝对值【Absolute】，如图 11-166 所示。

16. 湍流模型

单击 Ribbon 功能区【Setting Up Physics】→【Viscous…】→【Viscous Model】→【K-epsilon (2eqn)】，【K-epsilon Model】= Realizable，【Near-Wall Treatment】= Scalable Wall Functions，其他参数默认，单击【OK】退出对话框，如图 11-167 所示。

图 11-166 求解算法控制

图 11-167 湍流模型

17. 指定材料属性

单击 Ribbon 功能区【Setting Up Physics】→【Materials】→【Create/Edit…】，从弹出的对话框中，单击【Fluent Database…】，从弹出的对话框中选择【water-liquid（h2o < l >）】，之后单击【Copy】→【Close】关闭窗口，如图 11-168 所示。单击【Close】关闭【Create/Edit Materials】对话框，如图 11-169 所示。

18. 设置流体域

单击 Ribbon 功能区【Setting Up Physics】→【Zones】→【Cell Zones】→【Task Page】→【Zone】→【fluid_domain】→【Type】= fluid，单击【Edit…】，从弹出的对话框中设置【Phase Material】=

water-liquid，单击【OK】关闭对话框，如图 11-170 所示。

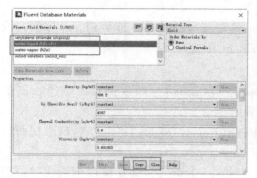

图 11-168　选择材料

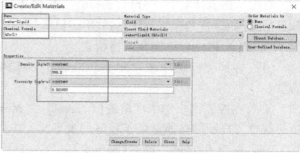

图 11-169　创建材料

19. 边界条件

（1）单击 Ribbon 功能区【Setting Up Physics】→【Boundaries…】→【Zone】→【fluid solid interface】→【Type】= wall，单击【Edit…】，保持弹出的对话框中的设置，单击【OK】关闭对话框，如图 11-171 所示。

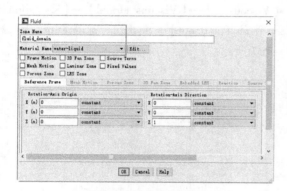

图 11-170　设置流体域

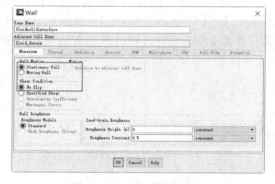

图 11-171　设置耦合壁面

（2）单击【Zone】→【inlet】→【Type】= Velocity-inlet，单击【Edit…】，在弹出的对话框中的设置 Velocity Magnitude（m/s）=6，单击【OK】关闭对话框，如图 11-172 所示。

（3）单击【Zone】→【outlet】→【Type】= pressure-outlet，单击【Edit…】，保持弹出的对话框中的设置，单击【OK】关闭对话框，如图 11-173 所示。

20. 动网格设置

单击 Ribbon 功能区【Setting Up Domain】→【Mesh Models】→【Dynamic Mesh】→【Task Page】→选择【Dynamic Mesh】;【Mesh Methods】→【Smoothing】→【Create/Edit…】→【Dynamic Mesh Zones】→【Zone Name】= fluid solid interface →【Type】= System Cou-

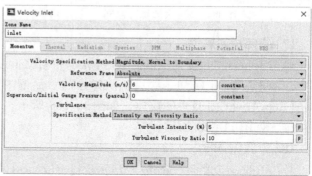

图 11-172　设置入口边界

pling，单击【Create】→【Close】关闭对话框，如图 11-174 所示。

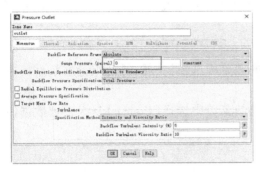
图 11-173 设置出口边界

图 11-174 设置动网格

21. 参考值

（1）单击 Ribbon 功能区【Setting Up Physics】→【Reference Values…】，单击【Reference Values】，参数默认，如图 11-175 所示。

（2）在菜单栏中单击【File】→【Save Project】，保存项目。

22. 求解方法设置

单击 Ribbon 功能区【Solving】→【Methods…】，【Task Page】→【Scheme】= Coupled，其他设置默认，如图 11-176 所示。

图 11-175 参考值

图 11-176 求解方法设置

23. 初始化

单击 Ribbon 功能区【Solving】→【Initialization】→【Initialize】初始化。

24. 设置自动保存频率

单击 Ribbon 功能区【Solving】→【Activities】→【Mange…】，【Task Page】→【Autosave Every (Time Steps)】= 1，其他默认。

25. 求解时间及退出 Fluent

（1）单击 Ribbon 功能区【Solving】→【Run Calculation】→【Time Step Size (s)】= 0.01，【No. of Time Steps】= 250，如图 11-177 所示。

（2）在菜单栏中单击【File】→【Save Project】，保存

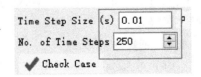
图 11-177 求解设置

项目。

(3) 在菜单栏中单击【File】→【Close Fluent】, 退出 Fluent 环境, 然后回到 Workbench 主界面。

26. 升级数据

(1) 右键单击结构瞬态分析【Setup】, 从弹出的菜单中选择【Update】升级, 把数据传递到耦合分析中。

(2) 右键单击流体动力学分析【Setup】, 从弹出的菜单中选择【Update】升级, 把数据传递到耦合分析中。

27. 耦合设置

(1) 右键单击耦合分析的【Setup】→【Edit…】。

(2) 分别单击【Transient Structural】下的【Fluid Solid Interface】与【Fluid Flow (Fluent)】下的【fluid solid interface】, 然后单击右键选择【Create Data Transfer】创建耦合数据传递, 如图 11-178 所示。

(3) 单击【Analysis Settings】→【Properties of Analysis Settings】→【End Time [s]】= 2.5, 【Step Size [s]】= 0.1, 如图 11-179 所示, 其他默认。

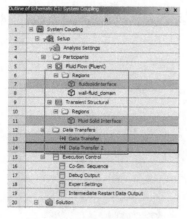

图 11-178 耦合设置界面

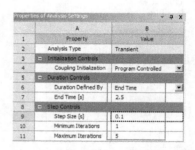

图 11-179 设置耦合持续时间与时步控制

(4) 单击【Execute Control】→【Intermediate Restart Data Output】→【Properties of Intermediate Restart Data Output】→【Output Frequency】= At Step Interval,【Step Interval】= 5, 如图 11-180 所示。

(5) 右键单击【Solution】, 从弹出的菜单中选择【Update】升级计算。

(6) 单击工具栏中的【C: System Coupling】关闭按钮, 返回到 Workbench 主界面, 耦合求解完毕。

28. 创建后处理

(1) 在菜单栏中单击【File】→【Save】, 保存项目。

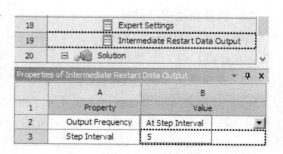

图 11-180 设置耦合输出频率

(2) 拖动结构静力分析【Solution】到流体动力学分析【Results】使其连接。

(3) 右键单击流体动力学分析【Results】→【Edit…】进入后处理系统。

(4) 插入平面：在工具栏中单击【Location】→【Plane】并确定，其设置默认，在几何选项中的域【Domains】选择 All Domains，方法【Method】栏后选 ZX Plane，【Y】为 3.5mm，单击【Apply】确定。

(5) 插入云图：在工具栏中单击【Contour】并确定，其设置默认，在几何选项中的域【Domains】选择 All Domains，位置【Locations】栏后单击…选项，在弹出的位置选择器里选择 Plane1 确定。在变量【Variable】栏后单击…选项，在弹出的变量选择器选择 Velocity 确定，【#of Contours】为 110，其他为默认，单击【Apply】，可以看到结果云图，如图 11-181 所示。

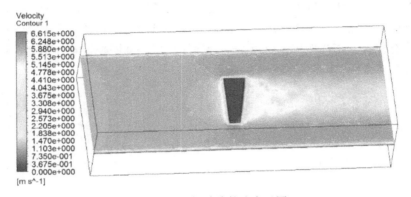

图 11-181　振动片的速度云图

(6) 插入云图：在工具栏中单击【Contour】并确定，其设置默认，在几何选项中的域【Domains】选择 All Domains，位置【Locations】栏后单击…选项，在弹出的位置选择器里选择 Plane1 确定。在变量【Variable】栏后单击…选项，在弹出的变量选择器选择 Von Mises Stress 确定，【#of Contours】为 110，其他为默认，单击【Apply】，可以看到结果云图，如图 11-182 所示。

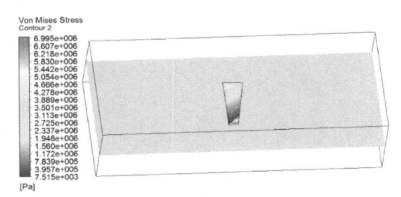

图 11-182　振动片等效应力云图

(7) 在菜单栏中单击【File】→【Close CFD-Post】，退出 Fluent 环境，然后回到 Workbench 主界面。

29. 保存与退出

（1）退出 Mechanical 分析环境：单击 Mechanical 主界面的菜单【File】→【Close Mechanical】退出环境，返回到 Workbench 主界面，此时主界面的分析流程图中显示的分析均已完成。

（2）单击 Workbench 主界面上的【Save】按钮，保存所有分析结果文件。

（3）退出 Workbench 环境：单击 Workbench 主界面的菜单【File】→【Exit】退出主界面，完成分析。

11.6.3 分析点评

本实例是振动片双向流固耦合分析，属于外部流动的双向流固耦合问题，模拟流体流动对振动片的影响。与前两实例不同的是，本实例考虑了耦合的双向性，即流体与固体的相互作用，更接近真实情况。一般情况下双向耦合为动态耦合，所以本例利用了 Transient Structural 模块和瞬态模式。在本例中，重点是耦合界面设置、动网格设置及耦合求解设置。

第 12 章 优化设计

12.1 桁架支座的多目标优化

12.1.1 问题描述

某桁架支座,材料为结构钢,承受 1500N 的作用力,如图 12-1 所示。支座的肋板可以改善构件整体受力状况,肋板的尺寸也会影响桁架支座的整体重量。若在可承受的范围内,通过对支座及肋板尺寸进行优化,使其在承受更大作用力的同时支座应力在屈服范围内,变形尽可能小。试对该桁架支座进行优化分析。

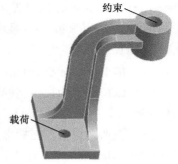

图 12-1 桁架支座肋板模型

12.1.2 实例分析过程

1. 启动 Workbench 18.0

在"开始"菜单中执行 ANSYS 18.0→Workbench 18.0 命令。

2. 创建结构静力分析

(1) 在工具箱【Toolbox】的【Analysis Systems】中双击或拖动结构静力分析【Static Structural】到项目分析流程图,如图 12-2 所示。

(2) 在 Workbench 的工具栏中单击【Save】,保存项目实例名为 Truss bearing.wbpj。工程实例文件保存在 D:\AWB\Chapter12 文件夹中。

3. 导入几何模型

在结构静力分析上,右键单击【Geometry】→【Import Geometry】→【Browse】,找到模型文件 Truss bearing.agdb,打开导入几何模型。模型文件在 D:\AWB\Chapter12 文件夹中。

4. 进入 Mechanical 分析环境

(1) 在结构静力分析上,右键单击【Model】→【Edit】,进入 Mechanical 分析环境。

(2) 在 Mechanical 的主菜单【Units】中设置单位为 Metric(mm, kg, N, s, mV, mA)。

5. 为几何模型分配材料

桁架支座材料为结构钢,自动分配。

6. 划分网格

(1) 在导航树里单击【Mesh】→【Details of "Mesh"】→【Sizing】→【Size Function】= Curvature,【Max Face Size】= 2.5mm,其他默认。

(2) 生成网格:右键单击【Mesh】→【Generate Mesh】,图形区域显示程序生成的四面体网格模型,如图 12-3 所示。

图 12-2　创建桁架支座肋板静力分析　　　　　图 12-3　网格划分

（3）网格质量检查：在导航树里单击【Mesh】→【Details of "Mesh"】→【Quality】→【Mesh Metric】= Element Quality，显示 Element Quality 规则下网格质量详细信息，平均值处在好水平范围内，展开【Statistics】显示网格和节点数量。

7. 施加边界条件

（1）单击【Static Structural（A5）】。

（2）施加固定约束：在标准工具栏中单击 ，选择支撑通孔，然后在环境工具栏中单击【Supports】→【Fix Support】，如图 12-4 所示。

（3）施加力载荷：在标准工具栏中单击 ，选择表面，在环境工具栏中单击【Loads】→【Force】→【Details of "Force"】→【Definition】→【Define By】= Components，【Y Component】= -1500N，如图 12-5 所示。

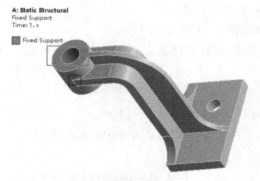 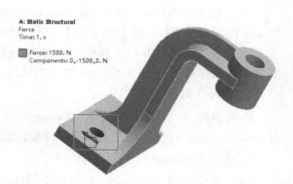

图 12-4　创建固定约束　　　　　　　　　图 12-5　施加力载荷

8. 设置需要的结果

（1）在导航树上单击【Solution（A6）】。

（2）在求解工具栏中单击【Deformation】→【Total】。

（3）在求解工具栏中单击【Stress】→【Equivalent（von-Mises）】。

9. 求解与结果显示

（1）在 Mechanical 标准工具栏中单击 Solve 进行求解运算。

（2）运算结束后，单击【Solution（A6）】→【Total Deformation】，图形区域显示结构静力

分析得到的支撑变形分布云图，如图 12-6 所示；单击【Solution（A6）】→【Equivalent Stress】，显示支撑应力分布云图，如图 12-7 所示。

图 12-6　支撑变形分布云图　　　　　　　图 12-7　支撑应力分布云图

10. 提取参数

（1）提取载荷参数：在导航树里单击【Force】→【Details of "Force"】→【Definition】→【Y Component】= −1500N，选择力参数框，出现"P"字，如图 12-8 所示。

（2）提取结果变形参数：在导航树里单击【Solution（A6）】→【Total Deformation】→【Details of "Total Deformation"】→【Results】→【Maximum】，选择结果变形参数框，出现"P"字，如图 12-9 所示。

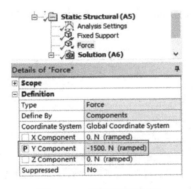　　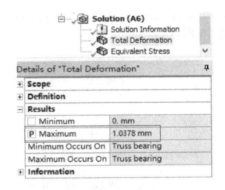

图 12-8　提取载荷参数　　　　　　　　　图 12-9　提取结果变形参数

（3）提取结果应力参数：在导航树里单击【Solution（A6）】→【Equivalent Stress】→【Details of "Equivalent Stress"】→【Results】→【Maximum】，选择结果变形参数框，出现"P"字，如图 12-10 所示。

（4）退出 Mechanical 分析环境：单击 Mechanical 主界面的菜单【File】→【Close Mechanical】，退出环境，返回到 Workbench 主界面。单击 Workbench 主界面上的【Save】按钮，保存所有分析结果文件。

（5）双击参数设置【Parameter Set】进入参数工作空间，显示所创建输入参数与输出参数，如图 12-11 所示。

（6）单击工具栏中的【Parameter Set】关闭按钮，返回到 Workbench 主界面。

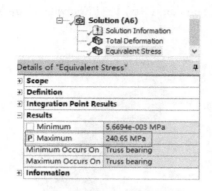

图 12-10　提取结果应力参数　　　　图 12-11　查看输入与输出参数

11. 响应面驱动优化参数设置

（1）将响应面驱动优化模块【Response Surface Optimization】拖入项目流程图，该模块与参数空间自动连接。

（2）在响应面驱动优化中，双击试验设计【Design of Experiments】单元格。

（3）在大纲窗口中，单击 P1 参数，【Outline of Schematic B2：Design of Experiments】→【Properties of Outline A5：P1-TB_z】→【Values】→【Lower Bound】= 15，【Upper Bound】= 25，如图 12-12 所示。

（4）在大纲窗口中单击 P2 参数，【Outline of Schematic B2：Design of Experiments】→【Properties of Outline A6：P2-TB_j】→【Values】→【Lower Bound】= 2，【Upper Bound】= 5，如图 12-13 所示。

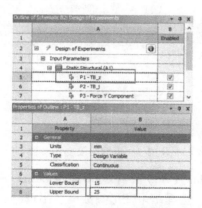
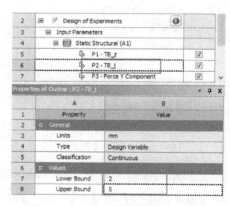

图 12-12　试验设计模型参数设置　　　　图 12-13　试验设计模型参数设置

（5）在大纲窗口中单击 P3 参数，【Outline of Schematic B2：Design of Experiments】→【Properties of Outline A7：P3-Force Y Component】→【Values】→【Lower Bound】= -2000，【Upper Bound】= -1350，如图 12-14 所示。

（6）在大纲窗口中单击【Design of Experiments】→【Properties of Outline A2：Design of Experiment】→【Design Type】= Face-Centered，【Template Type】= Standard，如图 12-15 所示；Workbench 工具栏中选择预览数据【Preview】，如图 12-16 所示；单击升级【Update】数据，程序运行得到样本设计点的计算结果，如图 12-17 所示。

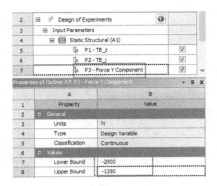

图 12-14　试验设计力参数设置

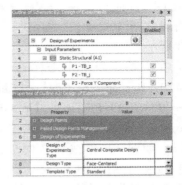

图 12-15　设置设计类型

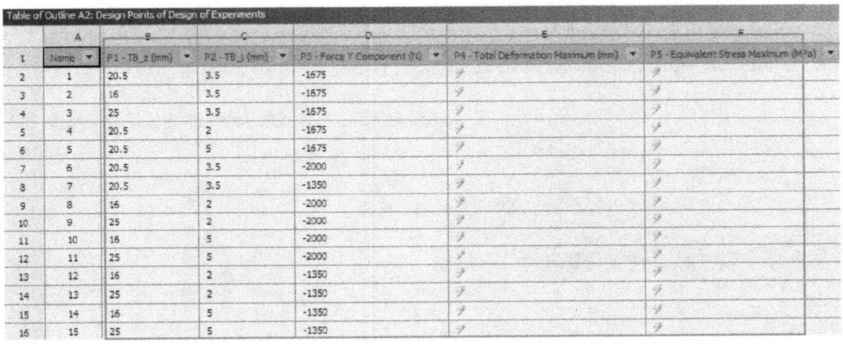

Table of Outline A2: Design Points of Design of Experiments

	A	B	C	D	E	F
1	Name	P1 - TB_z (mm)	P2 - TB_j (mm)	P3 - Force Y Component (N)	P4 - Total Deformation Maximum (mm)	P5 - Equivalent Stress Maximum (MPa)
2	1	20.5	3.5	-1675		
3	2	16	3.5	-1675		
4	3	25	3.5	-1675		
5	4	20.5	2	-1675		
6	5	20.5	5	-1675		
7	6	20.5	3.5	-2000		
8	7	20.5	3.5	-1350		
9	8	16	2	-2000		
10	9	25	2	-2000		
11	10	16	5	-2000		
12	11	25	5	-2000		
13	12	16	2	-1350		
14	13	25	2	-1350		
15	14	16	5	-1350		
16	15	25	5	-1350		

图 12-16　预览设计点

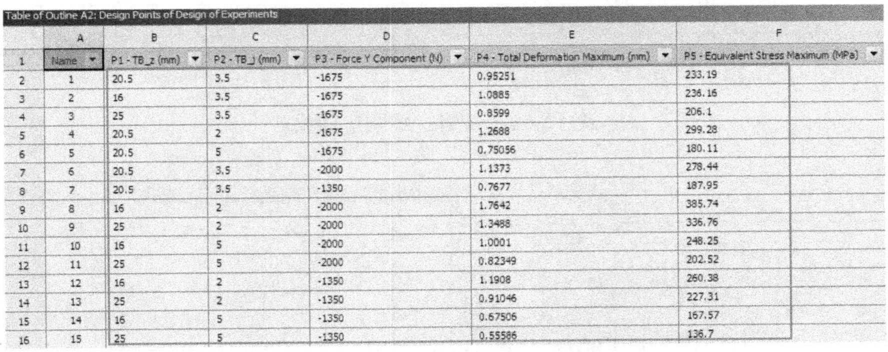

Table of Outline A2: Design Points of Design of Experiments

	A	B	C	D	E	F
1	Name	P1 - TB_z (mm)	P2 - TB_j (mm)	P3 - Force Y Component (N)	P4 - Total Deformation Maximum (mm)	P5 - Equivalent Stress Maximum (MPa)
2	1	20.5	3.5	-1675	0.95251	233.19
3	2	16	3.5	-1675	1.0885	236.16
4	3	25	3.5	-1675	0.8599	206.1
5	4	20.5	2	-1675	1.2688	299.28
6	5	20.5	5	-1675	0.75056	180.11
7	6	20.5	3.5	-2000	1.1373	278.44
8	7	20.5	3.5	-1350	0.7677	187.95
9	8	16	2	-2000	1.7642	385.74
10	9	25	2	-2000	1.3488	336.76
11	10	16	5	-2000	1.0001	248.25
12	11	25	5	-2000	0.82349	202.52
13	12	16	2	-1350	1.1908	260.38
14	13	25	2	-1350	0.91046	227.31
15	14	16	5	-1350	0.67506	167.57
16	15	25	5	-1350	0.55586	136.7

图 12-17　设计点参数计算

（7）计算完成后，单击工具栏中的【B2：Design of Experiments】关闭按钮，返回到 Workbench 主界面。

12. 响应面设置

（1）在目标驱动优化中，右键单击响应面【Response Surface】，在弹出的快捷菜单中选择【Refresh】。

（2）双击【Response Surface】进入响应面环境，在大纲窗口中单击响应面【Response Surface】→【Properties of Schematic A2：Response Surface】→【Response Surface Type】= Kriging,【kernel Variation Type】= Variable,Workbench 工具栏中选择升级数据【Update】,程序进行升级计算设计点,如图 12-18 所示。

(3) 在大纲窗口中单击【Response】→【Properties of Outline A20:Response Surface】→【Chart】→【Mode】= 2D,【Axes】→【X Axis】= P1-TB_z,【Y Axis】= P4-Total Deformation Maximum,可以查看输入几何参数与结果变形参数的响应曲线,如图 12-19 所示。同理,设置【Mode】= 2D Slices,【Slices Axis】= P3-Force Y Component,可以查看输入几何参数与结果变形参数的切片响应曲线,如图 12-20 所示。同理,设置【Mode】= 3D,可以查看输入几何参数与结果变形参数的 3D 响应面,如图 12-21 所示。当然,也可任意更换 X 轴与 Y 轴的参数来对比显示。

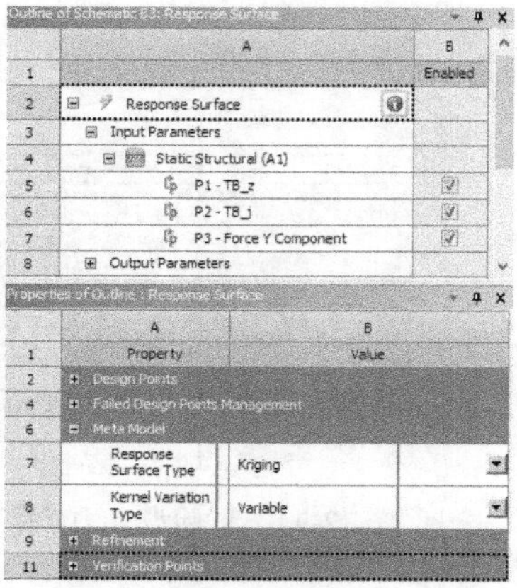

图 12-18 设置响应面类型

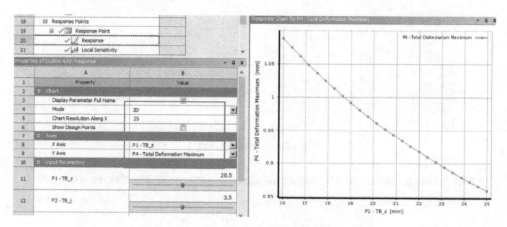

图 12-19 查看二维响应曲线

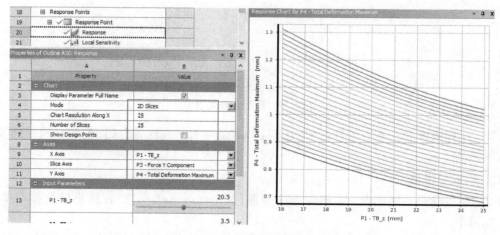

图 12-20 查看二维切片响应曲线

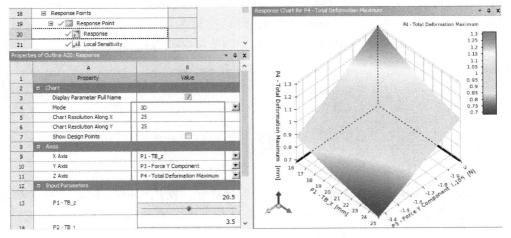

图 12-21 查看响应面

（4）在大纲窗口中单击【Local Sensitivity Curves】→【Properties of Outline A19：Local Sensitivity Curves】→【Axes】→【X Axis】= Input Parameters，【Y Axis】= P4-Total Deformation Maximum，可以查看输入参数与结果变形之间的局部敏感曲线情况，如图 12-22 所示。

（5）在大纲窗口中单击【Spider】，可以查看输出参数之间的关系，如图 12-23 所示。

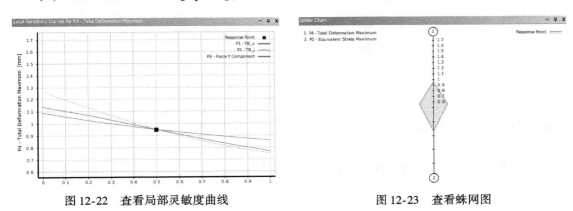

图 12-22 查看局部灵敏度曲线　　　　　图 12-23 查看蛛网图

（6）查看完成后，单击工具栏中的【B3：Response Surface】关闭按钮，返回到 Workbench 主界面。

13. 目标驱动优化

（1）在目标驱动优化中，右键单击响应面【Optimization】，在弹出的快捷菜单中选择【Refresh】。

（2）在目标驱动优化中，双击优化设计【Optimization】，进入优化工作空间。

（3）在【Table of Schematic D4：Optimization】里，单击【Optimization】→【Properties of Outline A2：Optimization】→【Optimization】→【Optimization Method】= Screening。

（4）在【Outline of Schematic B4：Optimization】里，单击【Objectives and Constraints】，在【Table of Schematic B4：Optimization】优化列表窗口中设置优化目标，【P1-TB_z】目标类型为 Minimize；【P2-TB_j】目标类型为 Maximize；【P3-Force Y Component】目标类型为 Minimize；

【P4-Total Deformation Maximum】目标类型为 Minimize，不做约束；【P5-Equivalent Stress Maximum】目标类型为 Seek Target，Target 为 210，约束类型为 Low Bound <＝Values <＝Upper Bound，Lower Bound＝150，Upper Bound＝230，如图 12-24 所示。

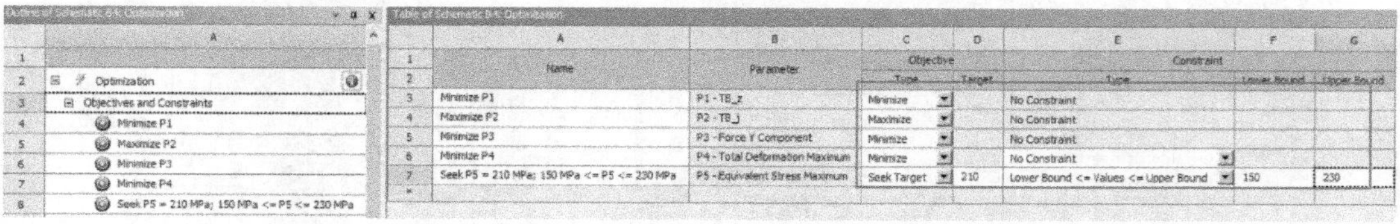

图 12-24　设置优化目标

（5）Workbench 工具栏中，单击【Update】升级优化，使用响应面生成 1000 个样本点，最后程序给出最好的 3 个候选结果，列表显示在优化表中，如图 12-25 所示。

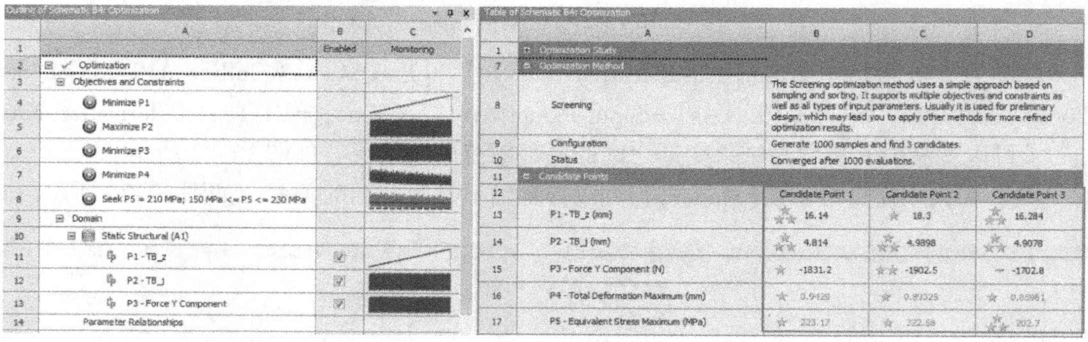

图 12-25　优化候选列表

（6）可以查看样本点的权衡图，在优化大纲图中，单击【Outline of Schematic B4：Optimization】→【Results】→【Tradeoff】→【Properties of Outline A17：Tradeoff】→【Axes】→【X Axis】＝P4-Total Deformation Maximum，【Y Axis】＝P5-Equivalent Stress Maximum，如图 12-26 所示。同理，单击 Samples，也可查看样本图，如图 12-27 所示；单击 Sensitivities，查看灵敏度图，如图 12-28 所示。

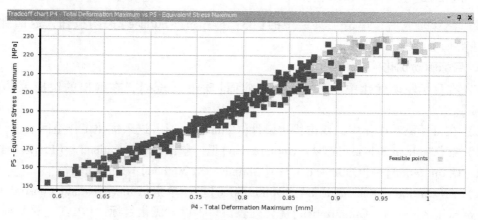

图 12-26　权衡图

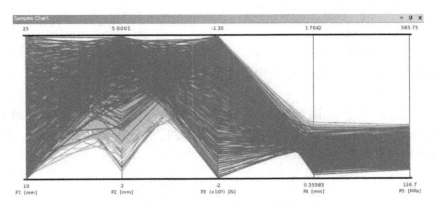

图 12-27　样本图

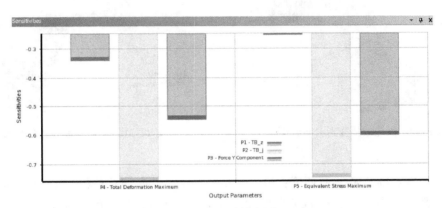

图 12-28　灵敏度图

（7）在候选点的第一组后单击右键，从弹出的快捷菜单中选择【Insert as Design Point】，如图 12-29 所示。

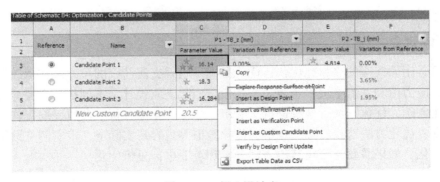

图 12-29　插入设计点

（8）把更新后的设计点应用到具体的模型中，单击 B4：Optimization 关闭按钮，返回到 Workbench 主界面，双击参数设置【Parameter Set】进入参数工作空间，在更新后的点即 DP1 组后单击右键，从弹出的快捷菜单中选择【Copy inputs to Current】；然后右键单击【DP0（Current）】，从弹出的快捷菜单中选择【Update Selected Design Points】进行计算。

(9) 计算完成后，单击工具栏中的【Parameter Set】关闭按钮，返回到 Workbench 主界面。

14. 观察新设计点的结果

(1) 在 Workbench 主界面，在结构静力分析项目上，右键单击【Result】→【Edit】进入 Mechanical 分析环境。

(2) 查看优化结果：单击【Solution（A6）】→【Total Deformation】，图形区域显示优化分析得到的桁架支座变形分布云图，如图 12-30 所示；单击【Solution（A6）】→【Equivalent Stress】，显示桁架支座应力分布云图，如图 12-31 所示。

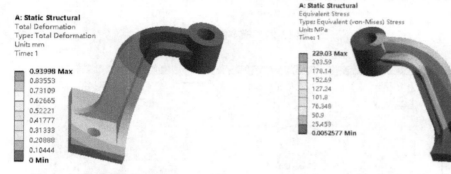

图 12-30　优化结果变形分布云图　　　　图 12-31　优化结果应力分布云图

15. 保存与退出

(1) 退出 Mechanical 分析环境：单击 Mechanical 主界面的菜单【File】→【Close Mechanical】退出环境，返回到 Workbench 主界面，此时主界面的分析流程图中显示的分析均已完成。

(2) 单击 Workbench 主界面上的【Save】按钮，保存所有分析结果文件。

(3) 退出 Workbench 环境：单击 Workbench 主界面的菜单【File】→【Exit】，退出主界面，完成分析。

12.1.3　分析点评

本实例是桁架支座的多目标优化，优化目标是桁架支座肋板的尺寸。在承载作用力变大的情况下，应力值和变形量进一步减小，优化了桁架支座设计。本例是一个完整的多目标尺寸参数优化实例，优化选项大部分进行了展示，包括优化前分析、参数提取、响应面驱动优化参数设置、优化方法选择、优化求解、优化验证等内容。实际上，本实例是结构静力下的尺寸参数优化，如果需要还可在其他力学分析环境下进行分析优化。

12.2　箱体中心铁块的流固耦合及多目标驱动优化

12.2.1　问题描述

某箱体中心有一铁块，通过弧形入口对铁块喷射一股热流和冷流。为了使铁块所造成的温度耗散最小,可以通过优化气流的入口尺寸半径、流速和温度的方法达到目的。其中入口热流半径为0.5m、入口冷流半径为0.5m、出口半径为0.5m。模型如图12-32所示。试对参数进行多目标优化。

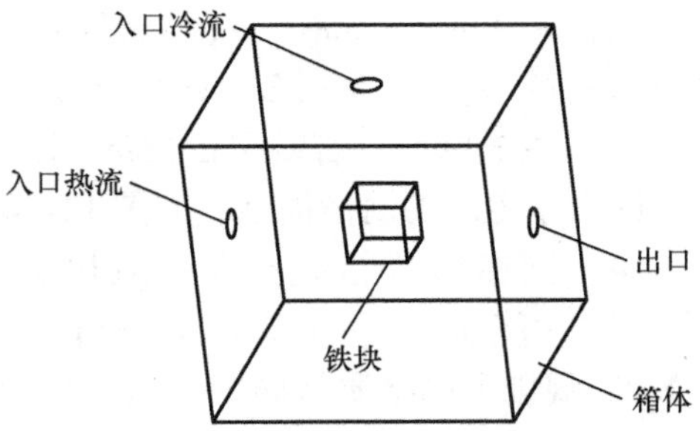

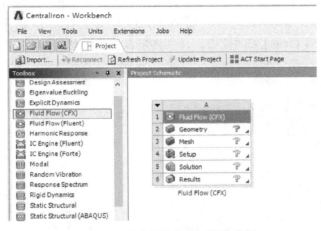

图12-32 模型

12.2.2 实例分析过程

1. 启动 Workbench 18.0

在"开始"菜单中执行 ANSYS 18.0→Workbench 18.0 命令。

2. 创建流体动力学分析

(1) 在工具箱【Toolbox】的【Analysis Systems】中双击或拖动流体动力学分析【Fluid Flow (CFX)】到项目分析流程图,如图12-33所示。

图12-33 创建铁块的流固耦合分析

(2) 在 Workbench 的工具栏中单击【Save】,保存项目实例名为 CentralIron.wbpj。工程实例文件保存在 D:\AWB\Chapter12 文件夹中。

3. 导入几何模型

在流体分析上,右键单击【Geometry】→【Import Geometry】→【Browse】,找到模型文件 CentralIron.agdb,打开导入几何模型。模型文件在 D:\AWB\Chapter12 文件夹中。

4. 进入 Meshing 网格划分环境

(1) 在流体分析上,右键单击【Model】→【Edit】进入 Meshing 网格划分环境。

(2) 在 Meshing 的主菜单【Units】中设置单位为 Metric (mm, kg, N, s, mV, mA)。

5. 划分网格

(1) 在导航树上,单击【Mesh】→【Details of "Mesh"】→【Defaults】→【Physics Preference】= Mechanical,【Relevance】=100;【Sizing】→【Size Function】= Adaptive,【Relevance Center】= Medium,其他默认。

(2) 在标准工具栏中单击 ,然后选择体,接着在环境工具栏中单击【Mesh Control】→

【Sizing】→【Body Sizing】→【Details of "Body Sizing"-Sizing】→【Definition】→【Type】→【Element Size】= 250mm。

（3）生成网格：右键单击【Mesh】→【Generate Mesh】，图形区域显示程序生成的网格模型，如图 12-34 所示。

（4）网格质量检查：在导航树里单击【Mesh】→【Details of "Mesh"】→【Quality】→【Mesh Metric】= Jacobian Ratio，显示 Jacobian Ratio 规则下网格质量详细信息，平均值处在好水平范围内，展开【Statistics】显示网格和节点数量。

图 12-34 网格划分

6. 创建区域

（1）创建中心立方块区域：在工具栏中单击【New Section Plane】图标切分立方体（注意：切时应能观察到中心立方块的 6 个面，不选择 Show Capping Faces 选项），单击，选择内部中心立方块 6 个面区域，右键单击【Create Named Selection】，从弹出的对话框中命名，如设为入口"Centralblock"，然后单击【OK】确定，一个边界区域添加成功，在导航树中出现了一组【Named selections】项，如图 12-35 所示。在导航树下取消选择【Section Plane1】，单击【Section Plane】关闭按钮，几何体恢复原来形状，如图 12-36 所示。

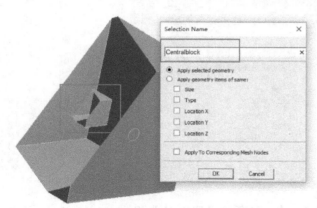

图 12-35 创建中心立方块区域

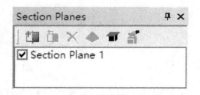

图 12-36 取消切平面显示

（2）创建热气入口边界区域：单击，选择入口区域，鼠标右键单击【Create Named Selection】，从弹出的对话框中命名，如设为入口"Hotinlet"，然后单击【OK】确定，一个边界区域被添加成功，在导航树中出现了一组【Named selections】项，如图 12-37 所示。

（3）创建冷气入口边界区域：单击，选择入口区域，鼠标右键单击【Create Named Selection】，从弹出的对话框中命名，如设为入口"Coldinlet"，然后单击【OK】确定，一个边界区域被添加成功，在导航树中出现了一组【Named selections】项，如图 12-38 所示。

（4）设置出口边界：单击，然后选择流体出口区域，鼠标右键单击【Create Named Selection】，从弹出的对话框中命名，如设为出口"Outlet"，然后单击【OK】确定，一个

图 12-37 创建 Hotinlet 入口区域

边界区域被添加成功，在导航树中出现了一组【Named selections】项，如图12-39所示。

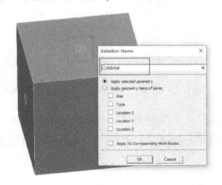
图12-38 创建Coldinlet入口区域

图12-39 创建出口区域

7. 进入CFX环境

（1）流体分析时，右键单击【Mesh】，在弹出的菜单中单击【Update】升级，把网格数据传递到CFX环境。

（2）流体分析时，右键单击流体【Setup】，在弹出的菜单中单击【Edit…】，进入CFX工作环境。

8. 设置流体域

在导航树上双击默认域【Default Domain】进入域详细设置窗口，选择流体模型【Fluid Models】，在热传导【Heat Transfer】里选择热能模型【Thermal Energy】，在湍流栏里选择【K-Epsilon】模型，其他默认，然后单击【OK】确定，如图12-40所示。

9. 定义表达式

（1）在工具栏中单击表达式图标，在弹出的插入表达式对话框中输入coldinlettemp，单击【OK】确定，在窗口左侧表达定义窗口中输入325［K］，然后单击【Apply】，第一个表达创建完成。同理创建第二、第三、第四个表达式，依次输入coldinletvel = 1.75［m/s］，hotinlettemp = 500［K］，hotinletvel = 1.0［m/s］，创建完毕后，如图12-41所示。

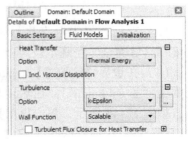
图12-40 设置流体域

（2）在导航树上单击【Expressions】，右键单击【coldinlettemp】，在弹出的快捷菜单中单击【Use as Workbench Input Parameter】。同样的方法，把【coldinletvel】、【hotinlettemp】、【hotinletvel】作为输入参数，可以看到函数图标多了个"P"字，如图12-42所示。

图12-41 创建表达式

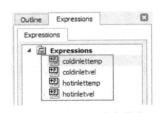
图12-42 表达式参数化

10. 入口边界条件设置

(1) 在任务栏中单击边界条件按钮，在弹出的插入边界面板里输入名称为"Inlet Hot"然后确定，在基本设定中选择边界类型为 Inlet，位置选择 Hotinlet，如图 12-43 所示。

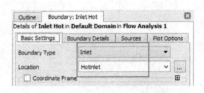

图 12-43　Hotinlet 入口边界基本设置

(2) 在边界详细信息【Boundary Details】中的质量与动量【Mass and Momentum】栏里选择正常速度为 hotinletvel，在热传导【Heat Transfer】栏里选择总温度为 hotinlettemp，其他默认，如图 12-44 所示，单击【OK】确定。Hotinlet 入口位置如图 12-45 所示。

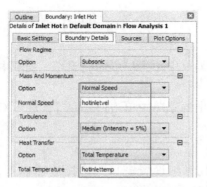

图 12-44　Hotinlet 入口边界设置

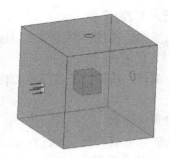

图 12-45　Hotinlet 入口位置

(3) 在任务栏中单击边界条件按钮，在弹出的插入边界面板里输入名称为"Inlet Cold"然后确定，在基本设定中选择边界类型为 Inlet，位置选择 Coldinlet，如图 12-46 所示。

(4) 在边界详细信息【Boundary Details】中的质量与动量【Mass and Momentum】栏里选择正常速度为 coldinletvel，在热传导【Heat Transfer】栏里选择总温度为 coldinlettemp，其他默认，如图 12-47 所示，单击【OK】确定。Coldinlet 入口位置如图 12-48 所示。

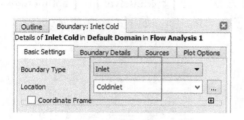

图 12-46　Coldinlet 入口边界基本设置

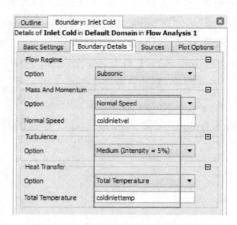

图 12-47　Coldinlet 入口边界设置

11. 出口边界设定

(1) 在任务栏中单击边界条件按钮，在弹出的插入边界面板里输入名称为"Outlet"

然后确定，在基本设定中选择边界类型为 Outlet，位置选择 Outlet，如图 12-49 所示。

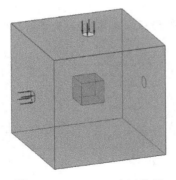

图 12-48　Coldinlet 入口位置

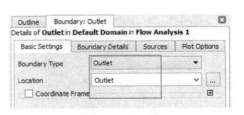

图 12-49　出口基本设置选项

（2）在边界详细信息选项中的质量与动量【Mass and Momentum】栏里选项为 Static Pressure，相对压力【Relative Pressure】为 0Pa，如图 12-50 所示。出口位置如图 12-51 所示。

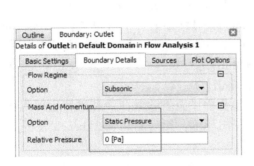

图 12-50　出口边界选项

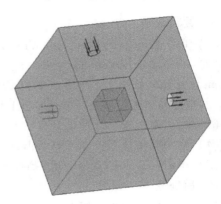

图 12-51　出口位置

12. 墙壁面设置

（1）在任务栏中单击边界条件按钮，在弹出的插入边界条件面板里输入名称为"Central Block"然后确定，在基本设定中设置边界条件类型为 Wall，位置选择 Central Block，如图 12-52 所示。

（2）在边界详细信息中的质量与动量【Mass and Momentum】栏里选择 Free Slip Wall，热传导【Heat Transfer】栏里选择绝热 Adiabatic，其他默认，单击【OK】确定，如图 12-53 所示；墙边界位置如图 12-54 所示。

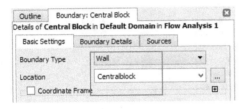

图 12-52　墙基本设置

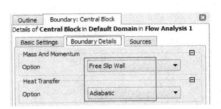

图 12-53　墙边界设置

13. 求解控制

在导航树里，双击【Solver Control】，在【Advanced Scheme】选项下选择 Upwind，最大迭代次数为 300，【Length Scale Options】为 Aggressive，其他默认，如图 12-55 所示。

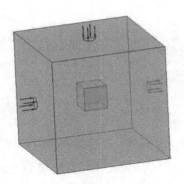

图 12-54　墙边界位置

图 12-55　求解控制

14. 运行求解

（1）单击【File】→【Close CFX-Pre】退出环境，然后回到 Workbench 主界面。

（2）右键单击【Solution】→【Edit】，当【Solver Manager】弹出时，依次设置【Parallel Environment】→【Run Mode】= Platform MPI Local Parallel，Partitions 为 8（根据计算机 CPU 核数确定），其他默认，在【Define Run】面板上单击【Start Run】运行求解。

（3）当求解结束后，系统会自动弹出提示窗，单击【OK】。

（4）查看收敛曲线：在 CFX-Solver Manager 环境界面中查看收敛曲线和求解运行信息。

（5）单击【File】→【Close CFX-Solver Manager】退出环境，然后回到 Workbench 主界面。

15. 后处理

（1）在流体动力学分析上，右键单击【Results】→【Edit】，进入【CFX-CFD-Post】环境。

（2）插入云图：在工具栏中单击【Contour】并确定，其设置默认，在几何选项中的域【Domains】选择 All Domains，位置【Locations】栏后单击…选项，在弹出的位置选择器里选择 Central Block 并确定。在变量【Variable】栏后单击…选项，在弹出的变量选择器选择 Temperature 并确定，其他默认，单击【Apply】，如图 12-56 所示；可以看到结果云图，如图 12-57 所示。

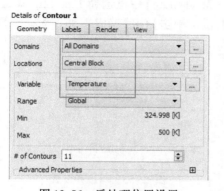

图 12-56　后处理位置设置

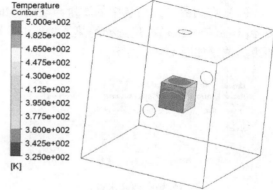

图 12-57　结果云图

(3) 创建表达式：在工具栏中单击表达式图标，从弹出的插入表达式对话框中输入 tempspread，单击【OK】确定，在窗口左侧表达定义窗口中输入 maxVal（T）@ Central Block-minVal（T）@ Central Block，然后单击【Apply】，表达式创建完成。

(4) 在导航树上单击【Expressions】，右键单击【tempspread】，从弹出的快捷菜单中单击【Use as Workbench Output Parameter】，可以看到函数图标多了个"P"字，如图 12-58 所示。

图 12-58 表达式参数化

(5) 单击【File】→【Close CFD-Post】退出环境，然后回到 Workbench 主界面。

16. 创建耦合分析

(1) 在 CFX 上右键单击【Solution】单元，从弹出的菜单中选择【Transfer Data To New】→【Steady-State Thermal】，即创建稳态热分析；接着，右键单击稳态热分析的【Solution】单元，从弹出的菜单中选择【Transfer Data To New】→【Static Structural】，即创建静力分析，删除流体动力学分析几何单元与稳态热分析几何单元的连线，如图 12-59 所示。

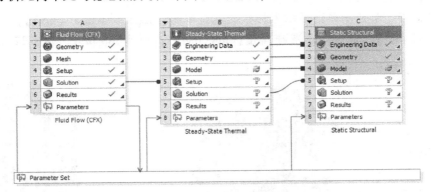

图 12-59 创建耦合分析

(2) 导入几何模型：在稳态热分析上，右键单击【Geometry】→【Import Geometry】→【Browse】，找到模型文件 CentralBlack.agdb，打开导入几何模型。模型文件在 D:\AWB\Chapter12 文件夹中。

(3) 进入 Mechanical 分析环境：在稳态热分析上，右键单击【Model】→【Edit】进入 Mechanical 分析环境。

17. 为几何模型分配材料

中心块材料为结构钢，自动分配。

18. 划分网格

(1) 在导航树上，单击【Mesh】→【Details of "Mesh"】→【Defaults】→【Physics Preference】= Mechanical，【Relevance】= 100；【Sizing】→【Size Function】= Adaptive，【Relevance Center】= Medium，其他默认。

(2) 在标准工具栏中单击，再选择体，然后在环境工具栏中单击【Mesh Control】→

【Sizing】→【Body Sizing】→【Details of "Body Sizing"-Sizing】→【Definition】→【Type】→【Element Size】= 250mm。

（3）在标准工具栏中单击⬚，再选择体，然后在环境工具栏中单击【Mesh Control】→【Method】→【Automatic Method】→【Details of "Automatic Method"-Method】→【Definition】→【Method】= Tetrahedrons，【Algorithm】= Patch Conforming，【Element Midside Nodes】= Use Global Setting。

（4）生成网格：右键单击【Mesh】→【Generate Mesh】，图形区域显示程序生成的网格模型，如图 12-60 所示。

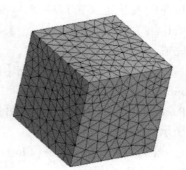

图 12-60　网格划分

19. 边界设置

（1）在导航树上单击【Steady-State Thermal（B5）】，右键单击【Imported Load（Solution）】→【Insert】→【Temperature】。【Details of "Imported Temperature"】→【Scope】→【Geometry】，在工具栏中单击⬚，在图形区域选择中心铁块的 6 个表面，然后，单击【Apply】选中中心块表面。

（2）单击【Details of "Imported Temperature"】→【Transfer Definition】→【CFD Surface】= CentralBlock，如图 12-61 所示。

（3）在标准工具栏中单击显示坐标按钮⬚，单击【Static Structural（C5）】，选择中心铁块 Z 负向底面，然后在环境工具栏中单击【Supports】→【Fixed Support】，如图 12-62 所示。

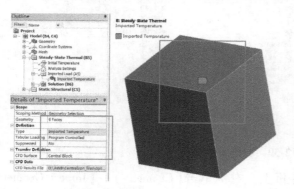

图 12-61　选择施加温度载荷

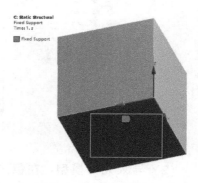

图 12-62　设置约束

20. 设置需要的结果

（1）在导航树上单击【Solution（C6）】。

（2）在求解工具栏中单击【Deformation】→【Total】。

（3）在求解工具栏中单击【Stress】→【Equivalent（von-Mises）】。

（4）在导航树上单击【Solution（C6）】→【Deformation】→【Details of "Deformation"】→【Results】→【Maximum】，在此前单击，使之参数化。

（5）在导航树上单击【Solution（C6）】→【Equivalent Stress】→【Details of "Equivalent Stress"】→【Results】→【Maximum】，在此前单击，使之参数化。

（6）退出 Mechanical 分析环境：单击 Mechanical 主界面的菜单【File】→【Close Mechanical】退出环境，返回到 Workbench 主界面。

21. 查看参数化参数

（1）双击参数设置【Parameter Set】进入参数工作空间，显示所创建输入参数与输出参数，如图 12-63 所示。

（2）单击工具栏中的【Parameter Set】关闭按钮，返回到 Workbench 主界面。

22. 目标驱动优化参数设置

（1）将目标驱动优化模块【Response Surface Optimization】拖入项目流程图，该模块与参数空间自动连接。

（2）目标驱动优化中，双击试验设计【Design of Experiments】单元格进入。在大纲窗口中单击【Design of Experiments】→【Properties of Outline A2：Design of Experiment】→【Design Type】= Auto Defined。

（3）在输入参数下，单击【P1-Hotinlet_Radius】→【Properties of Outline A7：P1-Hotinlet_Radius】→【Value】→【Lower Bound】= 0.45，【Upper Bound】= 0.55，如图 12-64 所示。

图 12-63　查看输入与输出参数　　　　图 12-64　优化参数设置

（4）以同样的方法，在输入参数下，对其他 6 个参数进行限定，分别为：

```
Coldinlet_Radius = 0.45 m to 0.55 m;
Outlet_Radius = 0.45 m to 0.55 m;
Hotinletvel = 0.5 m/s to 1.5 m/s;
hotinlettemp = 400K to 600K;
coldinletvel = 1.0 m/s to 2.5 m/s;
coldinlettemp = 300K to 350K。
```

（5）在 Workbench 工具栏中选择预览数据【Preview】得到 79 组数据，如图 12-65 所示。单击升级【Update】数据，程序开始运行，可以得到样本设计点的计算结果，如图 12-66 所示。

（6）计算完成后，单击工具栏中的【B2：Design of Experiments】关闭按钮，返回到 Workbench 主界面。

Table of Schematic D2: Design of Experiments (Central Composite Design : Auto Defined)

	A	B	C	D	E	F	G	H	I	J	K
1	Name	P3 - ColdInlet_Radius (m)	P2 - Outlet_Radius (m)	P1 - HotInlet_Radius (m)	P7 - hotinletvel (m s^-1)	P6 - hotinlettemp (K)	P5 - coldinletvel (m s^-1)	P4 - coldinlettemp (K)	P8 - tempspread (K)	P9 - Total Deformation Maximum (m)	P10 - Equivalent Stress Maximum (Pa)
2	1 DP 0	0.5	0.5	0.5	1	500	1.75	325			
3	2	0.45	0.5	0.5	1	500	1.75	325			
4	3	0.55	0.5	0.5	1	500	1.75	325			
5	4	0.5	0.45	0.5	1	500	1.75	325			
6	5	0.5	0.55	0.5	1	500	1.75	325			
7	6	0.5	0.5	0.45	1	500	1.75	325			
8	7	0.5	0.5	0.55	1	500	1.75	325			
9	8	0.5	0.5	0.5	0.5	500	1.75	325			
10	9	0.5	0.5	0.5	1.5	500	1.75	325			
11	10	0.5	0.5	0.5	1	400	1.75	325			
12	11	0.5	0.5	0.5	1	600	1.75	325			
13	12	0.5	0.5	0.5	1	500	1	325			

图 12-65 预览设计点

Table of Schematic D2: Design of Experiments (Central Composite Design : Auto Defined)

	A	B	C	D	E	F	G	H	I	J	K
1	Name	P3 - ColdInlet_Radius (m)	P2 - Outlet_Radius (m)	P1 - HotInlet_Radius (m)	P7 - hotinletvel (m s^-1)	P6 - hotinlettemp (K)	P5 - coldinletvel (m s^-1)	P4 - coldinlettemp (K)	P8 - tempspread (K)	P9 - Total Deformation Maximum (m)	P10 - Equivalent Stress Maximum (Pa)
2	1 DP 0	0.5	0.5	0.5	1	500	1.75	325	104.38	0.0031956	1.3826E+09
3	2	0.45	0.5	0.5	1	500	1.75	325	104.93	0.0036219	1.5056E+09
4	3	0.55	0.5	0.5	1	500	1.75	325	107.04	0.0029249	1.3073E+09
5	4	0.5	0.45	0.5	1	500	1.75	325	102.15	0.0029434	1.3046E+09
6	5	0.5	0.55	0.5	1	500	1.75	325	113.66	0.0037231	1.531E+09
7	6	0.5	0.5	0.45	1	500	1.75	325	109.11	0.0035166	1.4829E+09
8	7	0.5	0.5	0.55	1	500	1.75	325	109.98	0.0035577	1.4843E+09
9	8	0.5	0.5	0.5	0.5	500	1.75	325	33.354	0.0023117	7.9032E+08
10	9	0.5	0.5	0.5	1.5	500	1.75	325	109.26	0.0039576	1.5156E+09
11	10	0.5	0.5	0.5	1	400	1.75	325	46.363	0.002262	8.6539E+08
12	11	0.5	0.5	0.5	1	600	1.75	325	173.35	0.0048032	2.1037E+09

图 12-66 设计点参数计算

23. 响应面设置

（1）在目标驱动优化中，右键单击响应面【Response Surface】，在弹出的快捷菜单中选择【Refresh】。

（2）双击【Response Surface】进入响应面环境，在大纲窗口中单击响应面【Response Surface】→【Properties of Schematic D3：Response Surface】→【Meta Model】→【Response Surface Type】= Standard Response Surface-Full 2nd Order Polynomials，Workbench 工具栏中选择升级数据【Update】程序升级计算设计点，如图 12-67 所示。

图 12-67 响应面类型设置

（3）双击【Response Surface】，进入响应面环境，在大纲窗口中单击响应面【Response Surface】→【Properties of Outline D3：Response Surface】→【Metrics】→【Goodness of Fit】，可以观看设计点图，如图 12-68 所示。

（4）单击【Response Point】→【Properties of Outline A22：Response Point】→【Output Parameters】，显示响应面预测的数值，如图 12-69 所示。

（5）查看二维响应曲线：在大纲窗口中单击【Response】→【Properties of Outline A17：Response Surface】→【Response】→【Mode】=2D，【Axes】→【X Axis】= P3-hotinlettemp，【Y Axis】= P10-Total Deformation Maximum，可以查看二维响应曲线，如图 12-70 所示。同理，设置【Ax-

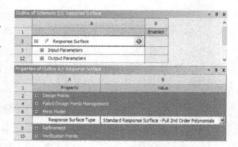

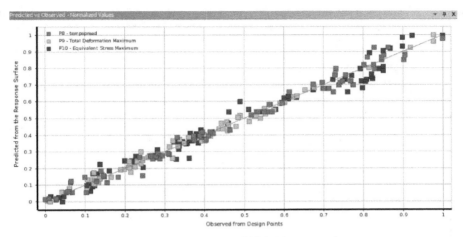

图 12-68 设计点图

es】→【X Axis】= P2-coldinletvel,【Y Axis】= P9-Equivalent Stress Maximum,可以查看二维响应曲线,如图 12-71 所示;设置【Axes】→【X Axis】= P7-Outlet_Radius,【Y Axis】= P9-Equivalent Stress Maximum,可以查看二维响应曲线,如图 12-72 所示;设置【Axes】→【X Axis】= P7-Outlet_Radius,【Y Axis】= P8-tempspread,可以查看二维响应曲线,如图 12-73 所示。

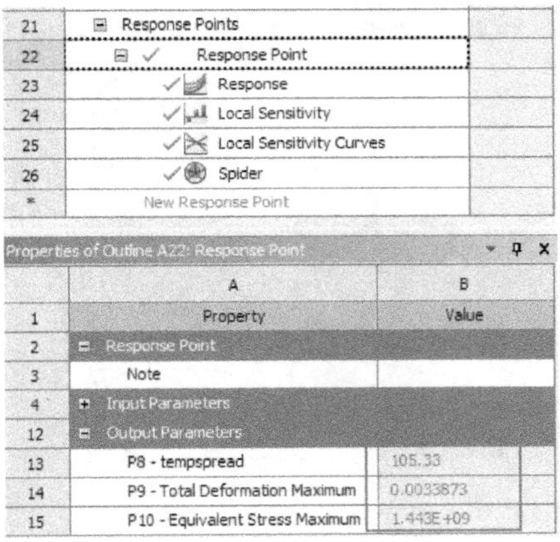

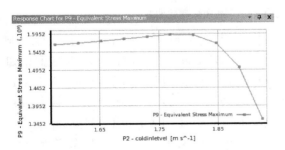

图 12-69 响应面预测的数值

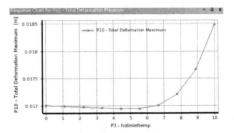

图 12-70 最大热变形与热流温度的变化关系

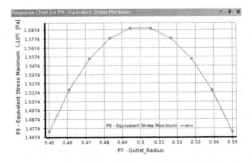

图 12-71 最大应力与冷流速度的变化关系

图 12-72 最大应力与出口半径的变化关系

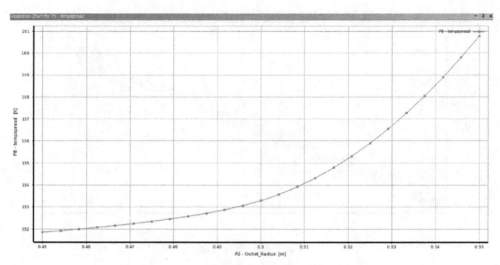

图 12-73　耗散与出口半径的变化关系

(6) 查看二维切片：设置【Mode】=2D Slices，【X Axis】=P6-hotinlettemp，【Slices Axis】= P5-coldinletvel，【Y Axis】=P9-Total Deformation Maximum，可以查看切片响应曲线，如图 12-74 所示。

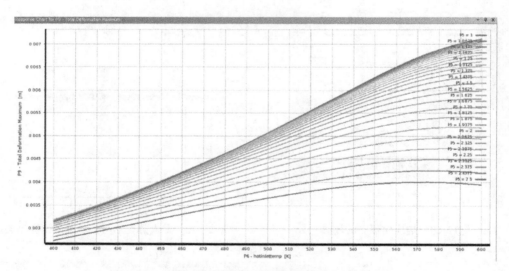

图 12-74　最大热变形与热流温度的二维切片响应曲线

(7) 查看三维响应曲面：设置【Mode】=3D，【Axes】→【X Axis】=P2-Outlet_Radius，【Y Axis】=P5-coldinletvel，【Z Axis】=P10-Equivalent Stress Maximum，可以查看 3D 响应面，如图 12-75 所示。同理，设置【Axes】→【X Axis】=P6-hotinlettemp，【Y Axis】=P5-coldinletvel，【Z Axis】=P9-Total Deformation Maximum，可以查看 3D 响应面，如图 12-76 所示；设置【Axes】→【X Axis】=P1-coldinlettemp，【Y Axis】=P2-Outlet_Radius，【Z Axis】=P8-tempspread，可以查看 3D 响应面，如图 12-77 所示。当然，也可任意更换 X 轴与 Y 轴的参数来对比显示。

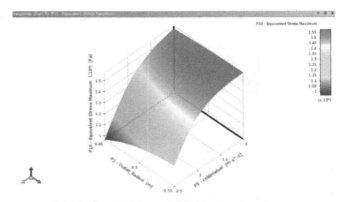

图 12-75　最大热应力随着冷流和输出半径的响应变化

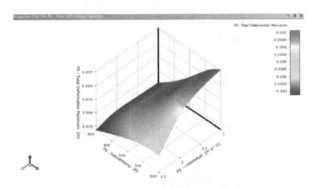

图 12-76　最大热变形随着冷速度和热流温度的响应变化

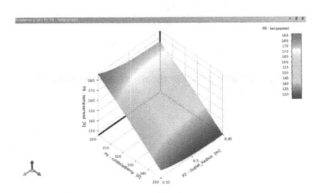

图 12-77　耗散量随着冷流温度和出口半径的响应变化

（8）在大纲窗口中单击【Local Sensitivity】→【Properties of Outline A24：Local Sensitivity】→【Chart】→【Mode】= Bar，Pipe，可以查看输入参数与结果输出参数之间的局部敏感情况，如图 12-78、图 12-79 所示。

（9）在大纲窗口中单击【Local Sensitivity Curves】→【Properties of Outline A25：Local Sensitivity Curves】→【Axes】→【X Axis】= Input Parameters，【Y Axis】= P8-tempspread，可以查看输入参数与结果耗散之间的局部敏感曲线情况，如图 12-80 所示。

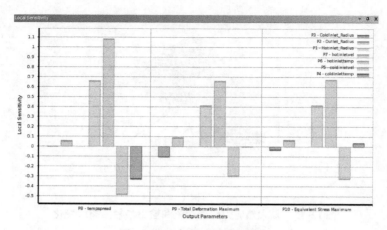

图 12-78 直方局部灵敏度图

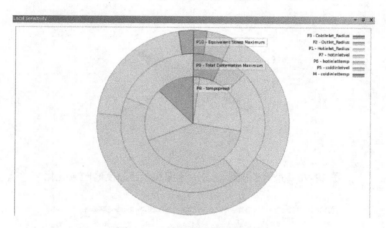

图 12-79 饼状局部灵敏度图

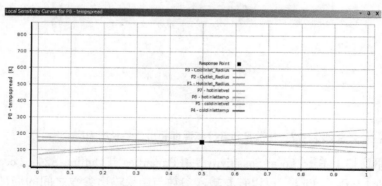

图 12-80 局部灵敏度曲线

（10）在大纲窗口中单击【Spider】，可以查看输出参数之间的关系情况，如图 12-81 所示。

（11）查看完成后，单击工具栏中的【B3：Response Surface】关闭按钮，返回到 Workbench 主界面。

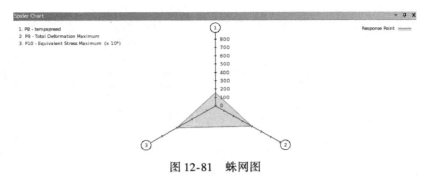

图 12-81　蛛网图

24. 目标驱动优化

（1）在目标驱动优化中，右键单击响应面【Optimization】，在弹出的快捷菜单中选择【Refresh】。

（2）在目标驱动优化中，双击优化设计【Optimization】，进入优化工作空间。

（3）在【Table of Schematic D4：Optimization】里，单击【Properties of Outline A2：Optimization】→【Optimization】→【Optimization Method】= Screening，如图 12-82 所示。

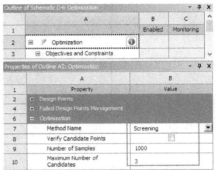

图 12-82　选择优化方法

（4）单击【Objectives and Constraints】→【Table of Schematic D4：Optimization】，优化列表窗口中设置优化目标为耗散【P8-tempspread】= Minimize，Values > = Lower Bound，Lower Bound = 90，变形【P9-Total Deformation Maximum】= Minimize，当量应力【P10-Equivalent Stress Maximum】= Minimize，如图 12-83 所示。

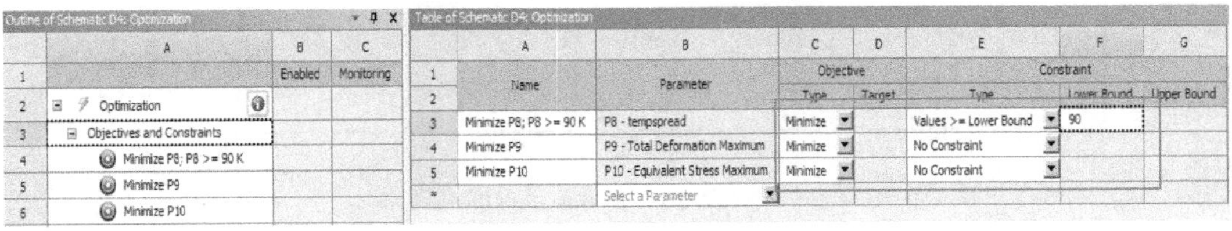

图 12-83　设置优化目标

（5）在 Workbench 工具栏中，单击【Update】升级优化，使用响应面生成 1000 个样本点，最后程序给出最好的 3 个候选结果，列表显示在优化表中，如图 12-84 所示。

（6）可以查看样本点的权衡图，在优化大纲图中，单击【Charts】→【Tradeoff】→【Properties of Outline A19：Tradeoff】→【Chart】→Mode = 2D，【Axes】→【X Axis】= P10-Equivalent Stress Maximum，【Y Axis】= P8-tempspread，如图 12-85 所示。同理，也可查看灵敏度图等，如图 12-86 所示。

（7）在候选点的第一组后单击鼠标右键，从弹出的快捷菜单中选择【Insert as Design Point】，如图 12-87 所示。

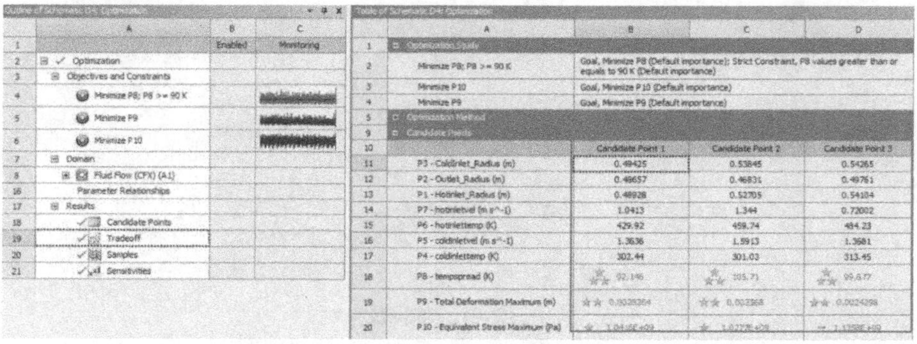

图 12-84 优化候选列表

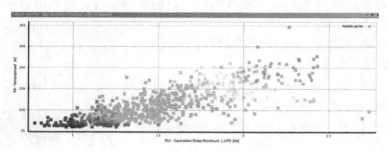

图 12-85 权衡图

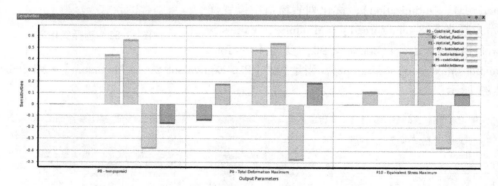

图 12-86 直方灵敏度图

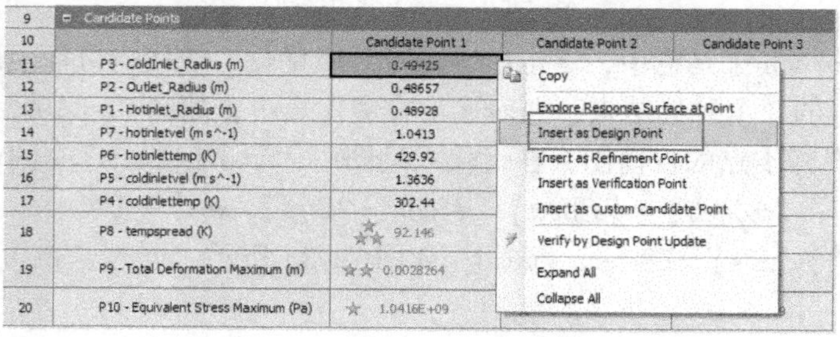

图 12-87 插入设计点

(8) 把更新后的设计点应用到具体的模型中，单击 B4：Optimization 关闭按钮，返回到 Workbench 主界面，双击参数设置【Parameter Set】进入参数工作空间，在更新后的点即 DP1 组后单击右键，从弹出的快捷菜单中选择【Copy inputs to Current】；然后右键单击【DP0 (Current)】，从弹出的快捷菜单中选择【Update Selected Design Points】进行计算。

(9) 计算完成后，单击工具栏中的【Parameter Set】关闭按钮，返回到 Workbench 主界面。

25. 观察新设计点的结果

(1) 在 Workbench 主界面，在结构静力分析上，右键单击【Result】→【Edit】进入 Mechanical 分析环境。

(2) 查看优化结果：单击【Solution (C6)】→【Total Deformation】，图形区域显示结构静力分析得到的变形分布云图，如图 12-88 所示；单击【Solution (C6)】→【Equivalent Stress】，显示应力分布云图，如图 12-89 所示。

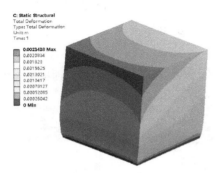
图 12-88　优化结果变形分布云图

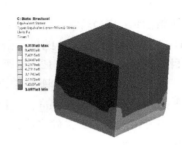
图 12-89　优化结果应力分布云图

26. 保存与退出

(1) 退出 Mechanical 分析环境：单击 Mechanical 主界面的菜单【File】→【Close Mechanical】退出环境，返回到 Workbench 主界面，此时主界面的分析流程图中显示的分析均已完成。

(2) 单击 Workbench 主界面上的【Save】按钮，保存所有分析结果文件。

(3) 退出 Workbench 环境：单击 Workbench 主界面的菜单【File】→【Exit】退出主界面，完成分析。

12.2.3　分析点评

本实例是中心铁块的流固耦合及多目标驱动优化，优化目标是箱体气流的入口尺寸半径、流速和温度参数。通过参数优化，可以保证中心铁块所造成的温度耗散最小，降低能源消耗，节省成本。本例也是一个完整的多目标尺寸参数优化实例，与上个实例不同之处在于本实例是多物理场耦合分析，由流体传热分析到结构静力分析。当然，本例也包括优化前分析、参数提取、响应面驱动优化参数设置、优化方法选择、优化求解、优化验证等内容。本例中小的方法也值得借鉴，如流体分析中采用表达式语句、参数提取方法等。

12.3 三角托架拓扑优化

12.3.1 问题描述

三角托架侧表面面积为 278.44mm²，两侧面间距为 2mm，托架直角与对应长边角处孔内圆面受约束，另一内圆面受 180.28N 轴承力，方向如图 12-90 所示。假设托架材料为结构钢，试求在满足使用条件下的最佳优化模型，并进行验证分析。

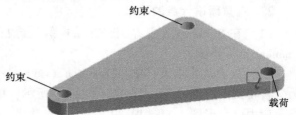

图 12-90 三角托架模型

12.3.2 实例分析过程

1. 启动 Workbench 18.0

在"开始"菜单中执行 ANSYS 18.0→Workbench 18.0 命令。

2. 创建结构静力分析

（1）在工具箱【Toolbox】的【Analysis Systems】中双击或拖动结构静力分析【Static Structural】到项目分析流程图，如图 12-91 所示。

（2）在 Workbench 的工具栏中单击【Save】，保存项目实例名为 Bracket.wbpj。工程实例文件保存在 D:\AWB\Chapter12 文件夹中。

3. 导入几何模型

在结构静力分析上，右键单击【Geometry】→【Import Geometry】→【Browse】，找到模型文件 Bracket.scdoc，打开导入几何模型。模型文件在 D:\AWB\Chapter12 文件夹中。

图 12-91 创建三角托架静力分析

4. 进入 Mechanical 分析环境

（1）在结构静力分析上，右键单击【Model】→【Edit】进入 Mechanical 分析环境。

（2）在 Mechanical 的主菜单【Units】中设置单位为 Metric（mm, kg, N, s, mV, mA）。

5. 为模型分配材料

模型材料为默认的结构钢。

6. 划分网格

（1）在导航树里单击【Mesh】→【Details of "Mesh"】→【Defaults】→【Sizing】→【Size Function】= Proximity and Curvature，【Relevance Center】= Medium，其他默认。

（2）生成网格：右键单击【Mesh】→【Generate Mesh】，图形区域显示程序生成的网格模型，如图 12-92 所示。

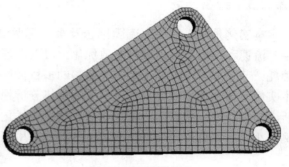

图 12-92 网格划分

(3) 网格质量检查：在导航树里单击【Mesh】→【Details of "Mesh"】→【Quality】→【Mesh Metric】= Element Quality，显示 Element Quality 规则下网格质量详细信息，平均值处在好水平范围内，展开【Statistics】显示网格和节点数量。

7. 施加边界条件

（1）单击【Static Structural（A5）】。

（2）施加固定约束：首先在标准工具栏中单击 ⓑ，选择托架直角与对应长边角处孔内圆面，然后在环境工具栏中单击【Supports】→【Cylindrical Support】→【Details of "Cylindrical Support"】→【Definition】→【Tangential】= Free，其他默认，如图 12-93 所示。

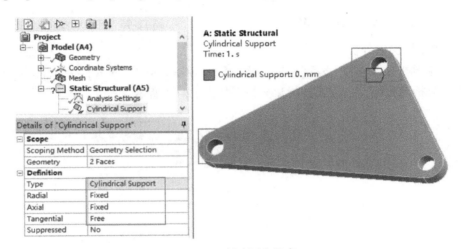

图 12-93　创建固定约束

（3）施加轴承载荷：在标准工具栏中单击 ⓑ，选择托架结构余下孔内圆面，在环境工具栏中单击【Loads】→【Bearing Load】→【Details of "Bearing Load"】→【Definition】→【Define By】= Components，【X Component】= 100N，【Y Component】= 0N，【X Component】= 150N，如图 12-94 所示。

8. 设置需要的结果

（1）在导航树上单击【Solution（A6）】。

（2）在求解工具栏中单击【Deformation】→【Total】。

（3）在求解工具栏中单击【Stress】→【Equivalent（von-Mises）】。

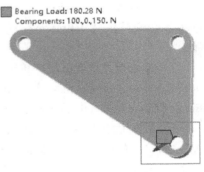

图 12-94　施加力载荷

9. 求解与结果显示

（1）在 Mechanical 标准工具栏中单击 ⚡Solve 进行求解运算。

（2）运算结束后，单击【Solution（A6）】→【Total Deformation】，图形区域显示结构分析得到的托架结构变形分布云图，如图 12-95 所示；单击【Solution（A6）】→【Equivalent Stress】，显示托架结构应力分布云图，如图 12-96 所示。

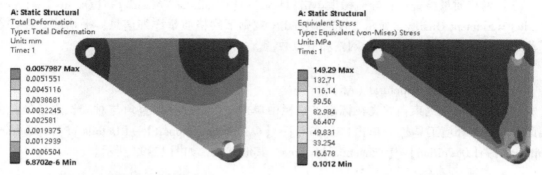

图 12-95 结果变形分布云图　　　　图 12-96 结果应力分布云图

10. 创建拓扑优化分析

（1）右键单击结构静力分析【Solution】→【Transfer Data To New】→【Topology Optimization】到项目分析流程图，创建拓扑优化分析，如图 12-97 所示。

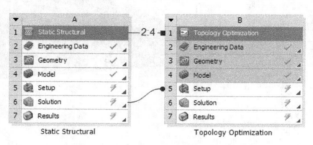

图 12-97 创建拓扑优化分析

（2）返回进入 Multiple System-Mechanical 分析环境。

11. 拓扑优化设置

（1）在导航树上单击【Topology Optimization（B5）】→【Analysis Settings】→【Details of "Analysis Settings"】→【Definition】→【Solver Controls】→【Solver Type】= Optimality Criteria，其他默认。

（2）施加设计优化区域：单击【Optimization Region】→【Details of "Optimization Region"】→【Design Region】→【Geometry】= All Bodies；【Exclusion Region】→【Define By】= Boundary Condition；【Named Selection】= All Boundary Conditions，如图 12-98 所示。

（3）施加优化约束：单击【Response Constraint】→【Details of "Response Constraint"】→【Definition】→【Response】= Mass，【Percent to Retain】= 60%。

（4）施加优化目标：单击【Objective】→【Details of "Objective"】→【Definition】→【Response Type】= Compliance，【Goal】= Minimize。

12. 求解与结果显示

（1）在 Multiple System-Mechanical 标准工具栏中单击 Solve 进行求解运算。

（2）运算结束后，单击【Solution（B6）】→【Topology Density】，图形区域显示拓扑优化得到的托架结构拓扑密度分布云图，如图 12-99 所示。也可通过设置【Details of "Topology Density"】→【Visibility】→【Show Optimized Region】= All Regions，显示整个区域。

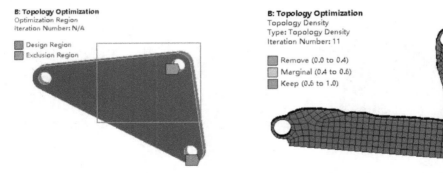

图 12-98　拓扑优化边界设置　　　　图 12-99　托架结构拓扑密度分布云图

13. 保存与退出

（1）退出 Multiple System-Mechanical 分析环境：单击 Mechanical 主界面的菜单【File】→【Close Mechanical】退出环境，返回到 Workbench 主界面。

（2）单击 Workbench 主界面上的【Save】按钮，保存所有分析结果文件。

14. 转入优化验证系统

（1）右键单击拓扑优化分析【Results】→【Transfer to Design Validation System…】，转移验证分析系统进行设计验证，如图 12-100 所示。

图 12-100　创建设计验证分析系统

（2）右键单击拓扑优化分析【Results】→【Update】，数据传递到验证分析。

（3）右键单击验证分析【Geometry】→【Update】，接收拓扑优化分析数据。

（4）在验证分析上，右键单击【Geometry】→【Edit Geometry in SpaceClaim…】，进入 SpaceClaim 几何工作环境。

15. 优化模型处理

（1）在左侧导航树，不选第一个 SYS-1，展开第二个 SYS-1。

（2）在工具栏中单击草图模式图标，在模型上选定一点进入草图模式，如图 12-101 所示。然后框选模型轮廓线，如图 12-102 所示。接着在工具栏中单击【Copy】→【Paste】，创建曲线。最后不选第二个 SYS-1。

（3）在工具栏中单击【Repair】→【Fit Curves】→【Fit Options】→【Correct tangency】，框选模型曲线轮廓，如图 12-103 所示；单击✓确定。

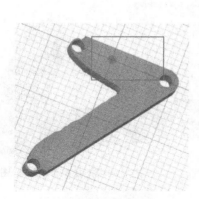
图 12-101 进入草图模式

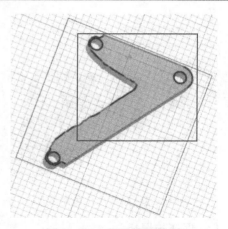
图 12-102 框选模型轮廓

（4）在工具栏中单击【Design】→【Circle】，在短边处画圆，如图 12-104 所示。然后单击【Trim Away】剪切多余边线，如图 12-105 所示。接着修剪搭建外侧边曲线，并用长度为 2mm 的【Tangent Line】连接，如图 12-106 所示。继续修剪搭建内侧边曲线，并用长度为 8.24mm 的【Tangent Line】连接，如图 12-107 所示。约定直角边为外侧边，优化边为内侧边。

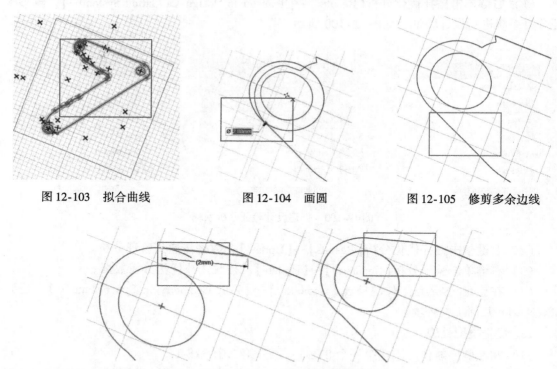

图 12-103 拟合曲线　　　　图 12-104 画圆　　　　图 12-105 修剪多余边线

图 12-106 修剪搭建外侧边线

（5）在工具栏中单击【Design】→【Circle】，在长边处画圆，如图 12-108 所示。然后单击【Trim Away】剪切多余边线，如图 12-109 所示。接着修剪搭建外侧边曲线，并用长度为 2mm 的【Tangent Line】连接，如图 12-110 所示。继续修剪搭建内侧边曲线，并用长度为 18.13mm 的【Tangent Line】连接，如图 12-111 所示。修剪搭建后的模型草图，如图 12-112 所示。

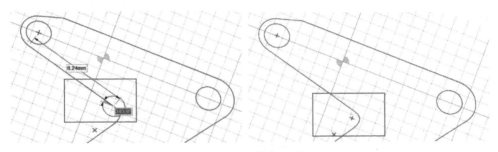

图 12-107　修剪搭建内侧边线

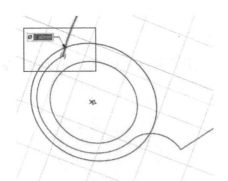

图 12-108　画长边处圆

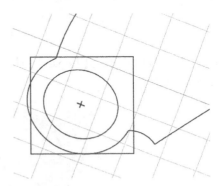

图 12-109　修剪多余边线

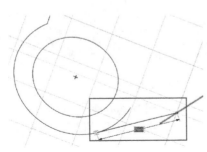

图 12-110　修剪搭建长边外侧边线

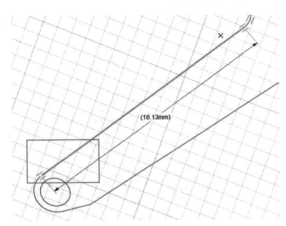

图 12-111　修剪搭建长边内侧边线

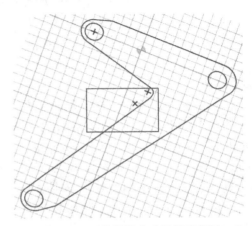

图 12-112　修剪搭建后的模型草图

（6）在工具栏中单击【Pull】，然后拉平面增加厚度2mm，如图12-113所示。

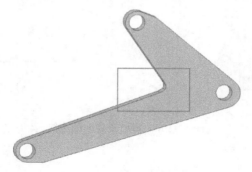

图12-113　拉伸模型

（7）在工具栏中单击【Repair】→【Merge Faces】，在拐角处选择如图12-114所示的面。然后单击✓确定。

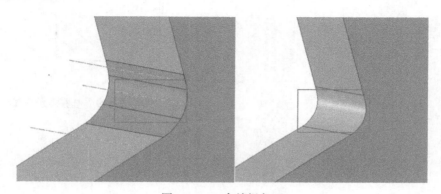

图12-114　合并拐角面

（8）在左侧导航树，右键单击【Surface、SYS-1】→【Suppress for Physics】。

（9）单击【File】→【Exit SpaceClaim】关闭SpaceClaim，返回到Workbench主界面。

16. 验证分析

（1）右键单击验证分析【Model】→【Refresh】，接收几何数据。

（2）在结构静力分析上，右键单击【Model】→【Edit】进入Mechanical分析环境。

（3）生成网格：右键单击【Mesh】→【Generate Mesh】，图形区域显示程序生成的网格模型，如图12-115所示。

（4）网格质量检查：在导航树里单击【Mesh】→【Details of "Mesh"】→【Quality】→【Mesh Metric】= Element Quality，显示Element Quality规则下网格质量详细信息，平均值处在好水平范围内，展开【Statistics】显示网格和节点数量。

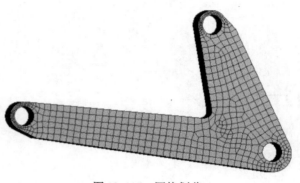

图12-115　网格划分

(5) 施加固定约束与载荷：约束与载荷与结构静力分析相同，施加位置重新选择即可。

(6) 在求解工具栏中单击【Deformation】→【Total】。

(7) 在求解工具栏中单击【Stress】→【Equivalent（von-Mises）】。

(8) 在 Mechanical 标准工具栏中单击 Solve 进行求解运算。

(9) 运算结束后，单击【Solution（C6）】→【Total Deformation】，图形区域显示结构静力分析得到的托架结构优化模型变形分布云图，如图 12-116 所示；单击【Solution（C6）】→【Equivalent Stress】，显示托架结构优化模型应力分布云图，如图 12-117 所示。

图 12-116　托架结构优化模型变形分布云图　　图 12-117　托架结构优化模型应力分布云图

17. 保存与退出

（1）退出 Mechanical 分析环境：单击 Mechanical 主界面的菜单【File】→【Close Mechanical】退出环境，返回到 Workbench 主界面，此时主界面的分析流程图中显示的分析均已完成。

（2）单击 Workbench 主界面上的【Save】按钮，保存所有分析结果文件。

（3）退出 Workbench 环境：单击 Workbench 主界面的菜单【File】→【Exit】退出主界面，完成分析。

12.3.3　分析点评

本实例是三角托架拓扑优化，为连续体拓扑优化。本实例通过对优化实体设置设计优化区域、不优化区域、优化目标、优化约束和制造约束等条件方法实现了新型结构构型设计，虽然还有待实际应用检验，但拓扑优化给我们开辟了结构设计的新思路，可以与增材制造很好地结合。随着 ANSYS 模型处理功能的不断增强，优化模型可以直接导入 SpaceClaim 进行处理，方便验证分析。本实例优化过程完整，不但给出了三角托架结构拓扑优化的全过程，还给出了由拓扑优化结果网格模型到实体模型处理的全过程及优化结构结果验证分析过程。本实例优化结构简单，但其中的各种方法值得借鉴。

参 考 文 献

［1］陈华磊，买买提明·艾尼，等．旋转对称支承机座的热分析与变工况计算［J］．机床与液压，2013，41（1）：35－37．
［2］Hibbeler R C．动力学（影印版，原书第12版）［M］．北京：机械工业出版社，2014．
［3］邓晗，买买提明·艾尼，等．RSS机座拓扑结构对径向刚度和稳定性的影响［J］．振动与冲击，2016，35（11）：102－108．